中国国家标准汇编

452

GB 24928～24955

（2010年制定）

中国标准出版社　编

中国质检出版社
中国标准出版社
北　京

图书在版编目（CIP）数据

中国国家标准汇编：2010年制定．452：GB 24928～24955/中国标准出版社编．—北京：中国标准出版社，2011
ISBN 978-7-5066-6484-4

Ⅰ．①中… Ⅱ．①中… Ⅲ．①国家标准-汇编-中国-2010 Ⅳ．①T-652.1

中国版本图书馆CIP数据核字(2011)第187877号

中国质检出版社
中国标准出版社 出版发行
北京市朝阳区和平里西街甲2号(100013)
北京市西城区三里河北街16号(100045)
网址：www.spc.net.cn
总编室：(010)64275323 发行中心：(010)51780235
读者服务部：(010)68523946
中国标准出版社秦皇岛印刷厂印刷
各地新华书店经销

*

开本 880×1230 1/16 印张 22 字数 596 千字
2011年12月第一版 2011年12月第一次印刷

*

定价 220.00 元

出 版 说 明

1.《中国国家标准汇编》是一部大型综合性国家标准全集。自1983年起，按国家标准顺序号以精装本、平装本两种装帧形式陆续分册汇编出版。它在一定程度上反映了我国建国以来标准化事业发展的基本情况和主要成就，是各级标准化管理机构，工矿企事业单位，农林牧副渔系统，科研、设计、教学等部门必不可少的工具书。

2.《中国国家标准汇编》收入我国每年正式发布的全部国家标准，分为“制定”卷和“修订”卷两种编辑版本。

“制定”卷收入上一年度我国发布的、新制定的国家标准，顺延前年度标准编号分成若干分册，封面和书脊上注明“20××年制定”字样及分册号，分册号一直连续。各分册中的标准是按照标准编号顺序连续排列的，如有标准顺序号缺号的，除特殊情况注明外，暂为空号。

“修订”卷收入上一年度我国发布的、修订的国家标准，视篇幅分设若干分册，但与“制定”卷分册号无关联，仅在封面和书脊上注明“20××年修订-1，-2，-3，……”字样。“修订”卷各分册中的标准，仍按标准编号顺序排列（但不连续）；如有遗漏的，均在当年最后一分册中补齐。需提请读者注意的是，个别非顺延前年度标准编号的新制定的国家标准没有收入在“制定”卷中，而是收入在“修订”卷中。

读者配套购买《中国国家标准汇编》“制定”卷和“修订”卷则可收齐上一年度我国制定和修订的全部国家标准。

3. 由于读者需求的变化，自1996年起，《中国国家标准汇编》仅出版精装本。

4. 2010年我国制修订国家标准共2846项。本分册为“2010年制定”卷第452分册，收入国家标准GB 24928～24955的最新版本。

中国标准出版社
2011年8月

目　　录

ICS 43.020
T 04

中华人民共和国国家标准

GB 24928—2010

全地形车操纵件、指示器及信号装置的图形符号

Symbols for controls, indicators and tell-tale for all-terrain vehicles

2010-08-09 发布

2011-01-01 实施

中华人民共和国国家质量监督检验检疫总局
中国国家标准化管理委员会 发布

前　言

本标准的第 3 章和表 1 为强制性的，其余为推荐性的。

本标准的附录 A 为资料性附录。

本标准由全国四轮全地形车标准化技术委员会(SAC/TC 344)提出并归口。

本标准负责起草单位：上海机动车检测中心。

本标准参加起草单位：步阳集团有限公司、重庆航天巴山摩托车制造有限公司、群升集团有限公司、隆鑫工业有限公司、浙江星月集团有限公司、江苏林海动力机械集团公司、重庆建设摩托车股份有限公司。

本标准主要起草人：李文军、胡文浩、沈昌群、朱珠、陈念军、李国强、陈笑年、沈斌、尹智武。

全地形车操纵件、指示器及信号装置的图形符号

1 范围

本标准规定了全地形车操纵件、指示器及信号装置的图形符号以及光信号装置的颜色。

本标准适用于全地形车(以下简称"车辆")。

2 术语和定义

下列术语和定义适用于本标准。

2.1

操纵件 control

驾驶员用来改变车辆某个装置的工作状况或功能的构件。

2.2

指示器 indicator

用刻度值或数字显示车辆及其部件的工作状况的仪器(表)。

2.3

信号装置 tell-tale

用光信号或音响信号显示车辆及其部件的功能状况的指示装置。

3 要求

3.1 车辆装备了4.1所列的操纵件、指示器及信号装置,其相应标志应标示,且应符合4.1的各项规定。

3.2 车辆装备了4.2所列的操纵件、指示器及信号装置,其相应标志是非强制标示。但如果标示,应符合4.2的各项规定。

3.3 图形符号及信号装置的位置应置于相应操纵件、指示器及信号装置上或其邻近处,否则在图形符号和相应操纵件、指示器或信号装置之间应用一条短实线以指示其联系,以方便正常操纵位置上的驾驶员观察识别。

3.4 操纵件及信号装置上的图形符号应与其底色有明显反差,以求醒目。涂(镀)层应能永久保持,否则应采用模压或刻制制成。

3.5 如果图形符号以侧视图表示车辆或车辆部件时,应假定车辆从右往左行驶。

3.6 聚焦光用平行的射线表示,漫射光用发散的射线表示。

3.7 光信号装置使用颜色要求:

——红色表示危险;

——黄色表示注意;

——绿色表示安全;

——蓝色仅用于前照灯信号装置颜色。

4 图形符号

4.1 全地形车操纵件、指示器及信号装置中应标示的图形符号及光信号装置的颜色应符合表1的规定。

表 1

编号	图形符号	名称	装置			标志意义		信号装置颜色	注册号
			操纵件	指示器	信号装置				
01	 [a]	远光光束	○		○	前照灯开关	远光	蓝色	
	 [a]	近光光束	○				近光		
02		驻车灯	○			照明开关（可以和点火控制件组合）	停车灯		
		位置灯	○				示廓灯		
		灯光控制开关	○				照明总开关		
03	 [ab]	前雾灯	○		○	前雾灯		绿色	
04	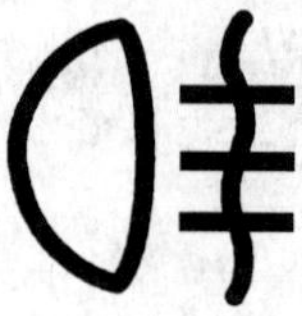 [ab]	后雾灯	○		○	后雾灯		黄色	
05	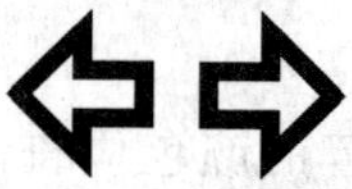 [ac]	转向灯	○		○	转向信号指示器		绿色	

表 1（续）

编号	图形符号	名称	装置			标志意义	信号装置颜色	注册号
			操纵件	指示器	信号装置			
06	 ad	危险警告灯	○		○	危险警告	红色	
07		雨刮器	○			风窗玻璃刮水器		
08	 e 或 	燃油量指示器		○	○	燃油液面高度	黄色	
09		蓄电池充电			○	蓄电池充电状况	红色	
10		电起动机	○			起动电机		
11		发动机冷却液温度		○	○	发动机冷却液温度	红色	
12		ABS 失效			○	制动防抱死系统故障	黄色	

表 1（续）

编号	图形符号	名称	装置			标志意义		信号装置颜色	注册号
			操纵件	指示器	信号装置				
13		补充发动机制动控制	○			发动机点火停机操纵件	运转		
		补充发动机制动控制	○				停机		
14		喇叭	○			喇叭			
15		空挡	○		○	空挡指示器		绿色	
16		倒挡	○		○	倒车灯		黄色	
17		动力蓄电池充电		○	○	动力蓄电池充电状态（适用于电动全地形车）		黄色	
18		电动机及控制器过热		○	○	电动机及控制器过热（适用于电动全地形车）		红色	
19		充电线连接	○		○	充电线连接（适用于电动全地形车）		红色	
20	READY	运行准备就绪			○	运行准备就绪（适用于电动全地形车）		绿色	

表 1（续）

编号	图形符号	名称	装置			标志意义	信号装置颜色	注册号
			操纵件	指示器	信号装置			
21	 [f]	系统故障			○	系统故障（适用于电动全地形车）	红色	

[a] 标志边框内的无色部分或轮廓线之间可涂实。

[b] 前、后雾灯使用同一个操纵件控制时可用前雾灯的标志。

[c] 允许将左指示器及右指示器箭头分作两个符号。

[d] 该标志仅用于操纵件或红色信号灯上，可以同时用 05 转向灯两个箭头代替。

[e] 该标志如采用液晶显示的方式，允许其采用闪烁的形式代替信号装置。

[f] “系统故障”包括漏电故障。

注：表中符号“○”表示设有该装置。

4.2 全地形车操纵件、指示器及信号装置中可标示的图形符号及光信号装置的颜色应符合表 2 的规定。

表 2

编号	图形符号	名称	装置			标志意义	信号装置颜色	注册号
			操纵件	指示器	信号装置			
01	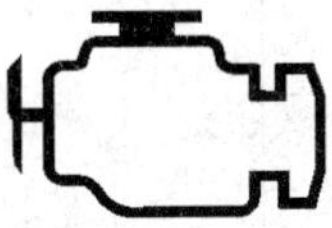	电喷发动机故障			○	电喷发动机故障	黄色	
02		驻车制动	○		○	驻车制动装置	红色	
03	 [a]	发动机润滑油		○	○	发动机润滑油	红色	
04		手控制阻风门	○			手动阻风阀（冷起动装置）		

表 2（续）

编号	图形符号	名称	装置			标志意义		信号装置颜色	注册号
			操纵件	指示器	信号装置				
05	 [b]	燃油箱关闭阀	○			放油开关	关		
	 [ac]		○				开		
	 [a]		○				储备		
06	 或 	安全带	○		○	安全带警告		红色	
07	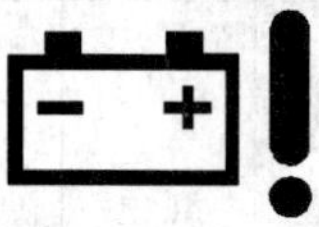	动力蓄电池故障			○	动力蓄电池故障（适用于电动全地形车）		红色	
08	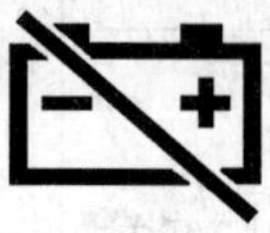	动力蓄电池切断			○	动力蓄电池切断（适用于电动全地形车）		黄色	

[a] 标志边框内的无色部分或轮廓线之间可涂实。

[b] 该标志可以采用大写英文“OFF”代替。

[c] 该标志可以采用大写英文“ON”代替。

注：表中符号“○”表示设有该装置。

附 录 A
（资料性附录）
FMVSS No. 123 标准中前照灯的图形符号

A.1 美国标准中前照灯远光的图形符号为：

A.2 美国标准中前照灯近光的图形符号为：

参 考 文 献

[1] FMVSS No. 123 Motorcycle controls and displays.

ICS 13.140
Z 32

中华人民共和国国家标准

GB 24929—2010

全地形车加速行驶噪声限值及测量方法

Limit and measurement method of noise emitted by accelerating all-terrain vehicles

2010-08-09 发布　　2011-01-01 实施

中华人民共和国国家质量监督检验检疫总局
中国国家标准化管理委员会　发布

前　言

本标准第4章、第5章和第6章为强制性的，其余为推荐性的。

本标准的附录A为资料性附录。

本标准由全国四轮全地形车标准化技术委员会(SAC/TC 344)提出并归口。

本标准负责起草单位：上海机动车检测中心。

本标准参加起草单位：重庆建设摩托车股份有限公司、国家摩托车质量监督检验中心(重庆)、浙江星月集团有限公司、春风控股集团杭州摩托车制造有限公司、中国质量认证中心、重庆航天巴山摩托车制造有限公司、步阳集团有限公司。

本标准主要起草人：缪文泉、姜勇、周积、李连、李波军、赵永周、张喆、朱珠、陈向阳、张平。

本标准实施过渡期：第一阶段为标准实施之日后6个月起；第二阶段为标准实施之日后30个月起。

全地形车加速行驶噪声限值及测量方法

1 范围

本标准规定了全地形车加速行驶噪声限值及测量方法。

本标准不适用于非公路全地形车及特种全地形车。

本标准适用于全地形车的型式核准和生产一致性检查。

2 规范性引用文件

下列文件中的条款通过本标准的引用而成为本标准的条款。凡是注日期的引用文件，其随后所有的修改单（不包括勘误的内容）或修订版均不适用于本标准，然而，鼓励根据本标准达成协议的各方研究是否可以使用这些文件的最新版本。凡是不注日期的引用文件，其最新版本适用于本标准。

GB/T 3785 声级计的电、声性能及测试方法

GB/T 5378 摩托车和轻便摩托车道路试验方法

GB/T 15173 电声学 声校准器(GB/T 15173—2010,IEC 60942:2003,IDT)

GB 16169—2005 摩托车和轻便摩托车 加速行驶噪声限值及测量方法

GB/T 24936 全地形车 术语

3 术语和定义

GB/T 24936 中所确立的及下列术语和定义适用于本标准。

3.1

型式核准试验 test for type-approval

对生产企业制造的全地形车新车型按型式核准规定进行的试验。

3.2

生产一致性检查试验 test for consistency of the product inspection

对型式核准试验合格的全地形车车型的成批生产车辆按生产一致性检查规定进行的试验。

3.3

背景噪声 ambient noise

背景噪声指受试车辆噪声不存在时周围环境的噪声（包括风噪声）。

4 加速行驶噪声限值

4.1 型式核准试验噪声限值

使用内燃机作为动力源的全地形车型式核准试验加速行驶噪声限值见表 1，纯电驱动作为动力源的全地形车型式核准试验加速噪声限值见表 2，使用混合动力的全地形车按其动力源分别考核。

4.2 生产一致性检查试验噪声限值

各阶段全地形车生产一致性检查试验的实施日期与型式核准试验相同，生产一致性检查试验加速行驶噪声限值比型式核准试验加速行驶噪声限值高 1 dB(A)，并且生产一致性检查试验的实测噪声值不应高于型式核准试验的实测噪声值加 3 dB(A)。

4.3 其他要求

装有纤维吸声材料排气消声系统的全地形车应符合 GB 16169—2005 中附录 A 的要求。

表 1 内燃机作动力的全地形车型式核准试验加速行驶噪声限值

发动机排量/mL	噪声限值/dB(A)	
	第一阶段	第二阶段
≤50	78	76
>50 且<175	80	80
≥175	82	

表 2 纯电动全地形车型式核准试验加速行驶噪声限值

全地形车类型	噪声限值/dB(A)
电动机最大连续功率 ≤4 kW	76
电动机最大连续功率 >4 kW	80

5 测量仪器

5.1 声学测量仪器

5.1.1 用于测量声级的声级计或与之相当的测量系统应符合 GB/T 3785 对 1 型精密声级计的要求。

注：尽可能使用延伸杆和延伸电缆。

5.1.2 在每个测量系列的开始和结束时，应使用合适的声源(例如活塞发声仪)按 GB/T 15173 的要求检查和校准声级计。测量时使用声级计“快(F)”档时间计权特性和“A”频率计权特性进行测量。

5.1.3 测量过程中，应按声级计使用说明书的要求正确使用防风罩，但应注意防风罩对传声器灵敏度和方向性的影响。

5.2 车速和发动机转速测量仪器

应使用专用的车速测量仪器和发动机转速表，其要求应符合 GB/T 5378 的规定。

5.3 气象测量仪器

风速仪、大气压力计和温度计应符合 GB/T 5378 的规定。

6 加速行驶噪声测试方法

6.1 测量环境

6.1.1 测量场地(图 1)

6.1.1.1 测量场地应由一块结实平坦的检测区域环绕的中心加速部分构成，此中心加速部分应平坦；它的表面应干燥，应无雪、尘土或类似的吸声物覆盖。检测道路的表面覆盖层应符合 GB 16169—2005 中附录 B 的要求。

6.1.1.2 在测量场地上，加速部分中心的声源和传声器之间的自由声场内的变化不应超过 1 dB(A)。如果在加速部分中心 50 m 范围内，没有大的声反射物体，例如建筑物、围栏、岩石、桥梁、树木和停放的车辆，则可认为此条件已被满足。

6.1.1.3 不应以任何可能影响声场的方式阻挡传声器，任何人不应站在传声器和声源之间，进行测量工作的观察人员的自身站位不应影响测量装置的读数。

6.1.2 气象

测量应在无雨、无雪且风速不大于 3 m/s 的气候条件下进行。测量时应排除阵风对声级计读数的影响。

6.1.3 背景噪声

测量过程中，被检测车辆以外的声源和风的影响形成的 A 计权声级(背景噪声)至少应比受试全地形车产生的噪声低 10 dB(A)以上。如果环境噪声和测量噪声之间的差别在 10 dB(A)～16 dB(A)之间，受试车辆的噪声测量值应减去如图 2 所示的修正值。

单位为米

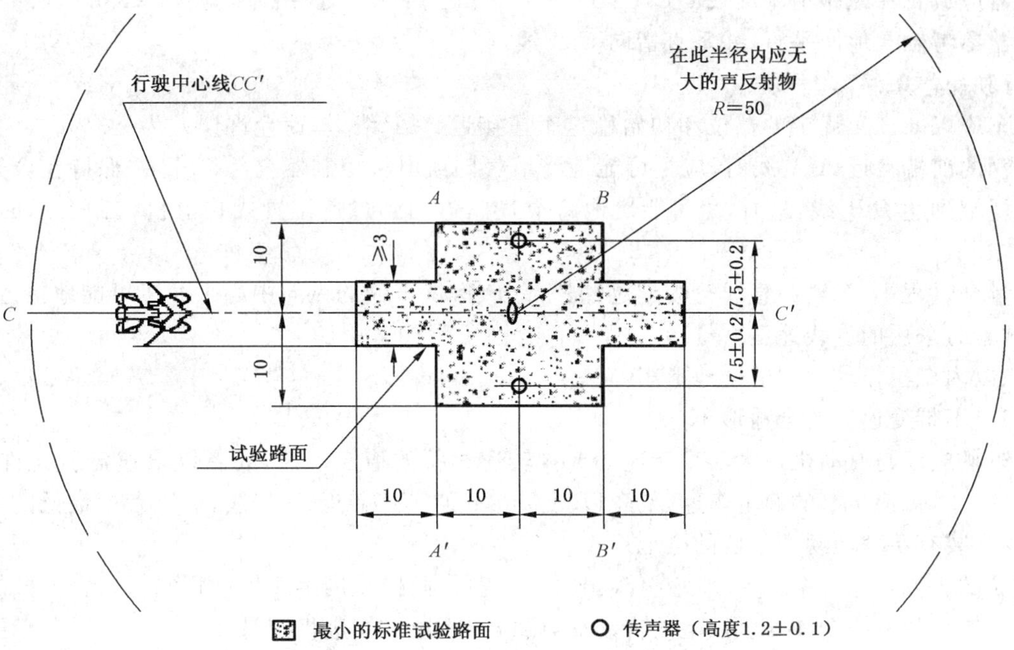

图 1　行驶噪声测量场地、测量区域及传声器布置

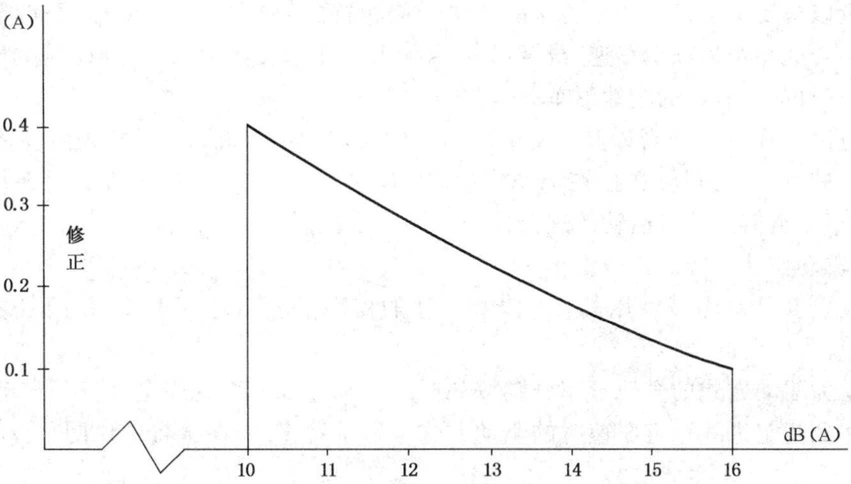

图 2　背景噪声影响的修正值

6.2　车辆条件

6.2.1　测量期间，受试车辆除 1 名驾驶员外，应不载重和不带人，车辆应处于正常运转状态(包括冷却液、润滑油、燃油、工具、备用车轮)。驾驶员及其装备的总质量应在 75 kg～80 kg 之间，必要时，可增加附加重物以达到 75 kg 的最低要求。

6.2.2　如果受试车装有自动风扇，在测量过程中，此系统应不受干扰。

6.2.3　测量前，受试车应按正常运转时的车速预热，使车辆发动机达到正常工作温度。

6.3　测量方法

6.3.1　测量性质和次数

当车辆在线 *A-A′* 和 *B-B′* 之间行驶时，测量以 A 计权分贝[dB(A)]表示的最大声级。如果在记录的最大值和普通声级之间记录到非正常的差异，则此测量无效。车辆的每侧至少应进行 2 次测量。

6.3.2 传声器的位置

传声器应放置在距跑道基准线 $C\text{-}C'$(如图 1)7.5 m±0.2 m 处并高于地面 1.2 m±0.1 m 的位置上。传声器参考轴与地面平行,并垂直指向 $C\text{-}C'$线。

6.3.3 行驶操作条件

受试车应以 6.3.4 规定的挡位和初始稳定车速接近 $A\text{-}A'$线,车速允许误差为±3%。

当车辆的前端接近 $A\text{-}A'$线时,应尽可能地将节气门或电机控制器全部打开,并保持在全开位置上;当车辆的尾端到达 $B\text{-}B'$线,这时,尽可能快地将节气门返回到怠速位置或将电机控制器返回到关闭位置上。

在测量全过程中,车辆应直线行驶越过加速部分,保持车辆的纵向中心平面尽可能地接近 $C\text{-}C'$线。

6.3.4 试验时采用的进线速度

6.3.4.1 以内燃机作动力源的全地形车

6.3.4.1.1 不带变速器的全地形车

受试车辆应以与发动机最大功率转速的 3/4 转速相符的稳定车速,或者以限速器所允许的发动机最大转速的 3/4 转速相符的稳定车速,或者以 50 km/h 的车速接近 $A\text{-}A'$线,取三者中最低的一种速度。

6.3.4.1.2 装有手(脚)动变速器的全地形车

如果受试车辆具有 4 个或 4 个以下传动比的变速器,则应使用第 2 挡进行测量。

如果变速器具有 5 个或 5 个以上的传动比,则应选用第 3 挡进行测量。

如果到达 $B\text{-}B'$线时发动机转速超出了其最大功率转速,则应选择 2 挡和 3 挡之外紧靠着的较高挡位,此挡位可在不超出该最大功率转速值的情况下,达到跑道上的 $B\text{-}B'$线。不应选择超速挡。如果车辆具有双级主传动,则所选择的传动比应和车辆的最高车速挡位相符。

受试车辆应以与发动机最大功率转速的 3/4 转速相符的稳定车速,或者以限速器所允许的发动机最大转速的 3/4 转速相符的稳定车速,或者以 50 km/h 的车速接近 $A\text{-}A'$线,取三者中最低的速度。

6.3.4.1.3 装有自动变速器的全地形车

受试车辆应以 50 km/h 或者以其 3/4 最高车速的稳定车速接近 $A\text{-}A'$线,取两者之中低的车速。在可以选择几种前进挡位时,则应选择在 $A\text{-}A'$线和 $B\text{-}B'$线之间可产生车辆的最高平均加速度的挡位。只用在制动、驻车或类似的低速运动的选挡器位置则不应使用。

6.3.4.2 以电驱动作动力源的全地形车

受试车辆应以 50 km/h 或者以其 3/4 最高车速的稳定车速接近 $A\text{-}A'$线,取两者之中低的车速。

6.3.4.3 混合动力驱动的全地形车

手动切换动力驱动方式的全地形车分别按 6.3.4.1 和 6.3.4.2 的规定进行。自动切换动力驱动方式的车辆按其达到规定进线稳定车速时的驱动方式进行试验,并应在报告中说明。

6.4 取值要求

6.4.1 采用的读数应圆整到最接近的分贝整数。

如果小数点后的数字是 0～4 之间,则应把小数点后的数字舍去;如果是在 5～9 之间,则进位。

6.4.2 如果在车辆同一侧进行的连续 2 次测量的结果超过 2 dB(A)时,测量无效。

6.4.3 考虑测量精度的不确定性,将每次测得的读数减去 1 dB(A)作为测量结果。

6.4.4 将 4 个测量结果的平均值(保留一位小数)作为受试车的加速行驶最大噪声级。

6.4.5 混合动力全地形车取两个结果中较大者作为受试车的加速行驶最大噪声级。

6.5 测量记录

将测量数据和结果、测量条件、受试车及测量仪器的技术参数等填写在附录 A 的表格中。如果有需要说明的情况,应填写在“其他说明”栏中。

附 录 A
（资料性附录）
加速行驶噪声测量记录

日期______年______月______日　地点______________　路面状况______________

天气______________　气温/℃______________　风速/(m/s)______________

受试车：制造厂______________　型号______________

车架号______________　设计最高车速/(km/h)________　最终传动比______________

发动机：型号______________　排量/mL______________　编号______________

最大功率/kW______________　最大功率转速/(r/min)______________

变速器：型式______________　前进挡位数________

排气消声系统：制造厂______________　纤维吸声材料______________　试验方法______________

轮胎：规格　前轮______________　后轮______________

气压(kPa)：前轮______________　后轮______________

声级计：型号______________　准确度等级______________　仪器编号______________

测量前校准值(dB)______________　测量后校准值(dB)______________　检定校准值(dB)______________

声校准器：型号______________　准确度等级______________　仪器编号______________

车速测量装置型号______________　转速表型号______________

挡位	传声器位置	次数	发动机转速/(r/min)[或车速/(km/h)]		测量值/dB(A)	平均值/dB(A)	背景噪声/dB(A)	备注
			入线	出线				
	左侧	1						
		2						
	右侧	1						
		2						
	左侧	1						
		2						
	右侧	1						
		2						

加速行驶最大噪声级______________dB(A)

校核人员______________　测量人员______________　驾驶员______________

试验路面的说明______________

其他说明______________

ICS 43.060.40
T 13

中华人民共和国国家标准

GB 24930—2010

全地形车燃油箱安全性能要求和试验方法

Safety property requirements and test method for fuel tanks of all-terrain vehicles

2010-08-09 发布　　2011-01-01 实施

中华人民共和国国家质量监督检验检疫总局
中国国家标准化管理委员会　发布

前　言

本标准第3章(除3.1.3外)、第4章和附录A为强制性的,其余为推荐性的。

本标准的附录A为规范性附录。

本标准由全国四轮全地形车标准化技术委员会(SAC/TC 344)提出并归口。

本标准负责起草单位:上海机动车检测中心。

本标准参加起草单位:中国汽车技术研究中心、步阳集团有限公司、群升集团有限公司、江苏林海动力机械集团公司、浙江钱江摩托股份有限公司、重庆建设摩托车股份有限公司。

本标准主要起草人:胡文浩、许立宇、李陆山、陈向阳、徐珠峰、何谆、袁建军、阎琪、覃国周。

本标准实施过渡期:对于新定型产品,自标准实施之日起施行;对于已定型的产品,自标准实施之日起12个月后施行。

全地形车燃油箱
安全性能要求和试验方法

1 范围

本标准规定了全地形车燃油箱的安全性能要求和试验方法。

本标准适用于全地形车用的各种金属燃油箱和非金属燃油箱。

2 术语和定义

下列术语和定义适用于本标准。

2.1

燃油箱 fuel tank

固定在四轮全地形车上，用于储存燃油的独立箱体总成。

2.2

燃油渗漏 fuel leak

燃油自燃油箱内向外呈线状或滴水状下落。

2.3

额定容量 rated capacity

作为燃油箱设计参数的加注燃油的容量。

2.4

燃油质量损失 fuel weight loss

在规定的燃油箱安全性能试验中，由于扩散作用导致的箱内储存燃油质量减少。

3 燃油箱安全性能要求

3.1 一般要求

3.1.1 燃油箱及其相邻部分的设计不应产生任何静电荷以致在油箱和车架之间发生火花，以免点燃燃油和空气的混合气。

3.1.2 额定容量应不大于燃油箱最大液体容量的95%。额定容量在95 L以上的燃油箱应配备安全阀装置。

3.1.3 安全阀装置可附属于燃油箱，也可设置在附件系统中，用于防止燃油箱因内部压力升高导致箱体破裂。

3.1.4 向装有安全阀装置的燃油箱内施加压力，使箱内压力缓慢升高，安全阀的开启压力应为35 kPa～50 kPa。安全阀开启后，燃油箱内压力不应比安全阀开启压力高出5 kPa。

3.1.5 燃油箱应耐腐蚀。

3.1.6 应具备适当的装置(通风孔、安全阀等)以自动释放任何额外压力或超过工作压力的压力。通风孔的设计应能排除任何潜在的点火危险。

3.1.7 配备燃油蒸发排放系统的燃油箱应具备一个排气口，燃油箱充满时此排气口仍应在油面上方，以确保蒸发排放物能随时排出燃油箱。

3.2 燃油箱渗漏-密封性能要求

按4.1所述方法进行渗漏-密封性试验后，燃油箱在达到规定压力后1 min内应无气泡产生。

3.3 燃油箱盖的密封性能要求

按 4.2 所述方法进行燃油箱盖的密封性能试验后，燃油箱盖的渗漏量应不大于 30 g/min。

3.4 燃油箱的振动耐久性能要求

按 4.3 所述方法完成燃油箱振动试验后，按 4.1 所述方法检查燃油箱密封性，燃油箱不应有渗漏现象。

3.5 金属燃油箱耐压性能要求

按 4.4 方法完成耐压试验后，按 4.1 方法检查燃油箱，不应有渗漏、开裂现象。

3.6 非金属燃油箱的安全性能要求

3.6.1 渗透性能要求

按 4.5.1 进行燃油箱渗透性能试验后，燃油箱的燃油质量损失不应超过 20 g/24 h。

如果质量损失超过 20 g/24 h，应在 21 ℃±2 ℃的环境温度下再次进行试验，所有其他条件保持不变（包括在 40 ℃±2 ℃的环境温度下进行 28 d 的试验预存储期），在该环境温度下测得的燃油质量损失不应超过 10 g/24 h。

3.6.2 冲击性能要求

按 4.5.2 所述方法进行燃油箱冲击试验，对燃油箱上选取的任一试验点进行一次冲击后，不应发生液体渗漏现象。

3.6.3 机械强度性能要求

按 4.5.3 方法进行燃油箱机械强度试验后，燃油箱不应产生任何可能使其无法使用的变形（例如燃油箱不应产生渗漏、开裂、穿孔等现象）。在评估燃油箱的变形时应考虑到具体的安装条件。

3.6.4 耐燃油性能要求

按 4.5.4 所述方法进行燃油箱耐燃油性能试验后，前后两次试验的平均值应不相差 25%。

3.6.5 防火性能要求

油箱材料在附录 A 所述的试验中火焰燃烧速度应不大于 0.64 mm/s。

3.6.6 耐高温性能要求

按 4.5.5 所述方法完成燃油箱耐高温试验后，燃油箱不应出现明显塑性变形或渗漏。试验完毕后燃油箱应能完全满足使用要求。

3.7 燃油箱安装要求

3.7.1 燃油箱

设计、制造和安装时，燃油箱附件系统在任何行驶条件下应都能发挥其功能。

燃油箱的加油口和通气口不应对着排气管出口，且应距排气管的出气口端 300 mm 以上，否则应设置有效的隔热装置。燃油箱的加油口和通气口应距裸露的电气接头及外部可能产生火花的电气开关 200 mm 以上。

燃油箱的加油口和通气口不应设置在有乘员的车厢内。

3.7.2 燃油供给系统

发动机供油系统各部件应受部分车架或车体的有效保护，以避免受地面障碍物撞击。如果上述部件虽然位于车辆的下面，但其与地面之间距离大于其前面的车架或车体与地面之间的距离，则不需要这种保护。

燃油供给系统在设计、制造和安装时，应能经受所接触的任何来自内部和外部的腐蚀。车辆构架、发动机和传动系统的扭转、弯曲和振动均不能使供油系统各部件受到磨擦或发生额外的应力。

4 燃油箱安全性能试验方法

4.1 燃油箱渗漏-密封性能试验方法

将空的燃油箱盖上燃油箱盖并安装所有附件，密封所有进、出口。放入水槽中，使燃油箱完全浸没于水中。向燃油箱内平稳加压至相对工作压力的两倍(绝对压力不低于 130 kPa),在达到规定压力值后计时并观察其渗漏情况。

4.2 燃油箱盖的密封性能试验方法

在燃油箱内加入额定容量的水,盖好燃油箱盖。密闭所有其他进、出口。翻转燃油箱至加注口部中心线垂直于地面,待燃油箱稳定 15 s 后,用秒表计时,用量杯接从燃油箱盖渗漏出来的水,量取 1 min 的渗漏量。

4.3 燃油箱的振动耐久性能试验方法

模拟实际装车状态把燃油箱固定在振动试验台上。往燃油箱内加入 1/2 额定容量的水,盖上燃油箱盖,密封所有进、出口。按表 1 规定的试验程序进行振动试验。

表 1 燃油箱振动耐久性能试验程序

振动加速度/(m/s^2)	振动频率/Hz	振动时间/h			装水量
		上下	左右	前后	
30	30	4	2	2	额定容量的 1/2

4.4 金属燃油箱耐压性能试验方法

模拟实际装车状态,把金属燃油箱固定在试验装置上。密封所有进、出口后向燃油箱内施加 80 kPa 的气压,并保持压力 30 s。

4.5 非金属燃油箱的安全性能试验方法

4.5.1 渗透性能试验方法

燃油箱充入 50%额定容量的试验燃油,关闭油箱,在空气温度为 40 ℃±2 ℃的环境中放置,直至有恒定的质量损失。这段时间至少为 28 d(预储存期)。倒空油箱后再充以 50%额定容量的试验燃油,将油箱置于温度为 40 ℃±2 ℃的稳定环境下,直至其中燃油温度与试验温度相同时关闭油箱,放置 56 d 后测定并记录其扩散引起的燃油质量损失,单位为克(g)。

4.5.2 冲击性能试验方法

燃油箱充入冰点低于-30 ℃±2 ℃的 50%水和乙二醇混合液,或任何其他不腐蚀油箱材料的冷冻液至额定容量。

试验中燃油箱内液体的温度应保持在-20 ℃±5 ℃以内。油箱在相应环境温度下冷却。也可将燃油箱充入适当的经过冷冻的液体,以使燃油箱保持试验温度至少 1 h。

试验时使用一个摆锤对燃油箱进行冲击,其冲击头的形状是等边三棱锥体,其顶点和边缘的曲率半径为 3.0 mm,质量为 30 kg,其冲击能量不应小于 30.0 J。

燃油箱上选取的试验点应是那些由于油箱的安装及其在车辆上的位置而被认为处于危险状态的点。

4.5.3 机械强度性能试验方法

将燃油箱加入温度为 53 ℃±2 ℃的水至额定容量,并施加不小于 30 kPa 的相对内部压力(如果燃油箱设计的相对内部工作压力大于 15 kPa,那么施加的相对试验压力应为燃油箱设计的相对内部工作压力的 2 倍)。燃油箱密闭放置 5 h。

4.5.4 耐燃油性能试验方法

首先从未存放过燃油的燃油箱平整的表面取 6 片厚度基本相同的拉力试验片。在 23 ℃±2 ℃的温度下以 50 mm/min 的拉伸速度来测定其抗拉强度和弹性极限,记录其平均值。

然后使用从一个已经经过燃油存放预存储期(28 d)的燃油箱表面取下的试验片进行相同的试验,测定该燃油箱材料的抗拉强度和弹性极限,并记录其平均值。

4.5.5 耐高温性能试验方法

燃油箱加入 50%额定容量 20 ℃±2 ℃的水,在 70 ℃±2 ℃的环境温度下放置 1 h。

安装试验装置时应考虑实际安装条件。

附 录 A
(规范性附录)
防火试验方法

A.1 试验设备

A.1.1 试验容器

一个带有耐热观察窗的全封闭的试验烟雾罩。此试验烟雾罩内可使用一个镜子以便观察样品的后面。排风扇在试验期间应关闭,当试验结束时应立即开动以便清除燃烧产生的有害气体产物。

试验也可在烟雾罩下的一个金属箱内进行,且排风扇处于运转状态。金属箱的顶壁和底部应有通风孔,以保证空气充足,不致使燃烧的样品熄灭。

A.1.2 支架

一个试验支架,装有两个通过球铰可在任意位置安装的夹具。

A.1.3 燃烧器

带有 10 mm 喷嘴的煤气灯。

喷嘴应不用任何附件就能安装到煤气灯上。

A.1.4 金属丝网

网孔数为 20 目的 100 mm×100 mm 正方形金属丝网。

A.1.5 计时器

分辨率不大于 1 s 的计时器或类似装置。

A.1.6 水槽

A.1.7 刻度尺

刻度单位为毫米(mm)。

A.2 试验样品

A.2.1 应从此类燃油箱上直接取至少 10 片长 125 mm±5 mm、宽 12.5 mm±0.2 mm 的试验样品。如果燃油箱的形状不允许这样做,则应将燃油箱箱体部分的材料注塑成 3 mm 厚并且面积足够的平板以便能取得所需的试验样品。

A.2.2 在每个试验样品上刻划两条平行线,一条线距离一端 25 mm,另一条线距离同一端 100 mm。

A.2.3 试验样品的边缘应分明,锯出的边缘应用细砂纸打磨得平整光滑。

A.3 试验方法

A.3.1 将试验样品的最靠近 100 mm 划线标志的一端安装到支架上的一个夹具上,样品的纵轴水平,横轴与水平方向成 45°角。在距试验样品边缘的下方 10 mm 处水平安装一个 A.1.4 所述的金属丝网,使样品在纵轴方向突出金属丝网边缘约 13 mm(见图 A.1)。在每次试验前,应烧掉金属丝网上的任何残留物,或者更换金属丝网。

将一个盛满水的水池放在烟雾罩内的桌上,用来接收在试验期间可能会落下的任何炽热颗粒。

A.3.2 向燃烧器供给的空气量应能够调节,以得到大约 25 mm 高的蓝色火焰。

A.3.3 如图 A.1 所示,燃烧器应放置于使其火焰触及试验样品的外边缘,与此同时起动计时器。使火焰保持接触试验样品 30 s,如果样品变形、融化或从火焰处收缩,应移动火焰以保持其始终触及样品。试验期间样品严重变形会使结果无效。30 s 以后或者当火焰前锋达到 25 mm 标志时应撤去燃烧器。

如果火焰前锋提前达到标志处，应使燃烧器离开样品至少 450 mm 并且关闭烟雾罩。

A.3.4 当火焰前锋达到 25 mm 标志时，计时器开始记时，时间为 t_1。

A.3.5 当(带有或不带火焰的)燃烧停止时或者达到 100 mm 标志处时，停止计时。将此时的计时时间以秒(s)为单位，记录为 t。

A.3.6 如果试验样品没有到达 100 mm 标志，则从 100 mm 标志开始沿着样品的较短边缘测量未燃烧长度，测量结果应 4 舍 5 入到毫米(mm)级。燃烧长度应等于 100 mm 减去以毫米(mm)表示的未燃长度。

A.3.7 如果试验样品已经燃烧到或者超过 100 mm 标志处，则燃烧速度为：

$$\frac{75}{t-t_1}(\mathrm{mm/s})$$

A.3.8 重复 A.3.1～A.3.7 试验直到 3 个样品已经燃烧到或超过 100 mm 标志或者试验了 10 个样品。如果 10 个样品中的 1 个燃烧到或超过 100 mm 标志，则用 10 个新样品重复 A.3.1～A.3.7 试验。

A.4 试验结果的表示

A.4.1 如果至少 2 个样品已经燃烧到 100 mm 标志，则结果应用平均燃烧速度(mm/s)来表示，即已经燃烧到这一标志的全部样品的燃烧速度的平均值。

A.4.2 如果 10 个样品都没有或者 20 个样品只有 1 个燃烧到 100 mm 标志，应用平均燃烧时间和平均燃烧长度来表示结果。

A.4.2.1 平均燃烧时间(ACT)，单位为秒(s)：

$$ACT=\sum_{i=1}^{n}\frac{(t_i-30)}{n}$$

式中：

n——样品数目；

t_i——火焰触及样品到样品火焰熄灭的时间。

ACT 值近似到 5 s 的倍数；如果撤掉燃烧器燃烧持续不到 3 s 就按“小于 5 s”记。

在任何情况下都不应将 ACT 值写成 0。

A.4.2.2 平均燃烧长度(ACL)，单位为毫米(mm)：

$$ACL=\sum_{i=1}^{n}\frac{(100-\text{未燃长度})}{n}$$

式中：

n——样品数目。

ACL 值近似到 5 mm 的倍数；如果燃烧长度小于 3 mm 就按“小于 5 mm”记。

在任何情况下都不应将 ACL 值写成 0。

如果单一样品燃烧到标志，则其燃烧长度按 100 mm 计算。

A.4.3 完整的结果至少包括下列内容：

——样品的鉴定，包括准备和储存方法；

——样品平均厚度偏差为±1%；

——试验的样品数目；

——燃烧时间值的分散状况；

——燃烧长度值的分散状况；

——如果样品因为滴落、移动或碎裂成燃烧颗粒而没有燃烧到标志，应予以记录；

——如果附着在金属丝网上的燃烧材料再次点燃一个样品，应予以记录。

单位为毫米

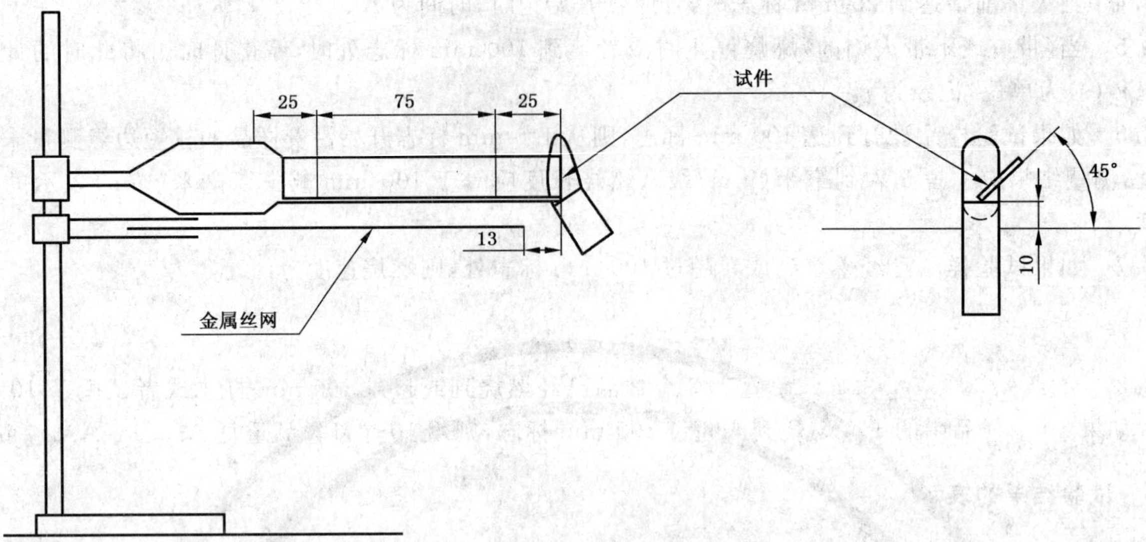

图 A.1 试验设备及安装状况

ICS 43.040.20
T 38

中华人民共和国国家标准

GB 24931—2010

全地形车照明和光信号装置的安装规定

Prescription for installation of the external lighting and light-signalling devices for all-terrain vehicles

2010-08-09 发布 2011-01-01 实施

中华人民共和国国家质量监督检验检疫总局
中国国家标准化管理委员会 发布

前　言

本标准第4章(除4.6和4.13外)、第5章和第6章为强制性的,其余为推荐性的。

本标准的附录A、附录B和附录C为规范性附录,附录D为资料性附录。

本标准由全国四轮全地形车标准化技术委员会(SAC/TC 344)提出并归口。

本标准负责起草单位:上海机动车检测中心。

本标准参加起草单位:中国质量认证中心、中国汽车技术研究中心、浙江星月集团有限公司、春风控股集团杭州摩托车制造有限公司、浙江钱江摩托股份有限公司、国家摩托车质量监督检验中心(重庆)、群升集团有限公司。

本标准主要起草人:卜伟理、章世骏、李大维、欧阳涛、冯春献、袁章平、邓定红、龚国彬、陈念军、尹爱勇。

全地形车照明和光信号装置的安装规定

1 范围

本标准规定了全地形车的外部照明和光信号装置安装的一般技术要求、特殊规定、试验方法和检验规则等。

本标准适用于全地形车。

2 规范性引用文件

下列文件中的条款通过本标准的引用而成为本标准的条款。凡是注日期的引用文件，其随后所有的修改单(不包括勘误的内容)或修订版均不适用于本标准，然而，鼓励根据本标准达成协议的各方研究是否可以使用这些文件的最新版本。凡是不注日期的引用文件，其最新版本适用于本标准。

GB 4599 汽车用灯丝灯泡前照灯(GB 4599—2007,ECE R1:1998,NEQ)

GB 4660 汽车用灯丝灯泡前雾灯(GB 4660—2007,ECE R19:2000,NEQ)

GB 4785 汽车及挂车外部照明和光信号装置的安装规定(GB 4785—2007,ECE R48:2001,NEQ)

GB 5948 摩托车白炽丝光源前照灯配光性能(GB 5948—1998,neq ECE No.57,No.72:1995)

GB 11554 机动车和挂车用后雾灯配光性能(GB 11554—2008,ECE R38 Rev2 Amend2,NEQ)

GB 11564 机动车回复反射器(GB 11564—2008,ECE R3:2005,NEQ)

GB 17509 汽车及挂车转向信号灯配光性能(GB 17509—2008,ECE R6 Rev3 Amend5,NEQ)

GB 17510 摩托车光信号装置配光性能(GB 17510—2008,ECE R50:2004,NEQ)

GB 18100 两轮摩托车及轻便摩托车照明和光信号装置的安装规定

3 术语和定义

GB 4785 确立的以及下列术语和定义适于本标准。

3.1

同一车辆型式 same type of vehicle

在下述基本方面没有区别的车辆：

a) 车辆的尺寸和外形；

b) 各种装置的安装数量和位置；

c) 下述情况应同样认为是同一车辆型式：

——车辆虽然按以上两条有所差异，但其灯具的类型、数量、布局和几何可见度没有不同；

——符合相应标准要求的选装灯具，在车辆上的安装与否，与车辆的型式无关。

3.2

几何可见度 angles of geometric visibility

灯具视表面可见的最小立体角，该立体角由球的一部分确定，球心位于灯具的基准中心，赤道与地面平行。以基准轴线为基准，水平方向角 β 表示经度，垂直方向角 α 表示纬度。

3.3

外缘端面 extreme outer edge

平行于车辆纵向对称平面，且与车辆横向外缘接触的平面。本标准规定下列突出物除外：

——轮胎与地面接触(变形)部分以及轮胎压力传感器的连接件;

——轮胎上的各种防滑装置;

——后视镜;

——转向信号灯,前、后位灯和回复反射器;

——固定在车辆上的海关封印,以及为了保护和固定这些封印的装置。

3.4

车宽　overall width

3.3 中定义的两个垂直平面间的距离。

4　一般技术要求

4.1　照明和光信号装置的安装应在正常使用状态下,即使受到振动,仍满足本标准的要求,特别是不应改变初始调整状态。

4.2　照明装置的安装,应便于将其调整至正确方向。当从远处观察时,在几何可见度范围内,不应有阻碍视表面所发光线传播的障碍物。若在灯具近处测量,则观察方向应平行移动,以得到相同的准确度。若灯具在以往的型式检验时已存在障碍物,则在几何可见度内的这些障碍物可不予考虑。若安装灯具时,其视表面受到车辆部件的部分遮蔽,则应提供证明,表明灯具未受遮蔽的部分仍满足相应功能型式检验所需的配光值。

4.3　包括安装在车侧的所有光信号装置,安装时其基准轴线应平行于车辆在道路上的停放面。此外,对于侧回复反射器,其基准轴线应垂直于车辆纵向对称平面;所有其他光信号装置的基准轴线,则应与之平行,每个方向上的允差为±3°。

4.4　如无特殊说明,在检验灯具的安装高度和方向时,被测车辆应空载并置于水平地面上,其纵向对称平面应铅垂,并且转向把置于朝前的直行位置,轮胎充气压力按车辆制造厂规定。

4.5　如无特殊说明,成对配置的灯具应具有相同的功能,且应满足:

——相对于纵向对称平面,对称安装;

——相对于纵向对称平面,几何形状相互对称;

——满足相同的色度要求;

——满足相同的配光性能。

4.6　如无特别说明,只要每个灯满足各自的要求,则具有不同功能的灯具彼此可组合、复合或混合。远光灯、近光灯、前转向灯、前位灯、前雾灯及安装于车辆前部的侧回复反射器可随转向把转动。

4.7　离地最大和最小高度应分别从基准轴线方向上视表面的最高和最低点开始测量。对于近光灯,离地最小高度应从光学系统(如:反射镜、配光镜、投射透镜)有效口径的最低点开始测量,若(最大和最小)离地高度明显满足本标准要求,则允许不确定表面的精确边缘。

横向安装位置,对于全宽度:由离车辆纵向对称平面最远的基准轴线方向上的视表面边缘确定。对于灯具间的间距,由基准轴线方向上视表面的诸内边缘确定。若横向安装位置明显满足本标准要求,则允许不确定表面的精确边缘。

4.8　如无专门说明,只有转向信号灯和危险警告信号是闪烁的。

4.9　从车前应观察不到红光,从车后应观察不到白光(倒车灯除外),车辆内部灯除外。如有异议,应按下述方法检验:

——前视红灯的不可见度:当观察者在车前 25 m 处横截面的区域 1(见附录 B 中图 B.1)内移动观察时,不应直接看到红色灯具的透光面;

——后视白光的不可见度:当观察者在车后 25 m 处横截面的区域 2(见附录 B 中图 B.2)内移动观察时,不应直接看到白色灯具的透光面。

在上述两个横截面内,观察者进行目视探测的区域 1 和区域 2 范围如下:

——在高度方向:由两个离地高度各为 1 m 和 2.2 m 的水平面限定。

——在横向:在车前和车后,分别由两个铅垂平面限定。这两个铅垂平面与车辆纵向对称平面成向外15°角,这些平面要包含与车辆纵向对称平面平行的铅垂面与界定车辆总长的铅垂面的交线和界定车辆总宽的横向铅垂面的交线。

4.10 电路连接应使前位灯和后位灯只能同时打开或关闭。

4.11 如无特殊说明,电路连接应保证,只有当4.10中的诸灯打开时,远光灯、近光灯或前雾灯才能打开。然而,当远光灯和近光灯发出警告信号时,即间歇地打开远光灯或近光灯,或间歇地交替打开远光灯和近光灯,则这些要求不适用。

4.12 指示器的安装应使驾驶员处于正常驾驶位置时,能容易地观察到每种指示器。

4.13 "接通"指示器可用"工作"指示器替代。

4.14 灯具发射的光色要求见表1,其色度特性按GB 4785的规定。

表1 灯具安装要求

灯具名称	光色	安装要求	
		道路用全地形车	非道路用全地形车
远光灯	白色	强制安装[a]	选装
近光灯	白色	强制安装	选装
前位灯	白色	强制安装	选装
后位灯	红色	强制安装	选装
转向信号灯	琥珀色	强制安装	选装
制动灯	红色	强制安装	选装
非三角形后回复反射器	红色	强制安装	选装
非三角形侧回复反射器	琥珀色(若与后位灯、后雾灯、制动灯组合,或共有透光面则可以为红色)	选装	选装
危险警告信号	琥珀色	强制安装	选装
前雾灯	白色或黄色	选装	选装
后雾灯	红色	强制安装[a]	选装
倒车灯	白色	选装	选装
牌照灯	白色	强制安装	禁止安装
[a] 对于空载质量不大于350 kg,最大设计车速不超过45 km/h的车辆远光灯和后雾灯可以选装。			

4.15 提交型式检验的车辆应装备符合表1规定的照明和信号装置。所有照明和信号装置的安装应符合第5章的规定。

4.16 对于道路用全地形车4.15未提到的照明和信号装置不允许使用。

4.17 全地形车前照灯(远、近光)应符合GB 5948或GB 4599(封闭式灯具除外)的要求,前位灯、后位灯、制动灯和后牌照灯应符合GB 17510的要求,转向信号灯应符合GB 18100或GB 17509的要求,非三角形后回复反射器和非三角形侧回复反射器应符合GB 11564的要求,前雾灯应符合GB 4660的要求,后雾灯应符合GB 11554的要求。

5 特殊规定

5.1 远光灯

5.1.1 配备

道路用全地形车应安装,但对于空载质量不大于350 kg,最大设计车速不超过45 km/h的全地形车和非道路用全地形车可以选装。

5.1.2 **数量**

一只或两只。对于车宽大于 1 300 mm 的全地形车，应安装两只远光灯。

5.1.3 **位置**

5.1.3.1 横向：单只远光灯可位于车辆前部另一只灯具的上面、下面或一侧。如果两只灯是上下放置，则远光灯的基准中心应在车辆的纵向对称平面上；如果两只灯是左右放置，则它们的基准中心应关于车辆的纵向对称平面对称。

如果单只独立远光灯和车辆前部另一只灯具混合，则基准中心应在车辆的纵向对称平面上。然而，如果有单只近光灯和远光灯左右放置，它们的基准中心应关于车辆的纵向对称平面对称。

安装两只远光灯，一只或两只都与车辆前部另一只灯具混合，则它们的基准中心应关于车辆的纵向对称平面对称。

5.1.3.2 纵向：位于车前。发射光不应直接或间接地通过后视镜和/或其他反射面引起驾驶员的不舒适感。

5.1.3.3 远光灯的发光面边缘和近光灯发光面边缘间距离不应大于 200 mm。

5.1.4 **几何可见度**

发光面的可见度，包括从观察方向看来似乎不发光的区域的可见度，应保证在这样一个扩散空间内，该空间由发光面周长上的众母线形成确定，与前照灯基准轴线间的夹角不小于 5°。发光面在配光镜最前部分横切面内的投影边界是几何可见度的始端。

5.1.5 **方向**

向前。

5.1.6 **电路连接**

所有远光灯应同时点亮。当由近光切换成远光时，所有远光灯应全部点亮。当由远光切换成近光时，所有远光灯应同时熄灭。远光灯打开时，允许近光灯也开着。

5.1.7 **“接通”指示器**

选装。蓝色非闪烁信号灯。

5.1.8 **其他要求**

全地形车远光灯同时接通时，最大发光强度应不超过 225 000 cd。

远光灯不应与任何其他灯具复合。

5.2 **近光灯**

5.2.1 **配备**

道路用全地形车应安装，非道路用全地形车选装。

5.2.2 **数量**

一只或两只。对于车宽大于 1 300 mm 的全地形车，应安装两只近光灯。

5.2.3 **位置**

5.2.3.1 横向：单只独立近光灯可位于车辆前部另一只灯具的上面、下面或一侧。如果两只灯是上下方向放置，则近光灯的基准中心应在车辆的纵向对称平面上；如果是两只灯是左右放置，则它们的基准中心应关于车辆的纵向对称平面对称。

如果单只近光灯和车辆前部另一只灯具混合，则基准中心应在车辆的纵向对称平面上。然而，如果有单只独立的远光灯和近光灯左右放置，它们的基准中心应关于车辆的纵向对称平面对称。

安装两只近光灯，一只或两只都与车辆前部另一只灯具混合，则它们的基准中心应关于车辆的纵向对称平面对称。

对于安装两只近光灯的车辆：离车辆纵向对称平面最远的发光面外缘到车辆相应外缘端面的距离应不大于 400 mm。两发光面内边缘间距离不小于 500 mm。对于车宽小于 1 300 mm 的车辆，这一距离要求减至 400 mm。

5.2.3.2 高度：离地高度大于 500 mm，小于 1 200 mm。

5.2.3.3 纵向：位于车前。发射光不应直接或间接地通过后视镜和/或其他反射面引起驾驶员的不舒适感。

5.2.4 几何可见度

按 3.2 定义的 α 角和 β 角确定：

——α：向上 15°，向下 10°。

——β：安装单只近光灯的情况，左右均为 45°；安装成对近光灯的情况，向外 45°，向内 10°。

5.2.5 方向

向前。近光明暗截止线垂直倾斜度应保持在 −0.5%～−2.5% 之间，除非存在外部调节装置；但对于空载质量不大于 350 kg，最大设计车速不超过 45 km/h 的全地形车无此要求。

5.2.6 电路连接

变换近光时，应同时关闭所有的远光灯。远光灯开着时，近光灯允许开着。

5.2.7 "接通"指示器

选装。绿色非闪烁信号灯。

5.2.8 其他要求

近光灯不应与任何灯具复合。

5.3 转向信号灯

5.3.1 配备

道路用全地形车应安装，非道路用全地形车选装。

5.3.2 数量

每侧两只。单侧的转向信号灯允许在两侧安装。

5.3.3 布局

两只前转向信号灯，两只后转向信号灯。

5.3.4 位置

5.3.4.1 横向：离车辆纵向对称平面最远的发光面边缘，到车辆外缘端面之间的距离应不大于 400 mm。两相邻发光面内边缘间距离不小于 500 mm。转向信号灯与最邻近的近光灯的发光面间的最小距离规定如下：

——对于最小发光强度为 90 cd 的转向灯为 75 mm；

——对于最小发光强度为 175 cd 的转向灯为 40 mm；

——对于最小发光强度为 250 cd 的转向灯为 20 mm；

——对于最小发光强度为 400 cd 的转向灯为不大于 20 mm。

5.3.4.2 高度：离地高度应不小于 350 mm，不大于 1 500 mm。

5.3.5 几何可见度

几何可见度要求如下：

——水平方向角：见附录 C 中的图 C.1。

——垂直方向角：水平面上下各 15°。如果离地高度小于 750 mm，则水平面以下的垂直方向角可减至 5°。

5.3.6 电路连接

转向信号灯应独立于其他灯具打开。在车辆同一侧的所有转向信号灯，应由一个开关控制同时打开或关闭。

5.3.7 “工作”指示器

选装。指示器应是指示灯,发声器或两者兼有。如果是指示灯则在正常操作情况下应是绿色可见闪烁信号。当转向信号灯发生故障时,该指示灯或熄灭,或不再闪烁,或以另一种明显不同的频率闪烁。若为发声器应响声清晰,发生故障时声频应明显变化。

5.3.8 工作要求

除了发动机和灯具装置正常工作所必需的负载以外,进行如下测量时电气系统不应接入其他负载。

5.3.8.1 光信号装置应在开关打开后不大于1 s时间内点亮,在1.5 s内首次熄灭。

5.3.8.2 如果车辆转向信号灯使用直流电源:

——闪烁频率应为$(90\pm30)\text{min}^{-1}$。

——车辆同一侧转向信号灯应同时同步闪烁。

5.3.8.3 如果车辆转向信号灯使用交流电源,发动机转速介于车辆最高车速相对应转速的50%~100%之间时:

——闪烁频率应为$(90\pm30)\text{min}^{-1}$。

——车辆同一侧转向信号灯应同步或交替闪烁。按附录B,前转向信号灯在车辆后方区域内不可见,并且后转向信号灯在车辆前方区域内不可见。

5.3.8.4 如果车辆转向信号灯使用交流电源,发动机转速介于在制造厂规定的怠速和车辆最高车速所对应发动机转速的50%之间时:

——闪烁频率应为$90^{+30}_{-45}\ \text{min}^{-1}$。

——车辆同一侧转向信号灯应同步或交替闪烁。按附录B,前转向信号灯在车辆后方区域内不可见,并且后转向信号灯在车辆前方区域内不可见。

5.3.8.5 当某一转向信号灯发生故障(短路除外)时,其他转向信号灯应继续工作,但闪烁频率可不同于上述规定的频率。

5.3.9 其他要求

转向灯不应与任何其他灯具复合或混合。

5.4 制动灯

5.4.1 配备

道路用全地形车应安装,非道路用全地形车选装。

5.4.2 数量

一只或两只。对于车宽大于1 300 mm的全地形车,应安装两只制动灯。

5.4.3 位置

5.4.3.1 横向:如果安装单只制动灯,其基准中心应位于车辆的纵向对称平面上;如果成对安装制动灯,它们的基准中心应关于车辆纵向对称平面对称。两制动灯之间距离应不小于600 mm。对于车宽小于1 300 mm的车辆,这一距离减至400 mm。

5.4.3.2 高度:离地高度应不小于250 mm,不大于1 500 mm。

5.4.3.3 纵向:应位于车辆尾部。

5.4.4 几何可见度

几何可见度要求如下:

——水平方向角:左右均为45°。

——垂直方向角:水平面上下各15°。如果离地高度小于750 mm,则水平面以下的垂直方向角减至5°。

5.4.5 方向

朝后。

5.4.6 电路连接

在车辆制动时,制动灯应点亮。

5.4.7 “接通”指示器

不应安装。

5.4.8 其他要求

制动灯不应与其他任何灯具复合。

5.5 前位灯

5.5.1 配备

道路用全地形车应安装,非道路用全地形车选装。

5.5.2 数量

一只或两只。对于车宽大于 1 300 mm 的全地形车,应安装两只前位灯。

5.5.3 位置

5.5.3.1 横向:独立前位灯可位于车辆前部另一只灯具的上面、下面或一侧。如果是上下方向放置,则前位灯的基准中心应在车辆的纵向对称平面上;如果是左右放置,则它们的基准中心应关于车辆的纵向对称平面对称。

安装单只前位灯和车辆前部另一只灯具混合时,基准中心应在车辆的纵向对称平面上。

安装两只前位灯,一只或两只都与车辆前部另一只灯具混合,则它们的基准中心应关于车辆的纵向对称平面对称。

对于安装两只前位灯的车辆:离车辆纵向对称平面最远的发光面外缘到车辆相应外缘端面的距离应不大于 400 mm。两发光面内边缘间距离不小于 500 mm。对于车宽小于 1 300 mm 的车辆,这一距离要求减至 400 mm。

5.5.3.2 高度:离地高度应不低于 350 mm,不高于 1 200 mm。

5.5.3.3 纵向:在车辆前部。

5.5.4 几何可见度

几何可见度要求如下:

——水平方向角:安装单只前位灯的情况,左右均为 80°。安装成对前位灯的情况,向外 80°,向内 45°。

——垂直方向角:水平面上下各 15°。如果离地高度小于 750 mm,则水平面以下的垂直方向角减至 5°。

5.5.5 方向

朝前。

5.5.6 “接通”指示器

应安装。但对于空载质量不大于 350 kg,最大设计车速不超过 45 km/h 的全地形车选装。指示器应为非闪烁绿色信号。对于仪表板随前位灯同时点亮或关闭的车辆可不安装。

5.6 后位灯

5.6.1 配备

道路用全地形车应安装,非道路用全地形车选装。

5.6.2 数量

一只或两只。对于车宽大于 1 300 mm 的全地形车,应安装两只后位灯。

5.6.3 位置

5.6.3.1 横向:如果安装单只后位灯,其基准中心应位于车辆的纵向对称平面上;如果成对安装后位灯,它们的基准中心应关于车辆纵向对称平面对称。两后位灯之间距离应不小于 600 mm。对于车宽小于 1 300 mm 的车辆,这一距离可减至 400 mm。

5.6.3.2 高度：离地高度应不小于 250 mm，不大于 1 500 mm。

5.6.3.3 纵向：位于车辆尾部。

5.6.4 几何可见度

几何可见度要求如下：

——水平方向角：安装单只后位灯的情况，左右均为 80°。安装成对后位灯的情况，向外 80°，向内 45°。

——垂直方向角：水平面上下各 15°。如果离地高度小于 750 mm，则水平面以下的垂直方向角可减至 5°。

5.6.5 方向

朝后。

5.6.6 “接通”指示器

选装。其功能可由前位灯的相应指示器完成。

5.7 前雾灯

5.7.1 配备

全地形车选装。

5.7.2 数量

一只或两只。

5.7.3 位置

5.7.3.1 横向：单只前雾灯可位于车辆前部另一只灯具的上面、下面或一侧。如果两只灯是上下方向放置，则前雾灯的基准中心应在车辆的纵向对称平面上；如果是两只灯是左右放置，则它们的基准中心应关于车辆的纵向对称平面对称。

如果安装单只前雾灯和车辆前部另一只灯具混合，则基准中心应在车辆的纵向对称平面上。

如果安装两只前雾灯，一只或两只都与车辆前部另一只灯具混合，则它们的基准中心应关于车辆的纵向对称平面对称。

离车辆纵向对称平面最远的发光面边缘，到车辆外缘端面之间的距离应不大于 400 mm。

5.7.3.2 高度：离地高度应大于 250 mm，前雾灯的发光面应不高于近光灯发光边缘的最高点。

5.7.3.3 纵向：位于车辆前部。发射光不应直接或间接地通过后视镜和/或其他反射面引起驾驶员的不舒适感。

5.7.4 几何可见度

几何可见度要求如下，按 3.2 定义的 α 角和 β 角确定：

——α：水平面上下各 5°。

——β：安装两只前雾灯时向内 10°，向外 45°。安装一只时向左向右均 45°。

5.7.5 方向

朝前。

5.7.6 电路连接

前雾灯的控制开关应独立于远光灯、近光灯。

5.7.7 “接通”指示器

选装。应为绿色非闪烁信号灯。

5.7.8 其他要求

前雾灯不应与任何灯具复合。

5.8 后雾灯

5.8.1 配备

道路用全地形车应安装，但对于空载质量不大于 350 kg，最大设计车速不超过 45 km/h 的全地形车和非道路用全地形车可以选装。

5.8.2 数量

一只或两只。

5.8.3 位置

5.8.3.1 横向：安装单只后雾灯，其基准中心应位于车辆的纵向对称平面上或车辆行驶方向的左侧。成对安装后雾灯，它们的基准中心应关于车辆纵向对称平面对称。两后雾灯之间距离应不小于600 mm。对于车宽小于1 300 mm的车辆，这一距离可减至400 mm。

5.8.3.2 高度：离地高度不小于250 mm，不大于1 000 mm。

5.8.3.3 纵向：在车辆尾部。

5.8.3.4 后雾灯发光面和制动灯发光面间距离应不小于100 mm。

5.8.4 几何可见度

几何可见度要求如下，按3.2定义的α角和β角确定：

——α：水平面上下各5°；

——β：左右均为25°。

5.8.5 位置

车辆尾部。

5.8.6 电路连接

只有当远光灯、近光灯或前雾灯打开时，后雾灯才允许打开。

5.8.7 “接通”指示器

应安装。琥珀色非闪烁信号灯。

5.8.8 其他要求

后雾灯不应与其他灯具复合。

5.9 倒车灯

5.9.1 配备

全地形车选装。

5.9.2 数量

一或两只。

5.9.3 位置

5.9.3.1 高度：离地高度应不小于250 mm，不大于1 200 mm。

5.9.3.2 纵向：在车辆尾部。

5.9.4 几何可见度

几何可见度要求如下，按3.2定义的α角和β角确定：

——α：向上15°，向下5°。

——β：安装单只倒车灯的情况，左右均45°；安装成对倒车灯的情况，向外45°，向内30°。

5.9.5 位置

车辆尾部。

5.9.6 电路连接

只有当倒车齿轮处于啮合状态，而且发动机的点、熄火控制装置处于使发动机能工作的状态时，倒车灯才允许打开，在不符合上述条件的情况下，倒车灯都应无法点亮。

5.9.7 “接通”指示器

选装。

5.9.8 其他要求

倒车灯不应与其他灯具复合或混合。

5.10 危险警告信号

5.10.1 配备

道路用全地形车应安装,非道路用全地形车选装。

5.10.2 一般要求

应满足 5.3.1～5.3.9 的要求

5.10.3 电路连接

应由单独配置的开关打开所有转向信号灯,并同时闪烁。

5.10.4 “接通”指示器

应安装。独立的红色闪烁信号指示器,或同时打开 5.3.7 中规定的指示器来代替。

5.10.5 其他要求

信号闪烁频率为:$(90\pm30)\mathrm{min}^{-1}$。

光信号控制开关开启后 1 s 内,各转向信号灯应点亮,开关关闭后的 1.5 s 内,各转向信号灯应熄灭。

当点火开关处于使发动机关闭的状态,应保证危险警告信号装置能够开启。

5.11 非三角形后回复反射器

5.11.1 配备

道路用全地形车应安装,非道路用全地形车选装。

5.11.2 数量

一只或两只(IA 类)。对于最大车宽大于 1 000 mm 的全地形车,应安装两只。

5.11.3 位置

5.11.3.1 横向:对于安装单只回复反射器,其基准中心应在车辆的纵向对称平面上;如成对安装回复反射器,则它们的基准中心应关于车辆的纵向对称平面对称。对于成对安装回复反射器,离车辆纵向对称平面最远的发光面外缘到车辆相应外缘端面的距离应不大于 400 mm。两发光面内边缘间距离应不小于 500 mm。对于车宽小于 1 300 mm 的车辆,这一距离要求减至 400 mm。

5.11.3.2 高度:离地高度应不小于 250 mm,不大于 900 mm。

5.11.3.3 纵向:位于车辆尾部。

5.11.4 几何可见度

几何可见度要求如下:

——水平方向角:左右均为 30°。

——垂直方向角:水平面上下各 15°。如果离地高度小于 750 mm,则水平面以下的垂直方向角可减至 5°。

5.11.5 方向

朝后。

5.12 非三角形侧回复反射器

5.12.1 配备

全地形车选装。

5.12.2 数量

每侧一只或两只(IA 类)。

5.12.3 位置

5.12.3.1 高度:离地高度应不小于 300 mm,不大于 900 mm。

5.12.3.2 纵向:在正常条件下,其安装位置应保证不被驾驶员或乘客以及他们的衣物所遮挡。

5.12.4 几何可见度

几何可见度要求如下:

——水平方向角：左右均为30°。

——垂直方向角：水平面上下各15°。如果离地高度小于750 mm，则水平面以下的垂直方向角可减至5°。

5.12.5 方向

回复反射器的基准轴应垂直于车辆的纵向对称平面且反射面朝外。

5.13 后牌照板照明装置

5.13.1 配备

道路用全地形车应安装，非道路用全地形车禁止安装。

5.13.2 数量

一只。根据牌照板照明位置要求，牌照灯应由一个或多个发光元件组成。

5.13.3 布局

根据牌照板照明位置而定。

5.13.4 位置

5.13.4.1 横向：根据牌照板照明位置而定。

5.13.4.2 高度：根据牌照板照明位置而定。

5.13.4.3 纵向：根据牌照板照明位置而定。

5.13.5 几何可见度

根据牌照板照明位置而定。

5.13.6 方向

根据牌照板照明位置而定。

5.13.7 "接通"指示器

选装。其功能应由位置灯指示器完成。

6 试验方法

6.1 安装位置

按4.4和4.7检验灯具的位置，应满足每种灯的特殊规定。

6.2 几何可见度

6.2.1 按3.2和4.2进行检验，应满足每种灯的特殊规定，对于信号装置，允许有±3°的偏差。

6.2.2 前视红光的不可见度和后视白光的不可见度按4.9的规定检验。

6.3 全地形车近光灯的照准

近光明暗截止线初始的向下倾斜度符合5.2.6的规定。

6.4 电路连接和指示器

打开由车辆电气系统供电的所有灯具，灯具的电路连接和指示器的功能应符合4.10～4.12及每种灯的特殊规定。

6.5 发光强度

全地形车远光灯的最大发光强度应符合5.1.8的规定。

6.6 目视检验车辆灯具的配备、安装数量、光色、布局及类别应满足4.14和4.15及每种灯的特殊规定。

7 检验规则

7.1 型式检验

在照明和光信号装置的安装方面同一型式的规定按3.1执行。

就照明和光信号装置的安装申请型式检验的制造商应提交空载车一辆，其上装有整套照明和光信

号装置,并附下述文件资料:

a) 有关车辆的尺寸和外形,以及不同车型识别的说明书;

b) 一份照明和光信号装置的整体安装图,标明各装置的车辆上的安装位置;

c) 一套能显示每种灯具发光面、透光面、基准轴线和基准中心的外形图,以及一份有关视表面确定方法的说明,不包括牌照灯。

提交型式检验的车型应满足第4章和第5章的要求。

7.2 产品一致性检验

对通过型式检验且连续生产的车辆,应进行随机抽查。每辆车照明和光信号装置的安装应符合型式检验要求。

附　录　A
（规范性附录）
灯具表面、基准轴、基准中心和几何可见度角定义的图示

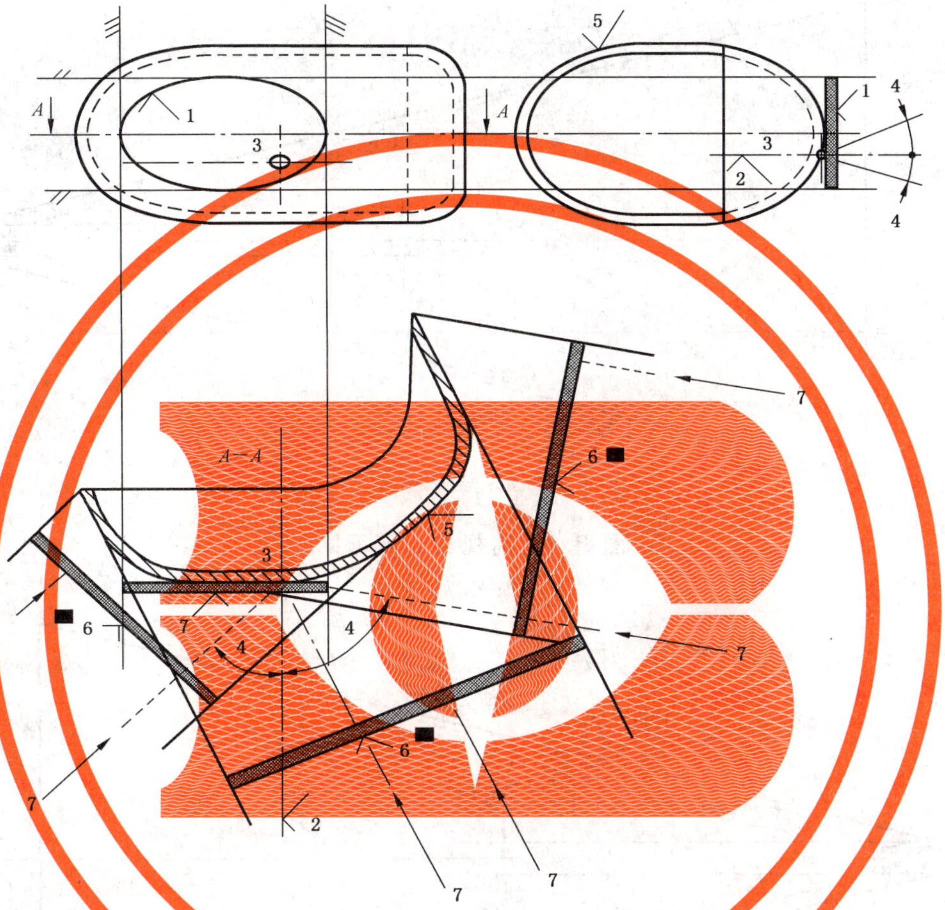

符合说明：

1——发光面；

2——基准轴；

3——基准中心；

4——几何可见度角；

5——透光面；

6——视表面；

7——可见度方向。

注：视表面应与透光面相切。

图 A.1　灯具表面、基准轴、基准中心和几何可见度角

附 录 B
（规范性附录）
前视红光和后视白光的不可见度

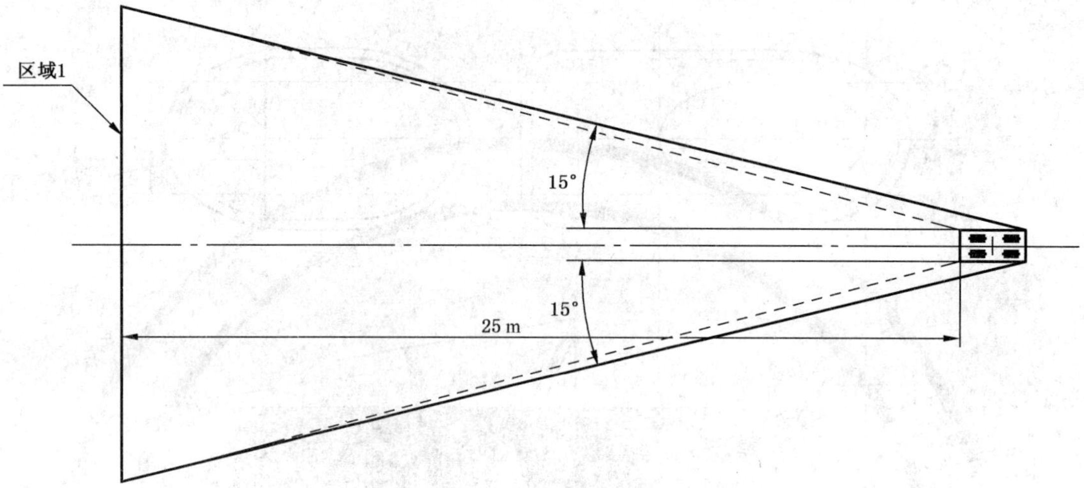

图 B.1 前视红光不可见度

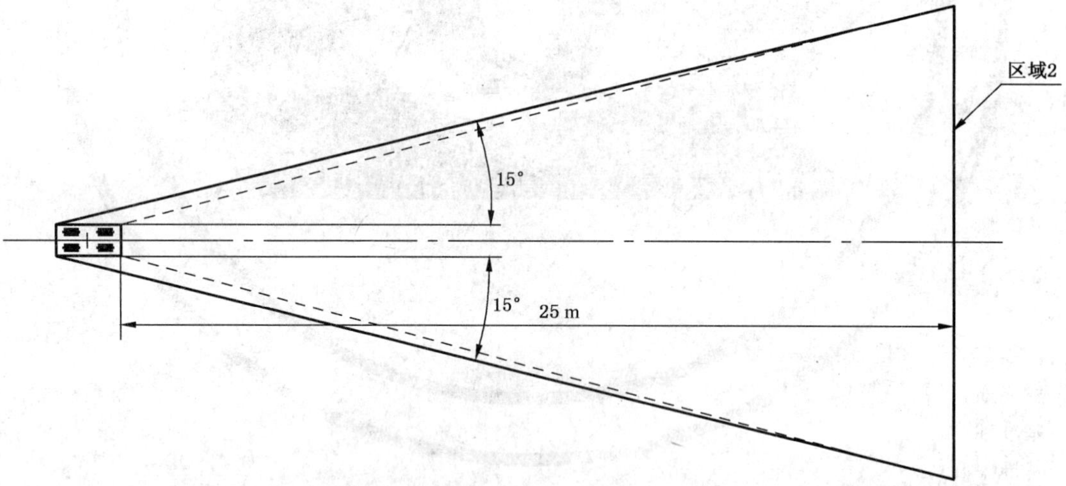

图 B.2 后视白光不可见度

附　录　C
（规范性附录）
转向信号灯几何可见度水平方向角

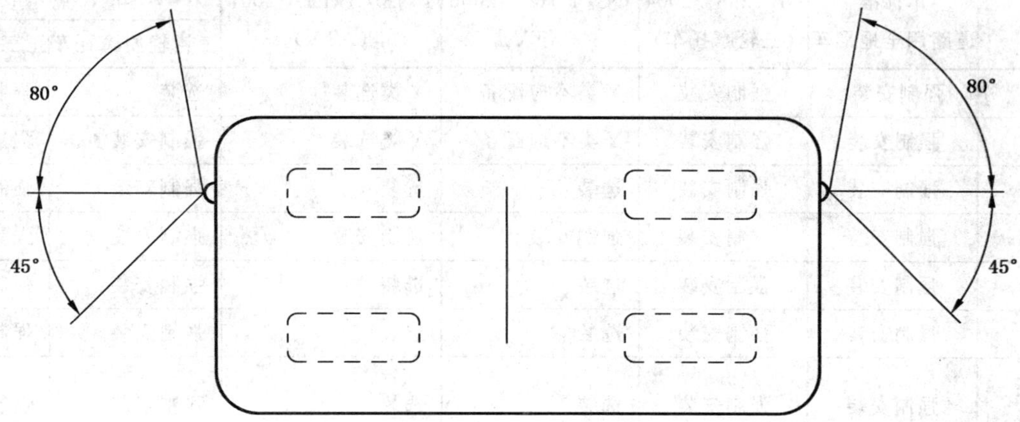

图 C.1　全地形车转向信号灯几何可见度水平方向角

附 录 D
（资料性附录）
各相关标准中关于灯具安装的相关规定对照表

表 D.1

	本标准 道路用全地形车	GB 7258—2004 （三轮摩托车）	QC/T 760—2006 （ATV）	ANSI/SVIA 1-2007 （ATV）	欧标指令（93/92/EEC）	
					三轮轻便摩托车	正三轮摩托车
远光灯	强制安装[a]	强制安装	Y类不应配备	Y类选装	选装	强制安装
近光灯	强制安装	强制安装	Y类不应配备	Y类选装	强制安装	强制安装
前位灯	强制安装	强制安装	选装	选装	强制安装	强制安装
后位灯	强制安装	强制安装	强制安装	强制安装	强制安装	强制安装
转向信号灯	强制安装	强制安装	选装	选装	强制安装	强制安装
制动灯	强制安装	强制安装	选装	选装	强制安装	强制安装
非三角形后回复反射器	强制安装	强制安装	选装	选装	强制安装	强制安装
非三角形侧回复反射器	选装	选装	选装	选装	选装	选装
危险警告信号	强制安装	强制安装	选装	选装	选装	强制安装
前雾灯	选装	选装	选装	选装	选装	选装
后雾灯	强制安装[a]	选装	选装	选装	选装	选装
倒车灯	选装	选装	选装	选装	选装	选装
驻车灯	选装	选装	选装	选装	禁止安装	禁止安装
牌照灯	强制安装	强制安装	选装	选装	强制安装	强制安装

[a] 本标准中对于空载质量不大于 350 kg，最大设计车速不超过 45 km/h 的车辆远光灯和后雾灯可以选装。

参 考 文 献

［1］ GB 7258—2004 机动车运行安全技术条件.
［2］ QC/T 760—2006 四轮全地形车通用技术条件.
［3］ ANSI/SVIA 1-2007 全地形车的装置、结构和性能要求.
［4］ 欧标指令(93/92/EEC) 关于两轮或三轮机动车辆灯光及光信号设备的安装.

ICS 43.040.60
T 26

中华人民共和国国家标准

GB 24932—2010

全地形车座椅、座椅固定及头枕要求

Requirements of seats, their anchorages and head restraints for all-terrain vehicles

2010-08-09 发布 2011-01-01 实施

中华人民共和国国家质量监督检验检疫总局
中国国家标准化管理委员会 发布

前　言

本标准的第 4 章、第 5 章(除 5.1 外)为强制性的,其余为推荐性的。

本标准的附录 A 为规范性附录。

本标准由全国四轮全地形车标准化技术委员会(SAC/TC 344)提出并归口。

本标准负责起草单位:上海机动车检测中心。

本标准参加起草单位:重庆航天巴山摩托车制造有限公司、浙江星月集团有限公司、国家摩托车质量监督检验中心(重庆)、浙江钱江摩托股份有限公司、隆鑫工业有限公司、群升集团有限公司。

本标准主要起草人:王佳怡、陈戟、朱珠、杨利民、王欣、袁建军、李建华、陈念军、王侃。

本标准实施过渡期:对于新定型产品,自标准实施之日起施行;对于已定型的产品,自标准实施之日起 12 个月后施行。

全地形车座椅、座椅固定及头枕要求

1 范围

本标准规定了全地形车座椅、座椅固定及头枕的术语和定义、技术要求与试验方法。

本标准适用于多功能地形车及Ⅱ型娱乐用场地车的成人前向乘坐式座椅及其固定装置(不论座椅是否有头枕)。

本标准不适用于四轮全地形车的跨骑式坐垫、折叠式座椅、侧向座椅、后向座椅、分体式座椅。

2 规范性引用文件

下列文件中的条款通过本标准的引用而成为本标准的条款。凡是注日期的引用文件,其随后所有的修改单(不包括勘误的内容)或修订版均不适用于本标准,然而,鼓励根据本标准达成协议的各方研究是否可使用这些文件的最新版本。凡是不注日期的引用文件,其最新版本适用于本标准。

GB 11551—2003 乘用车正面碰撞的乘员保护(ECE R94:1995,NEQ)

GB 24927 全地形车安全带及其安装固定点要求

GB/T 24936 全地形车 术语

3 术语和定义

GB/T 24936 确立的以及下列术语和定义适用于本标准。

3.1

座椅 seat

在全地形车上,供一个成年乘员乘坐且有完整装饰并与车辆结构为一体或分体的乘坐设施。

3.2

同一座椅型式 same type of seat

在以下方面没有区别的一类座椅:

——座椅构架的外形、尺寸和材料;座椅的结构、形状、尺寸、材料以及质量,允许座椅蒙皮和颜色不同;允许质量差在批准座椅型式的座椅质量的5%范围内。

——调节系统和锁止系统的型式及尺寸;座椅、座椅靠背及其组成部件的调节装置、位移装置及锁止装置的型式和尺寸。

——安全带固定点、座椅固定装置及车辆构架相关部分的型式和尺寸。

3.3

固定装置 anchorage

将座椅总成固定到车身结构上的装置,包括影响车身结构的部分。

3.4

调节装置 adjustment system

可以调节座椅或座椅部件的位置以适应乘员坐姿的装置,能使座椅:

——纵向移动;

——垂直移动;

——调整角度。

3.5

锁止装置 locking system

确保座椅或其中一部分保持在某一使用位置的任何机构，包括锁止靠背与椅座及座椅与车辆相对位置的机构。

3.6

头枕 head restraint

用于限制成年乘员头部相对于其躯干后移，以减轻在发生碰撞事故时颈椎可能受到的损伤程度的装置。

3.7

座椅质心 seat centroid

备有头枕装置的座椅，是指将头枕调到最高位置，座椅高度和角度处于设计基准位置时的座椅总成的质心。

3.8

"R"点 'R' point

GB 11551—2003 中附录 C 定义的乘坐基准点。

3.9

基准线 reference line

GB 11551—2003 中附录 C-附件 1 图 C.1 所示的通过三维人体模型的线。

4 技术要求

4.1 一般技术要求

4.1.1 座垫及靠背表面应丰满，缝边或折边清晰，曲面光滑，无皱折、褪色、破损。

4.1.2 每个调节装置和座椅移位装置都应有自动锁紧位置。

4.1.3 座椅背面部件的表面不应有任何可能会增加乘员伤害的凸起或尖棱，座椅背面凸起物的曲率半径应不小于 5.0 mm。此规定不适用于最后排座椅或背对背安装的座椅。

4.2 头枕位置及尺寸

4.2.1 头枕高度应按 5.2.1 的规定进行测量，其高度不应低于 650 mm。

4.2.2 对安装高度可调的头枕，其枕用部分的高度按 5.2.1 的规定进行测量时，不应小于 100 mm。

4.2.3 头枕宽度应保证为正常坐姿的乘员提供足够的头部支承面。在按 5.2.2 的规定测定时，应保证头枕两侧距座椅垂直中心平面的距离都不小于 85 mm。

4.3 座椅靠背及其调节装置强度

在按 5.3 的方法进行试验时，座椅骨架、座椅固定装置不应损坏并且座椅总成与车身本体不应分离。对可调式座椅，调节装置或其锁止装置在试验中应能使座椅保持原调节位置，在试验后可以失去调节功能。

4.4 座椅静态强度

在按 5.4 的方法进行试验的过程中或试验后，座椅总成与车体本身不应分离，锁紧装置不应松脱。另外，当安全带固定点装在座椅上时，施加的载荷应按 GB 24927 中的规定，对安全带的安装固定点施加相应的力。

5 试验方法

5.1 一般要求

安装在全地形车上的某一座椅，如果其锁止装置和固定方式与其他某一座椅相同或对称，则建议检测机构可以只对其中一个座椅进行试验。

5.2 **确定头枕位置及尺寸**

5.2.1 **确定头枕高度**

5.2.1.1 把头枕调到设计基准位置测定头枕高度。

5.2.1.2 包括基准线投影在内的所有的线均应画在该座椅或乘坐位置的垂直对称面以内。该对称面与座椅交线确定了头枕和座椅靠背的轮廓(见附录A的图A.1)。

5.2.1.3 将GB 11551—2003中附录C所示的三维人体模型置于座椅正常乘坐位置。

5.2.1.4 将GB 11551—2003中附录C所示的三维人体模型基准线的投影画在5.2.1.2所述的相应乘坐位置的垂直对称面上。作垂直于基准线并且相切头枕顶端的切线S。

5.2.1.5 从"R"点到切线S的距离"*h*"即为4.2.1规定的头枕高度。

5.2.2 **确定头枕宽度**(见附录A的图A.2)

5.2.2.1 用位于5.2.1.4的切线S以下65 mm处,并且垂直于基准线的平面S_1来确定由轮廓线C所限定的头枕剖面。

5.2.2.2 按照4.2.3的规定进行试验时,所要考虑的头枕宽度是垂直纵向面P和P′与剖面S_1的两条交线之间的距离*L*。

5.3 **座椅靠背及其调节装置的强度试验**

5.3.1 将座椅按设计要求安装在车身上或模拟车身试验台上。对可调式座椅,试验时应将座椅调到最后位置,并将靠背锁止在设计角度的位置或者与此相当的位置。

5.3.2 通过一个模拟GB 11551—2003中附录C所述的假背的模型,对座椅靠背沿纵向向后施加相对于座椅"R"点373 N·m力矩的负荷。

5.4 **座椅静态强度试验**

5.4.1 把座椅调到设计基准位置测定座椅质量和质心。

5.4.2 将座椅按设计要求安装在车身上或模拟车身试验台上。

5.4.3 通过座椅质心,分别沿水平方向向前和向后施加相当于座椅总成质量20倍的负荷。加载时要求逐渐加载到规定值,并在该值上保持0.2 s以上。加载速度不超过5 mm/min。当全地形车安全带固定点装在座椅上时,施加上述向前负荷应按GB 24927中的规定对安全带的安装固定点施加相应的负荷。

附　录　A
（规范性附录）
头枕宽度和高度的确定

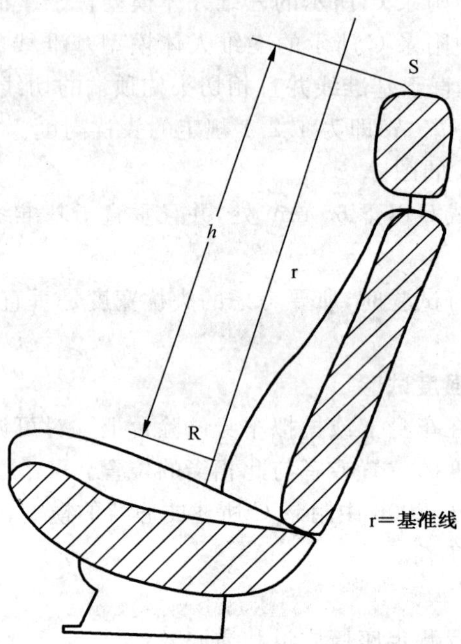

图 A.1

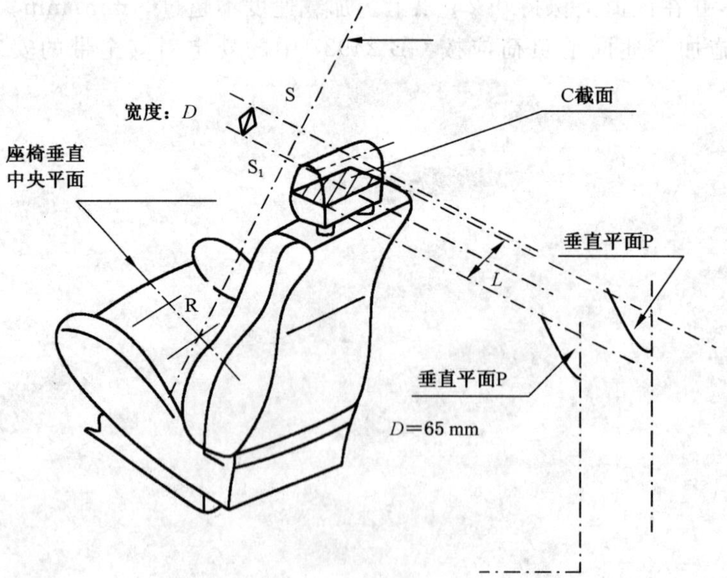

图 A.2

ICS 43.020
T 04

中华人民共和国国家标准

GB 24933—2010

全地形车　警示符号

Caution symbols for all-terrain vehicles

2010-08-09 发布　　2011-01-01 实施

中华人民共和国国家质量监督检验检疫总局
中国国家标准化管理委员会　发布

前　言

本标准的第3章、第4章、第5章(除5.6.4外)为强制性的,其余为推荐性的。

本标准与ANSI/SVIA 1—2007《全地形车的装置、结构和性能要求》的一致性程度为非等效。

本标准与ANSI/SVIA 1—2007主要差异如下:

——增加了8个警示图形符号,并增加了7个中文警示图形符号和13个中文警告标签的表示,并将警示图形符号的颜色和表达的内容作了明确的说明;

——标准中的5.2、5.3、5.6～5.7.3的警示符号、悬挂标牌的标示要求主要采用了ANSI/SVIA 1—2007标准中的内容。

本标准的附录A为资料性附录。

本标准由全国四轮全地形车标准化技术委员会(SAC/TC 344)提出并归口。

本标准负责起草单位:隆鑫工业有限公司。

本标准参加起草单位:群升集团有限公司、浙江钱江摩托股份有限公司、江苏林海动力机械集团公司、浙江星月集团有限公司、上海机动车检测中心、春风控股集团杭州摩托车制造有限公司、中国汽车技术研究中心。

本标准主要起草人:张映辉、廖亚川、徐珠峰、蔡良正、李崧、陈笑年、王侃、袁章平、李陆山、黄尊力。

全地形车　警示符号

1　范围

本标准规定了全地形车的警示图形符号、符号的颜色和符号的标示[1]。

本标准适用于全地形车的警示图形符号(以下简称警示符号),其他同类型的全地形车亦可参照使用。

2　规范性引用文件

下列文件中的条款通过本标准的引用而成为本标准的条款。凡是注日期的引用文件,其随后所有的修改单(不包括勘误的内容)或修订版均不适用于本标准,然而,鼓励根据本标准达成协议的各方研究是否可使用这些文件的最新版本。凡是不注日期的引用文件,其最新版本适用于本标准。

GB/T 24936　全地形车　术语

ANSI Z535.4　产品安全标志和标签。

3　要求

3.1　警示符号及符号的颜色应符合第4章的规定。

3.2　警示符号的标示应符合第5章的规定。标示装置的名称应符合GB/T 24936的规定。

3.3　警示符号的布置,应符合产品设计要求的规定,使驾驶员在正常的位置易于观察识别。

3.4　警示符号与其底色反差对比应明显清楚。

3.5　本标准中警示符号颜色及其意义规定如下:

a)　红色——表示危险;

b)　黄色(或琥珀色)——表示注意;

c)　绿色(或蓝色)——表示安全;

d)　黑色——表示物体、文字和数字等。

4　警示符号

警示符号应符合表1的规定。

表1

编号	图形符号	名称	说　明	注册号
01		防护用品	请使用用认证合格头盔和防护用品; 图形符号中圆环用绿色(或蓝色)表示,头盔、保护镜、手套、靴子用黑色表示	

1)　在全地形车外销出口时,本标准中规定的警示符号及颜色可根据进口国家的要求选择变动。

表 1（续）

编号	图形符号	名称	说　明	注册号
02		禁止公路行驶	严禁在公路上驾驶全地形车； 图形符号中圆环和斜线用红色，驾驶员、车辆、公路用黑色表示	
03		禁止搭载乘客	除本车驾驶员外，严禁在全地形车上搭载乘客； 图形符号中圆环和斜线用红色，驾驶员、乘客、车辆用黑色表示	
04		禁止搭载超过 1 人的乘客	除本车驾驶员外，在全地形车上允许搭载 1 人乘客，严禁搭载超过 1 人的乘客； 图形符号中圆环和斜线用红色，驾驶员、乘客、车辆用黑色表示	
05		禁止酒后、药后驾车	严禁在喝酒，注射或服用兴奋、麻醉药品后驾驶全地形车； 图形符号中圆环和斜线用红色，酒具、针具、药品用黑色表示	
06		禁止前、后搭载乘客	除本车驾驶员外，严禁在全地形车前、后搭载其他乘客； 图形符号中长方形和叉线用红色，驾驶员、乘客、车辆用黑色(线内可填黑)表示	
07		禁止 16 岁以下的少年儿童驾驶成年人用车	由于 16 岁以下的少年儿童不具备驾驶成年人用全地形车的安全设备、安全知识，严禁 16 岁以下的少年儿童驾驶成年人用全地形车； 图形符号中圆环和斜线用红色，驾驶员、车辆等用黑色表示	
08		禁止作为载客车驾驶	在少年儿童用或单成人驾驶用全地形车时，不允许搭载乘客，不准将这些车辆作为载客车驾驶； 部分全地形车设计乘座 2 个乘员，但搭载的乘客不应小于 12 岁； 图形符号中圆环和斜线用红色，驾驶员、乘客、车辆等用黑色表示	

表 1（续）

编号	图形符号	名称	说　　明	注册号
09		穿带防护用品	必须穿带好合格的头盔、保护镜、手套和靴子等防护用具才能驾驶全地形车； 图形符号中圆环用绿色（或蓝色）表示，驾驶员、头盔、保护镜、手套、靴子等用黑色表示	
10		驾驶培训	所有全地形车的用户，必须通过驾驶安全、操纵知识培训后才能驾驶全地形车； 图形符号中圆环用绿色（或蓝色）表示，驾驶员、教练员、车辆、训练场地等用黑色表示	
11	 	防烫	由于发动机、消声器等零部件的温度较高，以警示防止烫伤； 图形符号中高温蒸汽用红色，三角形和HEAT、CAUTION、防烫、小心文字用黑色表示	
12	 	禁止 6 岁以下的儿童驾驶	由于 6 岁以下的儿童驾驶本车严重增加了人员伤亡的危险性，严禁 6 岁以下的儿童驾驶本车； 图形符号中圆环和斜线用红色，文字和数字用黑色表示	
13	 	禁止 10 岁以下的儿童驾驶	由于 10 岁以下的儿童驾驶本车严重增加了人员伤亡的危险性，严禁 10 岁以下的儿童驾驶本车； 图形符号中圆环和斜线用红色，文字和数字用黑色表示	

表 1（续）

编号	图形符号	名称	说　明	注册号
14		禁止 12 岁以下的儿童驾驶	由于 12 岁以下的儿童驾驶本车严重增加了人员伤亡的危险性，严禁 12 岁以下的儿童驾驶本车； 图形符号中圆环和斜线用红色，文字和数字用黑色表示	
15		禁止 14 岁以下的少年儿童驾驶	由于 14 岁以下的少年儿童驾驶本车严重增加了人员伤亡的危险性，严禁 14 岁以下的少年儿童驾驶本车； 图形符号中圆环和斜线用红色，文字和数字用黑色表示	
16		禁止 16 岁以下的少年儿童驾驶	由于 16 岁以下的少年儿童驾驶本车严重增加了人员伤亡的危险性，严禁 16 岁以下的少年儿童驾驶本车； 图形符号中圆环和斜线用红色，文字和数字用黑色表示	
17		警告	警告人们注意过载、载人、轮胎压力、驾驶员年龄要求等引起人员伤亡的安全事项； 图形符号中的三角形用黑色表示，底色和“!”号用黄色（或琥珀色）表示，文字用黑色表示	

表 1（续）

编号	图形符号	名称	说　明	注册号
18		高压警告/电击危险	适用于电动全地形车； 三角形边框和电击箭头符号用黑色表示， 三角形内底色用黄色（或琥珀色）表示	
19		动力电路熔断盒入口	适用于电动全地形车； 边框和带电符号用黑色表示，边框内底色用黄色（或琥珀色）表示	

注 1：编号 07～10 的图形符号应在产品使用说明书中表示和说明。

注 2：编号 12～16 的图形符号是按照少年儿童 6 岁～16 岁范围内用双数位表示的，12 岁以下为儿童，12 岁～16 岁为少年，16 岁以上为成年人。

注 3：编号 17 的图形符号中的颜色在符号基本形状不变的状况下，可以根据购货方的需要表示，但应表示清楚、明确；在产品使用说明书中图形符号和文字允许上（图形符号）下（文字）分开表示；图形符号允许独立表示。图形符号表示时应和警告人们注意过载、载人、轮胎压力、驾驶员年龄要求等引起人员伤亡的安全事项的文字组合使用。

注 4：出口车辆一般应用带输入国文字或英文的图形符号（销往特定地区的车辆可用带繁体中文的图形符号）。

5 警示符号的标示

5.1 警示符号的标示应采用不易损坏的柔性标签或轻软金属标牌的形式，牢固的粘贴或铆接在驾驶员在正常的驾驶位置上易于观察识别的车辆部位。

5.2 标签或标牌的一般要求（除非另有说明）应符合 ANSI Z535.4 的规定。标签或标牌中的全地形车的类型应符合 GB/T 24936 的规定。

5.3 标签或标牌的耐久性应达到 ANSI Z535.4 规定的预期耐久性要求。

5.4 编号 11、18、19 的图形符号一般情况下应采用独立标示的标签或标牌。

5.5 编号 01～10、12～17 的图形符号应采用与文字共同说明的标签或标牌形式，见图 1～图 13 和附录 A 中图 A.1～图 A.13。

5.6 标签应按照规定配置在每辆全地形车上。

5.6.1 轮胎气压警告标签

5.6.1.1 轮胎气压警告标签应贴在每辆全地形车上。其内容、型号和格式见图 1 或附录 A 中图 A.1。其最小尺寸为：高度 54 mm×宽度 84 mm。

5.6.1.2 轮胎气压应在产品使用说明书中和轮胎上标出。

5.6.1.3 在轮胎气压警告标签上出现的任何信息都应符合安全要求。

5.6.1.4 轮胎气压警告标签应贴在后轮轴线上方的左后挡泥板处，应便于驾驶员阅读。

5.6.2 超载警告标签

5.6.2.1 超载警告标签应贴在每辆全地形车上。其内容、型号和格式见图 2 或附录 A 中图 A.2。其最小尺寸为：高度 54 mm×宽度 84 mm。

5.6.2.2 每个超载警告标签内容中应有最大载质量和防超载的要求。

5.6.2.3 在超载警告标签上出现的任何信息都应符合安全要求。

5.6.2.4 超载警告标签应贴在后轮轴线上方左后挡泥板处，应便于驾驶员阅读。

5.6.3 轮胎气压和超载组合式警告标签

5.6.3.1 可选择轮胎气压和超载组合式警告标签代替5.6.1中轮胎气压警告标签和5.6.2中超载警告标签。其内容、型号和格式见图3或附录A中图A.3。其最小尺寸为：高度54 mm×宽度84 mm。

5.6.3.2 组合式警告标签内容应在产品使用说明书和轮胎上标出。

5.6.3.3 在组合式警告标签上出现的任何信息都应符合安全要求。

5.6.3.4 组合式警告标签应贴在后轮轴线上方的左后挡泥板处，应便于驾驶员阅读。

5.6.4 最大载质量标签

5.6.4.1 最大载质量标签可贴在每辆全地形车的载物架、指定支架区域或拖车连接装置上。

5.6.4.2 最大载质量标签上应列出最大载质量。

5.6.4.3 最大载质量标签如贴在全地形车上，则应贴在车身附近或在载货区、拖车连接装置上。

5.6.4.4 最大载质量可压印、模压或永久蚀刻在载货区或拖车连接装置上，应便于驾驶员阅读。

5.6.5 Ⅰ型 标签

5.6.5.1 Ⅰ型 一般警告标签

5.6.5.1.1 Ⅰ型 一般警告标签应贴于每台Ⅰ型全地形车上，其内容、型号和格式见图4或附录A中图A.4。其最小尺寸为：高度178 mm×宽度117 mm。

5.6.5.1.2 Ⅰ型 一般警告标签应贴在左前挡泥板处，应便于驾驶员坐在驾驶操作位置上阅读。

5.6.5.2 Ⅰ型 年龄警告标签

5.6.5.2.1 Ⅰ型 年龄警告标签应贴于每台Ⅰ型全地形车上，其内容、型号和格式见图5～图9或附录A中图A.5～图A.9。图5～图8及附录A中图A.5～图A.8中所示的标签最小尺寸为：高度83 mm×宽度73 mm，图9及附录A中图A.9中所示的标签其最小尺寸为：高度73 mm×宽度76 mm。

5.6.5.2.2 Ⅰ型 年龄警告标签应贴在全地形车上便于驾驶员坐在驾驶操作位置上阅读的位置。

5.6.5.3 Ⅰ型 乘客警告标签

5.6.5.3.1 禁止搭载乘客的Ⅰ型 乘客警告标签应贴于每台Ⅰ型全地形车上，其内容、型号和格式见图10或附录A中图A.10 。其最小尺寸为：高度54 mm×宽度84 mm。

5.6.5.3.2 Ⅰ型 乘客警告标签应贴在车身座椅后侧的平面上，应靠近车的中心；可贴在座位(椅)的后端，也可贴在左后挡泥板处或车身左侧，应便于乘客阅读。

5.6.6 Ⅱ型 标签

5.6.6.1 Ⅱ型 一般警告标签

5.6.6.1.1 Ⅱ型 一般警告标签应贴于每台Ⅱ型全地形车上，其内容、型号和格式见图11或附录A中图A.11。其最小尺寸为：高度178 mm× 宽度117 mm。

5.6.6.1.2 Ⅱ型 一般警告标签应贴在左前挡泥板处，应便于驾驶员坐在驾驶操作位置上阅读。

5.6.6.2 Ⅱ型 年龄警告标签

5.6.6.2.1 Ⅱ型 年龄警告标签应贴于每台Ⅱ型全地形车上，其内容、型号和格式见图12或附录A中图A.12。其最小尺寸为：高度89 mm×宽度87 mm。

5.6.6.2.2 Ⅱ型 年龄警告标签应贴在全地形车上便于驾驶员坐在驾驶操作位置上阅读的位置上。

5.6.6.3 Ⅱ型 乘客警告标签

5.6.6.3.1 Ⅱ型 乘客警告标签应贴于每台Ⅱ型全地形车上，其内容、型号和格式见图13或附录A中图A.13。其最小尺寸为：高度130 mm×宽度105 mm。

5.6.6.3.2 Ⅱ型 乘客警告标签应贴在车身座椅后侧的平面上，应靠近车的中心或贴在座位(椅)的后端，应便于乘客阅读。

5.7 悬挂标牌

悬挂标牌应配置在每辆出售时的全地形车上，上面应注明使用全地形车驾驶员合适的年龄以及全地形车的使用年限。悬挂标牌应悬挂系在全地形车的上面，并且只能由最初的购买者摘除。如悬挂标牌丢失或者损坏应重新补上。

5.7.1　悬挂标牌的尺寸：高度不小于 15.24 cm(6 in)，宽度不小于 10.16 cm(4 in)。

5.7.2　悬挂标牌的内容：在悬挂标牌一面（正面）应将总体的警告标签内容再重复一次，这包括 5.6.5.1 的内容或 5.6.6.1 的内容。

5.7.2.1　对于Ⅰ型全地形车，在悬挂标牌相反的一面（反面）应包括以下的内容：

a）类别描述、使用范围及使用者年龄的规定如下：

——G 类：普通型。用于娱乐和日常生活的实用型，16 岁以下禁止使用。

——S 类：运动型。经验丰富者娱乐用，仅限于专业操纵者使用，16 岁以下禁止使用。

——Y 类：少儿型。有 Y6 类、Y10 类和 Y12 类，此类车专供少年儿童娱乐，但应在成年人的监督下使用。使用者有年龄限制（适合年龄为 6 岁以上，10 岁以上，12 岁以上）。

——T 类：娱乐型。此类车可供成年人娱乐用，也可供在成年人的监护下 14 岁及以上的未成年人娱乐用。14 岁以下禁止使用。

b）应标明“仅限驾驶员，禁止搭载乘客”。

c）应标明“可进行驾驶培训，具体要求请与销售商联系”。

d）应标明“与销售商一起了解当地关于驾驶的法规及法律”。

e）应标明“此悬挂标牌在销售之前不应摘除”。

5.7.2.2　Ⅱ型全地形车，在悬挂标牌相反的一面（反面）应包括以下的内容：

a）规定使用范围以及驾驶员年龄要求：

——G 类：普通型。娱乐使用，驾驶员不应小于 16 岁。

b）应标明“此悬挂标牌在销售之前不应摘除”。

c）应标明“应进行驾驶培训，具体要求请与销售商联系”。

d）应标明“与销售商一起了解当地关于驾驶的法律与法规”。

5.7.3　悬挂标牌的位置：每个悬挂标牌应悬挂系在全地形车上，位置应明显可见，在非强制力移动的情况下不可摘除。

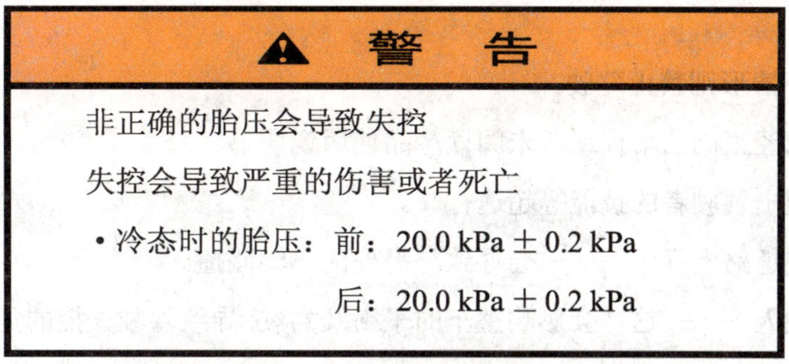

图 1　轮胎气压警告标签

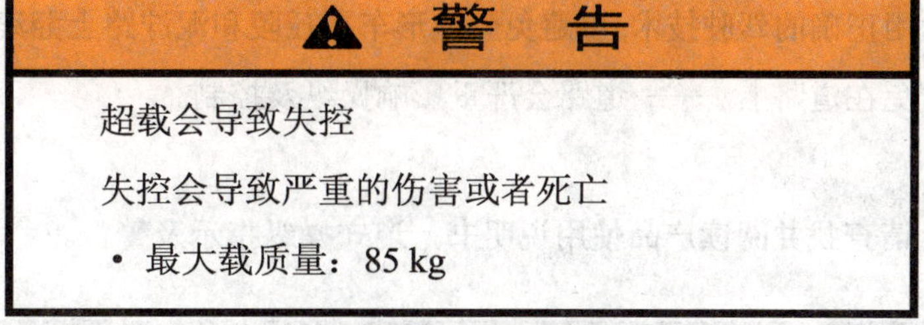

图 2　超载警告标签

▲ 警　告

非正确的胎压或者超载会导致失控

失控会导致严重的伤害或者死亡

· 冷态时的胎压：前：20.0 kPa ± 0.2 kPa

后：20.0 kPa ± 0.2 kPa

· 最大载质量：85 kg

图 3　轮胎气压和超载组合式警告标签

▲ 警　告

非正确地使用会导致严重的伤害或者死亡

必须佩戴经认证合格的头盔和防护用品	**禁止在公路上行驶**	**禁止搭载乘客**	**禁止酒后、药后驾车**

以下情形则禁止驾驶：

· 未经正确的培训或者未阅读产品使用说明书。

· 超出驾驶者的技能等超速行驶。

· 在道路上行驶 —— 会导致与另外的车辆碰撞。

· 载人 —— 这样会影响整车的平衡及驾驶，导致驾驶失控的危险。

驾驶时：

· 运用正确的驾驶技术，以避免全地形车在丘陵和泥泞路上翻滚。

· 避免在道路上 —— 道路会严重影响操纵及控制。

请查找并阅读产品使用说明书，遵守操纵指示及警告。

图 4　Ⅰ型 一般警告标签

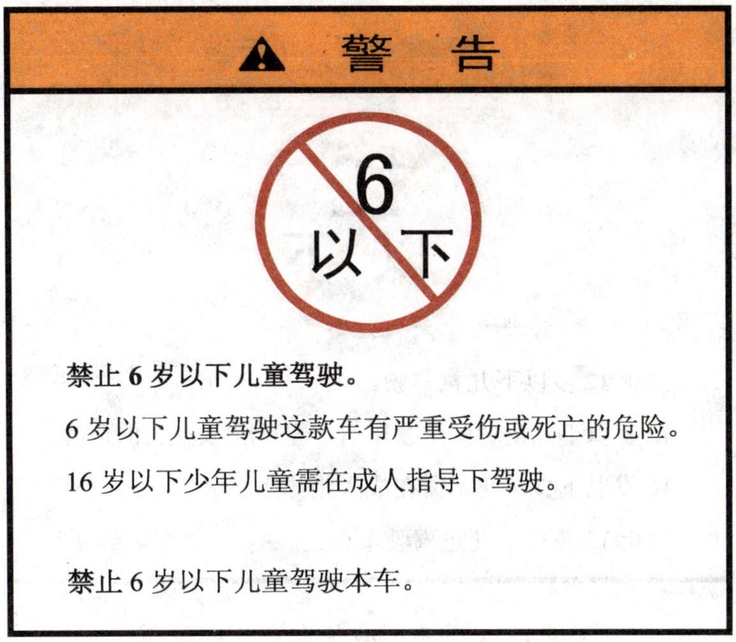

图 5　Y6 类 Ⅰ 型 年龄警告标签

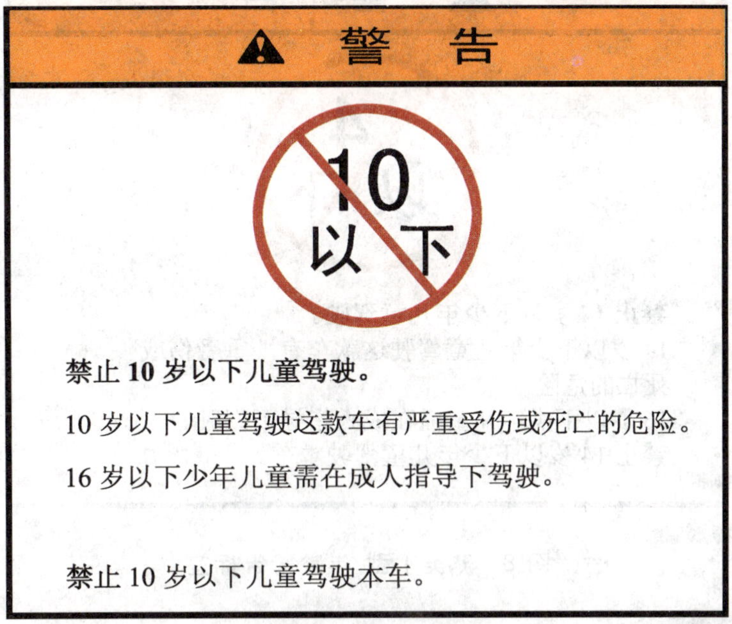

图 6　Y10 类 Ⅰ 型 年龄警告标签

⚠ 警　告

禁止 12 岁以下儿童驾驶。

12 岁以下儿童驾驶这款车有严重受伤或死亡的危险。

16 岁以下少年儿童需在成人指导下驾驶。

禁止 12 岁以下儿童驾驶本车。

图 7　Y12 类Ⅰ型 年龄警告标签

⚠ 警　告

禁止 14 岁以下少年儿童驾驶。
14 岁以下少年儿童驾驶这款车有严重受伤或死亡的危险。
16 岁以下少年儿童需在成人指导下驾驶。
禁止 14 岁以下少年儿童驾驶本车。

图 8　T 类Ⅰ型 年龄警告标签

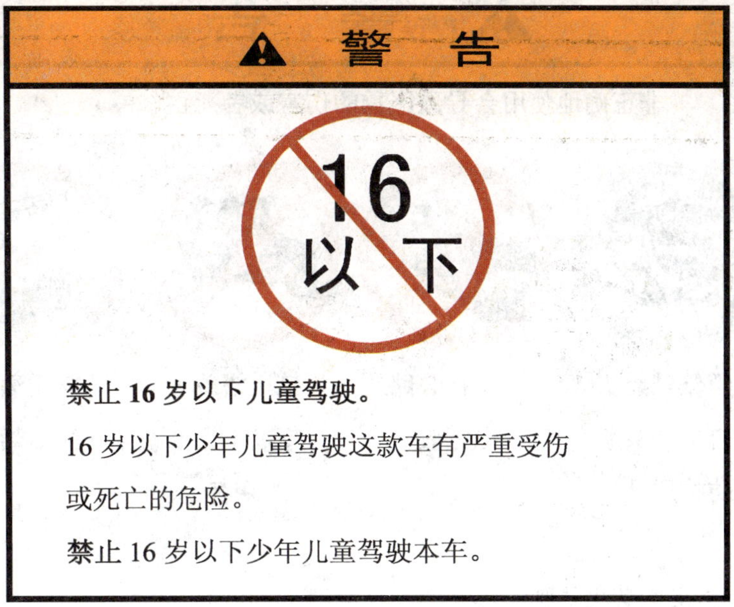

图 9 G 类Ⅰ型和 S 类Ⅰ型 年龄警告标签

图 10 Ⅰ型 乘客警告标签

▲ 警 告

非正确地使用会导致严重的伤害或者死亡

必须佩戴经认证合格的头盔和防护用品

禁止在公路上行驶

禁止搭载超过1人的乘客

禁止酒后、药后驾车

以下情形则禁止驾驶：

- 未经正确的培训或者未阅读产品使用说明书。
- 超出驾驶者的技能等超速行驶。
- 在道路上行驶 —— 会导致与另外的车辆碰撞。
- 载人 —— 这样会影响整车的平衡及驾驶，导致驾驶失控的危险。

驾驶必须注意事项：

- 运用正确的驾驶技术，以避免全地形车在丘陵和泥泞路上翻滚。
- 避免在道路上 —— 道路会严重影响操纵及控制。
- 在载乘客时，请减速驾驶并加倍警惕。如果驾驶时路面难以掌控，请卸下乘客。
- 请乘客必须阅读并理解此标签和乘客（安全）警告标签。

请查找并阅读产品使用说明书，遵守操纵指示及警告。

图 11 Ⅱ型 一般警告标签

警　告

禁止 16 岁以下人员驾驶。

16 岁以下人员驾驶这款车会增加司机和乘客严重受伤或死亡的危险。

禁止 16 岁以下人员驾驶本车。

图 12　Ⅱ型 年龄警告标签

警　告

乘客安全

减少严重受伤或者死亡的危险

禁止搭载超过 1 人的乘客

禁止酒后、药后驾车

禁止搭载不能平稳踩到脚踏和不能安全抓住手把的乘客。

乘客须知：

- 应使用合格的并带有保护装置的头盔。
- 坐在乘客位置上时，应安全抓住手把，平稳踩到脚踏。
- 如果不舒服，应告诉司机减速或停车，如果需要可下车步行。

图 13　Ⅱ型 乘客警告标签

附 录 A
（资料性附录）
ANSI/SVIA 1—2007 中警示图形符号的要求

A.1 所需要配置标签的一般格式、耐久性、所有轮胎气压警告标签、超载警告标签、轮胎气压和超载组合式警告标签、载质量标签、Ⅰ型标签、Ⅱ型标签和悬挂标牌的内容应符合本标准第5章的要求，但出口车辆警示图形符号标签的制作应按照 A.2 的规定。

A.2 出口车辆警示图形符号标签见图 A.1～图 A.13。

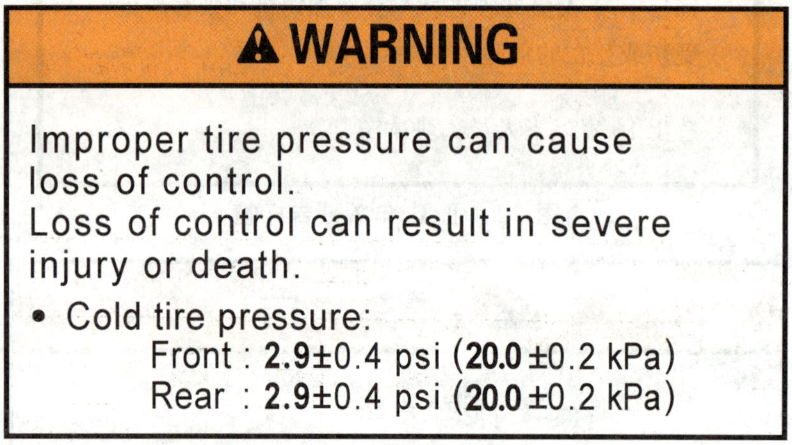

最小尺寸：高度 54 mm (2.125 in)×宽度 84 mm (3.312 5 in)

图 A.1 轮胎气压警告标签

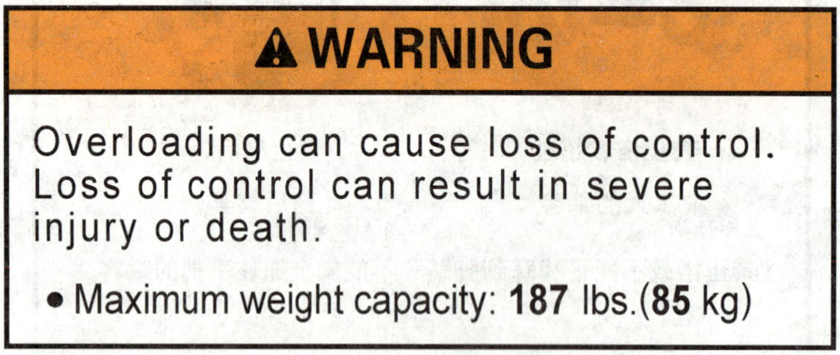

最小尺寸：高度 54 mm (2.125 in)×宽度 84 mm(3.312 5 in)

图 A.2 超载警告标签

⚠ WARNING

Improper tire pressure or overloading can cause loss of control.
Loss of control can result in severe injury or death.

- Cold tire pressure:
  Front : **2.9**±0.4 psi (**20.0**±0.2 kPa)
  Rear : **2.9**±0.4 psi (**20.0**±0.2 kPa)
- Maximum weight capacity: **187** lbs.(**85** kg)

最小尺寸：高度 54 mm (2.125 in)×宽度 84 mm (3.312 5 in)

图 A.3 轮胎气压和超载组合式警告标签

⚠ WARNING

Improper ATV use can result in SEVERE INJURY or DEATH

ALWAYS USE AN APPROVED HELMET AND PROTECTIVE GEAR | NEVER USE ON PUBLIC ROADS | NEVER CARRY RASSENGERS | NEVER USE WITH DRUGS OR ALCOHOL

NEVER operate:
- **without proper training or instruction**
- **at speeds too fast for your skills or the conditions**
- **on public roads - a collision can occur with another vehicle**
- **with a passenger - passengers affect balance and steering and increase risk of losing control**

ALWAYS:
- **use proper riding techniques to avoid vehicle overturns on hills and rough terrain and in turns**
- **avoid paved surfaces - pavement may seriously affect handling and control**

LOCATE AND READ OWNER'S MANUAL.
FOLLOW ALL INSTRUCTIONS AND WARNINGS.

最小尺寸：高度 178 mm (7 in)×宽度 117 mm (4.625 in)

图 A.4 Ⅰ型 一般警告标签

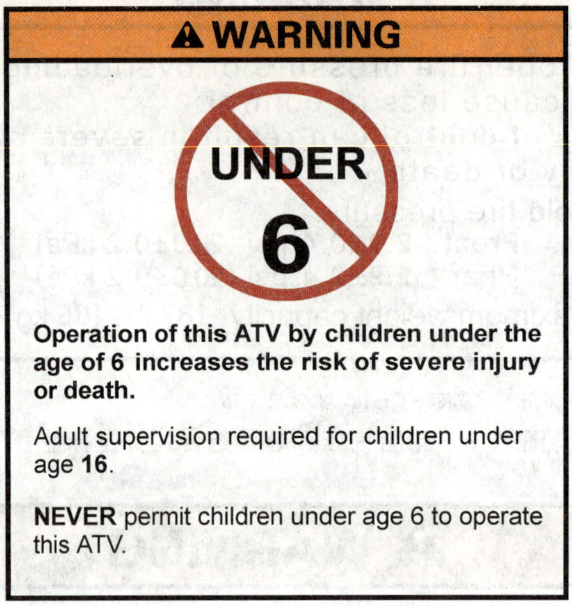

最小尺寸:高度 83 mm (3.25 in)×宽度 73 mm(2.875 in)

图 A.5 Y6 类 Ⅰ 型 警告标签

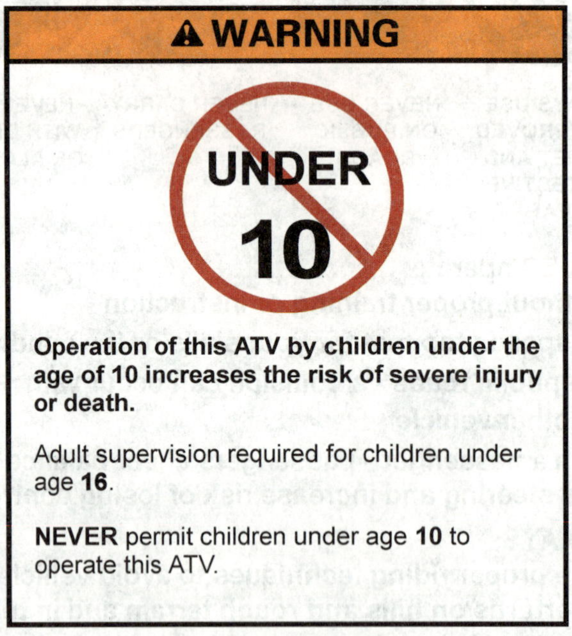

最小尺寸:高度 83 mm (3.25 in)×宽度 73 mm(2.875 in)

图 A.6 Y10 类 Ⅰ 型 警告标签

最小尺寸:高度 83 mm (3.25 in)×宽度 73 mm(2.875 in)

图 A.7　Y12 类 Ⅰ 型 警告标签

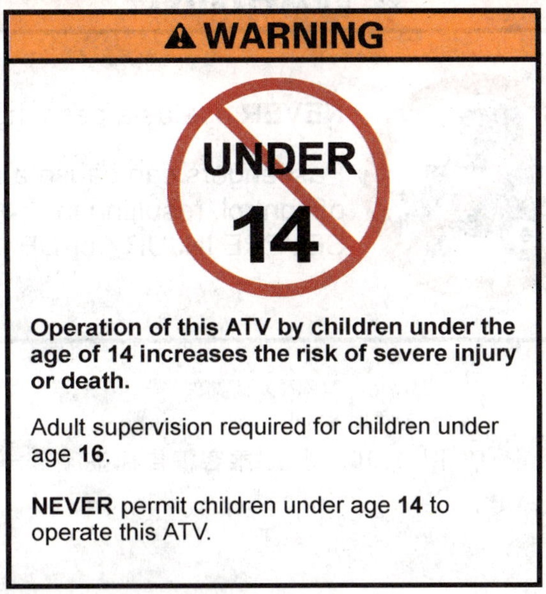

最小尺寸:高度 83 mm (3.25 in)×宽度 73 mm(2.875 in)

图 A.8　T 类 Ⅰ 型 年龄警告标签

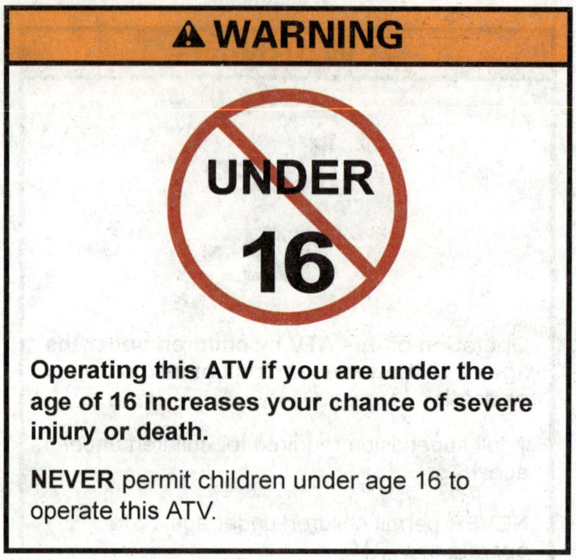

最小尺寸:高度 73 mm (2.875 in)×宽度 76 mm(3 in)

图 A.9 G类Ⅰ型和S类Ⅰ型 年龄警告标签

最小尺寸:高度 54 mm (2.125 in)×宽度 84 mm(3.312 5 in)

图 A.10 Ⅰ型 乘客警告标签

最小尺寸:高度 178 mm (7 in)×宽度 117 mm (4.625 in)

图 A.11 Ⅱ型 一般警告标签

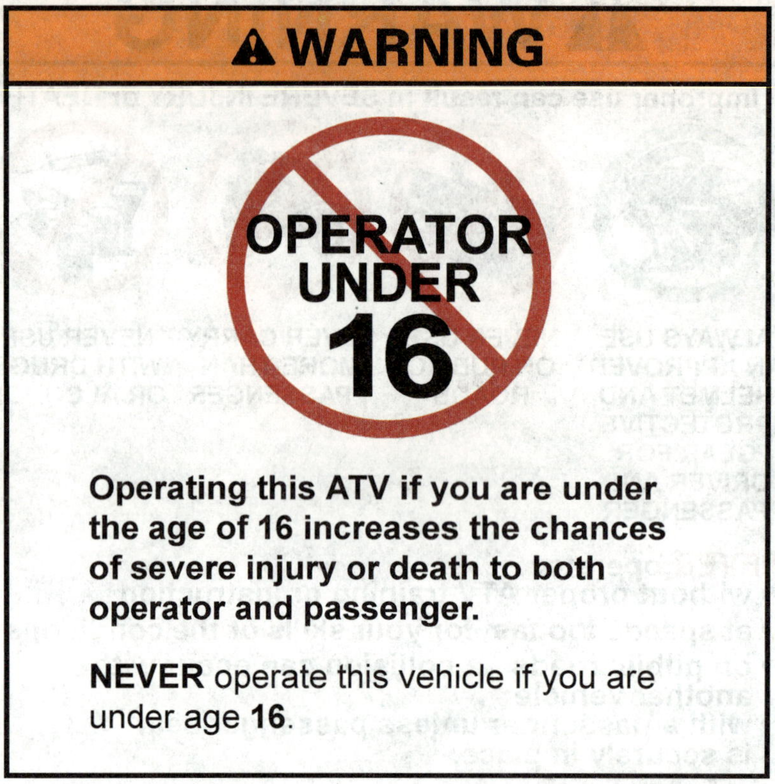

最小尺寸:高度 89 mm (3.51 in)×宽度 87 mm (3.41 in)

图 A.12 Ⅱ型 年龄警告标签

最小尺寸:高度 130 mm (5.13 in)×宽度 105 mm (4.13 in)

图 A.13 Ⅱ型 乘客警告标签

参 考 文 献

[1] ANSI/SVIA 1—2007 全地形车的装置、结构和性能要求.

ICS 43.020
T 04

GB

中华人民共和国国家标准

GB/T 24934—2010

全地形车型号编制方法

Code of designation all-terrain vehicles

2010-08-09 发布　　　　2010-12-01 实施

中华人民共和国国家质量监督检验检疫总局
中国国家标准化管理委员会　发布

前　言

本标准的附录 A 和附录 B 为资料性附录。

本标准由全国四轮全地形车标准化技术委员会(SAC/TC 344)提出并归口。

本标准负责起草单位:上海机动车检测中心。

本标准参加起草单位:重庆建设摩托车股份有限公司、春风控股集团杭州摩托车制造有限公司、隆鑫工业有限公司、重庆航天巴山摩托车制造有限公司、步阳集团有限公司、番禺华南摩托企业有限公司、江苏林海动力机械集团公司。

本标准主要起草人:赵丽娜、于江、赖国贵、谭永中、朱珠、陈向阳、骆建华、吉恒平、龚国彬。

全地形车型号编制方法

1 范围

本标准规定了编制全地形车型号的方法。

本标准适用于GB/T 24936中所定义的全地形车。

2 规范性引用文件

下列文件中的条款通过本标准的引用而成为本标准的条款。凡是注日期的引用文件，其随后所有的修改单(不包括勘误的内容)或修订版均不适用于本标准，然而，鼓励根据本标准达成协议的各方研究是否可使用这些文件的最新版本。凡是不注日期的引用文件，其最新版本适用于本标准。

GB/T 24936　全地形车　术语

3 术语和定义

GB/T 24936确立的及下列术语和定义适用于本标准。

3.1

全地形车型号　code of all-terrain vehicles

用于识别某种全地形车的代号，由一组大写汉语拼音字母、阿拉伯数字和大写英文字母组成。

3.2

企业(或商标)代号　code of enterprise(or trade mark)

表示企业(或商标)名称的代号。

3.3

规格代号　code of specification

表示全地形车发动机名义排量或驱动电机额定功率的代号。

3.4

类型代号　code of type

表示全地形车所属分类的代号。

3.5

设计序号　a series number of design

企业(或商标)代号、规格代号、类型代号完全相同的车辆的设计顺序号。

3.6

企业自定代号　self-determined code by enterprise

同一设计序号的全地形车，因改进或其他原因而需要加以区别时所用的代号。

4 型号编制方法

全地形车型号由企业或企业已注册的商标(以下简称商标)代号、规格代号、类型代号、设计序号及企业自定代号五部分组成(全地形车型号示例参见附录A)，其中“类型代号”与“设计序号”之间用短划线隔开，构成形式见图1。

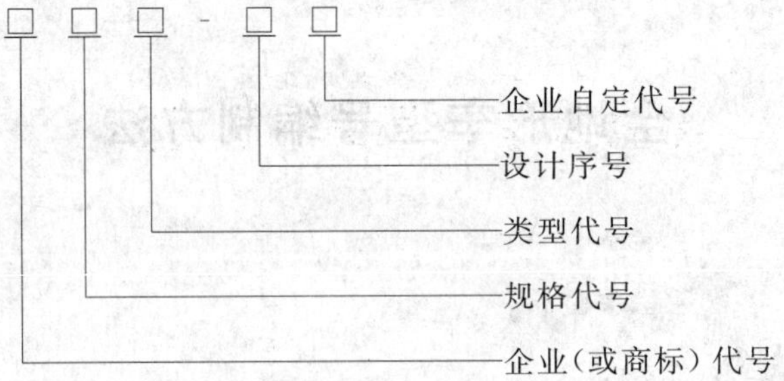

图 1　型号构成形式

4.1　企业(或商标)代号

采用企业(或商标)名称中两个或三个汉字的大写汉语拼音首位字母表示。合资企业可采用企业英文商标中两个或三个字母。

4.2　规格代号

4.2.1　以内燃机驱动的全地形车用所配置的内燃机的名义排量作规格代号。名义排量取列入表 1 的圆整值。当实际排量在相邻两个名义排量之间时，取与实际排量相近(中间值往大的值靠)的值(参见附录 B)。

表 1　内燃机名义排量　　单位为毫升

50	60	70	80	90	100	110	125	150	175	200	250	300
350	400	450	500	550	600	650	700	750	800	900	1 000	1 200
注：实际排量小于 50 mL 或大于等于 1 200 mL 时取实际排量的整数值(就近圆整到 mL)。												

4.2.2　以电力驱动的全地形车用驱动电机的名义额定功率作规格代号。驱动电机的名义额定功率取列入表 2 的圆整值。当实际额定功率在相邻两个名义额定功率之间时，取与实际额定功率相近(中间值往大的值靠)的值(参见附录 B)。

表 2　驱动电机额定功率　　单位为百瓦

3	5	10	15	20	30	40
50	60	70	80	90	100	120
注：小于 1 kW 的取实际电动机的功率的百位数，但需在百位数前加“0”表示，大于 12 kW 的按实际功率表示。						

4.2.3　以内燃机为主动力源的按 4.2.1 的规定；以电力驱动为主动力源的按 4.2.2 的规定。

4.3　类型代号

类型代号由种类代号和车型代号组合而成。

以内燃机为主动力源的全地形车的种类代号和车型代号为表 3 规定的字母(车辆类型的定义见 GB/T 24936)。以电力驱动为主动力源的全地形车的类型代号在表 3 规定的字母的前面加大写字母“D”。

专用车型的代号由企业自定，用一个或两个大写汉语拼音字母。所用字母不应与表 3 规定的车型代号重复。

表 3 类型代号(适用于以内燃机为主动力源的全地形车)

种类		车型			类型代号
名称	代号	名称		代号	
四轮全地形车	A(省略 TV)	普通型[a]		G(可省略)	A
		运动型[a]		S	AS
		少儿型	6 岁以上	Y6	AY6
			10 岁以上	Y10	AY10
			12 岁以上	Y12	AY12
		少年型		T	AT
		实用型		U	AU
		特种车型[a]		(自定)	(自定)
多功能全地形车	U(省略 V)	普通型		G(可省略)	U
		运动型		S	US
		实用型		U	UU
		特种车型		(自定)	(自定)
娱乐用场地车	G(省略)K	普通型[a]		G(省略)	K
		运动型[a]		S	KS
		实用型		U	KU
		少儿型	6 岁以上	Y6	K6
			10 岁以上	Y10	K10
			12 岁以上	Y12	K12
		少年型		T	KT
		特种车型[a]		(自定)	(自定)

[a] 如为 GB/T 24936 规定的Ⅱ型,应在车型代号后加数字Ⅱ(Ⅰ型车不加)。

4.4 设计序号

依次用阿拉伯数字 1、2、3……表示产品的设计顺序(为 1 时可省略)。

4.5 企业自定代号

用大写英文字母(I、O、Q 除外),位数自定。

附 录 A
（资料性附录）
型 号 示 例

A.1 使用内燃机为主动力源的全地形车的型号示例

示例 1：××四轮全地形车，名义排量 150 mL，普通型，第三次设计，第一次改进，型号为：××150A-3A。

示例 2：××四轮全地形车，名义排量 100 mL，运动型，第一次设计，第三次改进，型号为：××100AS-C。

示例 3：××多功能全地形车，名义排量 250 mL，普通型，第二次设计，第一次改进，型号为：××250U-2A。

A.2 使用电力驱动为主动力源的全地形车的型号示例

示例 1：××娱乐用场地车，名义额定功率 15 kW，运动Ⅱ型，第三次设计，第二次改进，型号为：××150DKSⅡ-3B。

示例 2：××四轮全地形车，名义额定功率 500 W，6 岁以下少儿型，第四次设计，型号为：××05DAY6-4。

附　录　B
（资料性附录）
内燃机名义排量和名义电机功率示例

B.1　内燃机名义排量的示例

示例1：实际排量71.8 mL，名义排量取70 mL，规格代号70。

示例2：实际排量88.4 mL，名义排量取90 mL，规格代号90。

示例3：实际排量248.2 mL，名义排量取250 mL，规格代号250。

示例4：实际排量399.5 mL，名义排量取400 mL，规格代号400。

B.2　电机名义额定功率示例

示例1：实际额定功率为820 W，名义额定功率取08(百瓦)，规格代号08。

示例2：实际额定功率为10 kW，名义额定功率取100(百瓦)，规格代号100。

ICS 43.020
T 04

中华人民共和国国家标准

GB/T 24935—2010

全地形车最大侧倾稳定角试验方法

The test method of maximum stable side-inclination for all-terrain vehicles

2010-08-09 发布　　2010-12-01 实施

中华人民共和国国家质量监督检验检疫总局
中国国家标准化管理委员会　发布

前　言

本标准的附录 A 为资料性附录。

本标准由全国四轮全地形车标准化技术委员会(SAC/TC 344)提出并归口。

本标准负责起草单位:江苏林海动力机械集团公司。

本标准参加起草单位:上海机动车检测中心、浙江钱江摩托股份有限公司、番禺华南摩托企业有限公司、中国质量认证中心、重庆隆鑫工业集团有限公司、浙江星月集团有限公司。

本标准主要起草人:高峰、戴磊、黄岚、袁建军、骆建华、高君、李建华、杨利民、张竑军。

全地形车最大侧倾稳定角试验方法

1 范围

本标准规定了在侧倾试验台上进行全地形车最大侧倾稳定角试验的试验设备和仪器、试验条件、试验方法、取值规则与试验记录。

本标准适用于全地形车最大侧倾稳定角的试验。

2 规范性引用文件

下列文件中的条款通过本标准的引用而成为本标准的条款。凡是注日期的引用文件，其随后所有的修改单（不包括勘误的内容）或修订版均不适用于本标准，然而，鼓励根据本标准达成协议的各方研究是否可使用这些文件的最新版本。凡是不注日期的引用文件，其最新版本适用于本标准。

GB/T 1184—1996 形状和位置公差 未注公差值(eqv ISO 2768-2:1989)

GB/T 8170 数值修约规则与极限数值的表示和判定

3 术语和定义

下列术语和定义适用于本标准。

3.1

侧翻角 side-inclination

在侧倾试验台上，全地形车车轮支承平面与水平面的夹角。

3.2

侧倾稳定角 stable side-inclination

在侧倾试验台上，倾斜全地形车，全地形车一侧车轮支承平面法向反力至0以前的侧翻角。

3.3

最大侧倾稳定角 maximum stable side-inclination

在侧倾试验台上，倾斜全地形车，全地形车一侧车轮支承平面法向反力至0时的侧翻角。

3.4

左最大侧倾稳定角 left maximum stable side-inclination

在侧倾试验台上，倾斜全地形车，全地形车右侧车轮支承平面法向反力至0时的侧翻角。

3.5

右最大侧倾稳定角 right maximum stable side-inclination

在侧倾试验台上，倾斜全地形车，全地形车左侧车轮支承平面法向反力至0时的侧翻角。

3.6

左/右 left/right

以驾驶员坐在规定的驾驶位置上，全地形车正常行驶的前进方向时，左/右手一侧。

4 试验设备和仪器

4.1 测量仪器

4.1.1 线性尺寸测量器具：精度不低于1 mm。

4.1.2 角度测量仪器:精度不低于0.1°。

4.1.3 车轮负荷计:精度不低于1%。

4.1.4 轮胎压力表:分辨力为10 kPa。

4.1.5 秒表:准确度为一级,分辨力为0.01 s。

4.2 设备

4.2.1 侧倾试验台台面的倾斜角应能满足受试车最大侧倾稳定角要求。试验台面的倾斜角应能在0°(水平位置)与全地形车最大侧倾稳定角之间连续调节,并能在任意倾斜角度固定。

4.2.2 试验台面的倾斜变化过程应平稳。上升速度应不大于10°/min,下降速度应不大于27°/min。

4.2.3 试验台面的附着系数最小为0.85。

4.2.4 试验台面应呈水平状态并具有足够的强度和刚度,其表面的平面度公差应不低于GB/T 1184—1996中规定的L级。试验台面与其转动中心线的平行度公差应不低于GB/T 1184—1996中规定的12级。

4.2.5 试验台面上应设有防止受试车侧滑的挡块,挡块高度应不大于30 mm,且只应加在侧倾中心一侧轮边。

4.2.6 试验台上应设有防止受试车试验时翻倒的安全保护装置。安全保护装置对全地形车的约束力在侧倾临界状态前应为0。

4.2.7 试验台面上应设有防止受试车车轮纵向移动和方向把(方向盘)转动的装置。

5 试验条件

5.1 受试车技术状态

5.1.1 受试车各总成、部件及附属装备(包括随车工具)应按出厂技术条件装备齐全,并装在规定位置上。

5.1.2 受试车轮胎的充气压力,应符合该车技术文件的规定,误差不应超过±10 kPa。

5.1.3 为防止燃料、润滑油、冷却液的泄漏,可采用堵塞或等质量代换的办法。

5.1.4 受试车应为整车整备质量状态。

5.2 环境

试验场地的风速应不大于1.5 m/s。

6 试验方法

6.1 左最大侧倾稳定角的测定

6.1.1 将受试车置于试验台面上,车轮处于直线行驶状态,车辆纵向中心平面与试验台面的转动中心线保持平行。

6.1.2 实施驻车制动,安装防止侧滑的挡块、防止纵向移动和方向把转动的装置、防止翻倒的安全保护装置,使受试车不再产生侧滑、车轮不再产生纵向移动、方向把不再产生转动。

6.1.3 启动侧倾试验台,使受试车向左缓慢倾斜,随着试验台面倾斜角的增加连续测量车轮的负荷,直到受试车上没有靠在防止侧滑挡块一侧的所有车轮负荷为0时止(若无车轮负荷计,观察没有靠在防止侧滑挡块一侧的车轮,直到所有车轮脱离试验台面时止),试验台面与水平面所形成的夹角,即为左最大侧倾稳定角的测定。

6.1.4 启动侧倾试验台,使倾斜的试验台面恢复到0°。

6.1.5 重复6.1.3和6.1.4试验。试验进行三次,三次试验测量值的偏差率应不大于3%,否则应重新测试。

6.2 右最大侧倾稳定角的测定

按照6.1的步骤、方法和要求,或将受试车调头置于试验台面,或将受试车向右缓慢倾斜,测定右最大侧倾稳定角。

7 取值规则

受试车左、右最大侧倾稳定角,分别取其三次测量值的算术平均值,平均值的修约应符合GB/T 8170的有关规定,修约后保留到分。

8 试验记录

将受试车左、右最大侧倾稳定角的测量值和受试车的最大侧倾稳定角,记录于最大侧倾稳定角试验记录表(参见附录A)中。

附 录 A
（资料性附录）
最大侧倾稳定角试验记录表

最大侧倾稳定角试验记录表的格式见表 A.1。

表 A.1 最大侧倾稳定角试验记录表

<table>
<tr><td colspan="5">车辆型号：________ 车架编号：________ 制造厂：________
发动机型号：________ 发动机号：________ 试验设备：________
气温：________℃ 风速：________m/s 整车整备质量：________kg
各个轮胎充气压力：________kPa
试验日期：________ 试验地点：________ 试验人员：________</td></tr>
<tr><td rowspan="3">左最大侧倾稳定角的测量值/(°)</td><td>1</td><td></td><td rowspan="3">左最大侧倾稳定角/(°)</td><td rowspan="3"></td></tr>
<tr><td>2</td><td></td></tr>
<tr><td>3</td><td></td></tr>
<tr><td rowspan="3">右最大侧倾稳定角的测量值/(°)</td><td>1</td><td></td><td rowspan="3">右最大侧倾稳定角/(°)</td><td rowspan="3"></td></tr>
<tr><td>2</td><td></td></tr>
<tr><td>3</td><td></td></tr>
</table>

ICS 43.020
T 04

中华人民共和国国家标准

GB/T 24936—2010

全地形车　术语

Terms for all-terrain vehicles

2010-08-09 发布　　2010-12-01 实施

中华人民共和国国家质量监督检验检疫总局
中国国家标准化管理委员会　发布

前　言

本标准由全国四轮全地形车标准化技术委员会(SAC/TC 344)提出并归口。

本标准负责起草单位:中国质量认证中心。

本标准参加起草单位:上海机动车检测中心、中国汽车技术研究中心、步阳集团有限公司、国家摩托车质量监督检验中心(重庆)、重庆建设摩托车股份有限公司、番禺华南摩托企业有限公司。

本标准主要起草人:高君、李大维、王佳佳、欧阳涛、沈昌群、何大军、曹宇强、骆建华、郝鑫瑞。

全地形车　术语

1　范围

本标准规定了全地形车的术语和定义。

本标准适用于全地形车。

2　规范性引用文件

下列文件中的条款通过本标准的引用而成为本标准的条款。凡是注日期的引用文件，其随后所有的修改单(不包括勘误的内容)或修订版均不适用于本标准，然而，鼓励根据本标准达成协议的各方研究是否可使用这些文件的最新版本。凡是不注日期的引用文件，其最新版本适用于本标准。

GB/T 15367　摩托车和轻便摩托车　两轮车和三轮车零部件名称

GB/T 19596—2004　电动汽车术语(ISO 8713:2002，NEQ)

3　术语和定义

GB/T 19596—2004 中 3.2.5、3.3.3 和 3.4.4 确立的以及下列术语和定义适用于本标准。

3.1　有关车辆类型的术语和定义

3.1.1

全地形车　all-terrain vehicle

被设计用于非高速公路行驶的，具有 4 个或以上低压轮胎，且可用在非道路上行驶的轻型车辆。

3.1.1.1　**根据动力源分类**

3.1.1.1.1

内燃机式全地形车　all-terrain vehicle with internal combustion engine

由内燃机驱动的全地形车。

3.1.1.1.2

电动全地形车　electric all-terrain vehicle

纯电动全地形车和混合动力(电动)全地形车的总称。

3.1.1.1.2.1

纯电动全地形车　battery electric all-terrain vehicle

由电动机驱动的全地形车，电动机的驱动电能来源于车载可充电蓄电池等装置。

3.1.1.1.2.2

混合动力(电动)全地形车　hybrid electric all-terrain vehicle

能够至少从下述两类车载储存的能量中获得动力的全地形车：

——可消耗的燃料；

——可再充电能/能量储存装置。

3.1.1.2　**根据车辆结构分类**

3.1.1.2.1

四轮全地形车(ATV)　four-wheeled all-terrain vehicle

装备跨坐型座椅，依靠方向把控制方向的车架式全地形车。

3.1.1.2.1.1

Ⅰ型四轮全地形车　**four-wheeled all-terrain vehicle,Ⅰ Type**

仅供1人驾乘的四轮全地形车。

3.1.1.2.1.2

G类Ⅰ型四轮全地形车(普通型)　**four-wheeled all-terrain vehicle,Ⅰ Type,G Category**

供一般娱乐使用和日常生活使用的普通Ⅰ型四轮全地形车。

3.1.1.2.1.3

S类Ⅰ型四轮全地形车(运动型)　**four-wheeled all-terrain vehicle,Ⅰ Type,S Category**

供有丰富经验的驾驶者竞技和娱乐使用的运动Ⅰ型四轮全地形车。

3.1.1.2.1.4

Y类Ⅰ型四轮全地形车(少儿型)　**four-wheeled all-terrain vehicle,Ⅰ Type,Y Category**

供不满16岁的少年或儿童在成年人的监护下在非公路上休闲娱乐使用的少儿Ⅰ型四轮全地形车。

3.1.1.2.1.5

Y-6类 Ⅰ型四轮全地形车(儿童型)　**four-wheeled all-terrain vehicle,Ⅰ Type,Y-6 Category**

供6岁以上儿童使用的最高限速16 km/h的儿童型四轮全地形车。

3.1.1.2.1.6

Y-10类Ⅰ型四轮全地形车(儿童型)　**four-wheeled all-terrain vehicle,Ⅰ Type,Y-10 Category**

供10岁以上儿童使用的最高限速24 km/h的儿童型四轮全地形车。

3.1.1.2.1.7

Y-12类Ⅰ型四轮全地形车(少年型)　**four-wheeled all-terrain vehicle,Ⅰ Type,Y-12 Category**

供12岁以上少年使用的最高限速24 km/h的少年型四轮全地形车。

3.1.1.2.1.8

T类Ⅰ型四轮全地形车(少年型)　**four-wheeled all-terrain vehicle,Ⅰ Type,T Category**

供14岁以上少年在成年人的监护下使用或16岁以上娱乐使用的Ⅰ型四轮全地形车。

3.1.1.2.1.9

Ⅱ型四轮全地形车　**four-wheeled all-terrain vehicle,Ⅱ Type**

最多允许1人乘坐,装备跨座型乘客座椅,且乘客座椅位于驾驶位置后面的四轮全地形车。

3.1.1.2.1.10

G类Ⅱ型四轮全地形车(普通型)　**four-wheeled all-terrain vehicle,Ⅱ Type,G Category**

供成年人娱乐使用和日常生活使用的普通Ⅱ型四轮全地形车。

3.1.1.2.1.11

S类Ⅱ型四轮全地形车(运动型)　**four-wheeled all-terrain vehicle,Ⅱ Type,S Category**

有丰富经验的成年驾驶者竞技和娱乐使用的运动Ⅱ型四轮全地形车。

3.1.1.2.1.12

U类四轮全地形车(实用型)　**four-wheeled all-terrain vehicle,U Category**

供专门工作(如消防、载物等)使用的全地形车。

3.1.1.2.2

多功能全地形车(UV)　**utility all-terrain vehicle**

装备前向乘坐式座椅及封闭式驾驶室或半封闭式驾驶室,依靠方向盘控制方向的底盘式全地形车。

3.1.1.2.2.1

G类多功能全地形车(普通型)　**utility all-terrain vehicle,G Category**

供一般娱乐使用和日常生活使用的普通型多功能全地形车。

3.1.1.2.2.2

S 类多功能全地形车(运动型) utility all-terrain vehicle,S Category

供有丰富经验的驾驶者竞技和娱乐使用的运动型多功能全地形车。

3.1.1.2.2.3

U 类多功能全地形车(实用型) utility all-terrain vehicle,U Category

供专门工作使用(如运输、救援等)的实用型多功能全地形车。

3.1.1.2.3

娱乐用场地车 go-kart

装备前向乘坐式座椅,依靠方向盘控制方向的框架式全地形车。

3.1.1.2.3.1

Ⅰ型娱乐用场地车 go-kart,Ⅰ Type

仅供 1 人驾乘的娱乐用场地车。

3.1.1.2.3.2

G 类Ⅰ型娱乐用场地车(普通型) go-kart,Ⅰ Type,G Category

供一般娱乐使用和日常生活使用的普通Ⅰ型娱乐用场地车。

3.1.1.2.3.3

S 类Ⅰ型娱乐用场地车(娱乐型) go-kart,Ⅰ Type,S Category

供有丰富经验的驾驶者竞技和娱乐使用的运动Ⅰ型娱乐用场地车。

3.1.1.2.3.4

Y 类Ⅰ型娱乐用场地车(少儿型) go-kart,Ⅰ Type,Y Category

供不满 16 岁的少年或儿童在成年人的监护下在非公路上休闲娱乐使用的少儿Ⅰ型娱乐用场地车。

3.1.1.2.3.5

Y-6 类Ⅰ型娱乐用场地车(儿童型) go-kart,Ⅰ Type,Y-6 Category

供 6 岁以上儿童使用的最高限速 16 km/h 的儿童型娱乐用场地车。

3.1.1.2.3.6

Y-10 类Ⅰ型娱乐用场地车(儿童型) go-kart,Ⅰ Type,Y-10 Category

供 10 岁以上儿童使用的最高限速 24 km/h 的儿童型娱乐用场地车。

3.1.1.2.3.7

Y-12 类Ⅰ型娱乐用场地车(少年型) go-kart,Ⅰ Type,Y-12 Category

供 12 岁以上少年使用的最高限速 24 km/h 的少年型娱乐用场地车。

3.1.1.2.3.8

T 类Ⅰ型娱乐用场地车(少年型) go-kart,Ⅰ Type,T Category

供 14 岁以上少年在成年人的监护下使用或 16 岁以上娱乐使用的Ⅰ型娱乐用场地车。

3.1.1.2.3.9

Ⅱ型娱乐用场地车 go-kart,Ⅱ Type

允许乘员乘坐,装备前向乘坐式乘员座椅的娱乐用场地车。

3.1.1.2.3.10

G 类Ⅱ型娱乐用场地车(普通型) go-kart,Ⅱ Type,G Category

供成年人娱乐使用和日常生活使用的普通Ⅱ型娱乐用场地车。

3.1.1.2.3.11

S 类Ⅱ型娱乐用场地车(娱乐型) go-kart,Ⅱ Type,S Category

供有丰富经验的驾驶者竞技和娱乐使用的运动Ⅱ型娱乐用场地车。

3.1.1.2.3.12

U类娱乐用场地车(实用型)　go-kart,U Category

具有载运、救援等功能的实用型娱乐用场地车。

3.2　有关车辆质量的术语和定义

3.2.1　基础术语

3.2.1.1

底盘　base chassis

装有完整的发动机或电动机、变速箱、转向机构和其他运行装置,不包括驾驶室和车厢部件。

注:3.2.1.1所述的术语不适用于四轮全地形车和娱乐用场地车。

3.2.1.2

整车　complete vehicle

对于多功能全地形车,为在底盘上装有完整车厢及驾驶室或在底盘上装有车厢部件;对于四轮全地形车和娱乐用场地车,为装有车架或框架、发动机或电动机、变速箱、转向机构和其他运行装置。

3.2.1.3

带驾驶室的底盘　chassis and cab

装有驾驶室及车辆正常运行所需装备。

注:3.2.1.3所述的术语不适用于四轮全地形车和娱乐用场地车。

3.2.1.4

轴　axle

车辆在一根轴上装有两个对称的车轮,这根轴可以是实际的也可以是假想的。

3.2.1.5

质心　centre of mass

车辆质量的中心,车辆上被认为质量集中的一个假想点。

3.2.2　质量术语和定义

3.2.2.1

底盘干质量　chassis dry mass

准备作正常运行并装有下列设备的底盘质量:

a)　正常运行必需的附件;

b)　全部电气设备(包括制造厂供给的照明及信号装置);

c)　按照有关规定要求装备的全部仪器和接头;

d)　保证车辆正常工作的各种液体(燃料及燃料/润滑油混合物不包括在内,但包括蓄电池电解液、制动液、冷却液及发动机润滑油)。

3.2.2.2

整车干质量　complete vehicle dry mass

准备作正常运行并装有下列设备的车辆质量:

a)　正常运行必需的附件;

b)　全部电气设备(包括制造厂供给的照明及信号装置);

c)　按照有关规定要求装备的全部仪器和接头;

d)　保证车辆正常工作的各种液体。

注:燃油及燃油/润滑油不包括在内,但包括蓄电池电解液、液压油、冷却液及发动机润滑油。

3.2.2.3

底盘整备质量　chassis kerb mass

底盘干质量加上下列部分质量之和:

a) 燃料和燃料/润滑油混合物，油箱注油量不少于规定油量的 90%；

b) 备用车轮；

c) 工具箱。

3.2.2.4

底盘与驾驶室干质量　chassis and cab dry mass

底盘干质量与驾驶室质量之和。

3.2.2.5

四轮全地形车和娱乐用场地车整备质量　complete vehicle kerb mass of four-wheeled all-terrain vehicle and go-kart

整车干质量加上下列部分质量之和：

a) 燃油或燃油/润滑油混合油，油箱注油量不少于规定容量的 90%；

b) 制造厂供应的附件(随车工具、载物架、保护设备、牵引装置、风挡玻璃等)；

c) 电动全地形车应包含车载储能装置，如动力蓄电池等。

3.2.2.6

多功能全地形车整备质量　complete vehicle kerb mass of utility all-terrain vehicle

底盘整备质量与驾驶室、车厢部件的质量之和。

3.2.2.7

底盘与驾驶室整备质量　chassis and cab kerb mass

底盘整备质量与驾驶室质量之和。

3.2.2.8

整车全装备质量　complete vehicle mass fully equipped

整车整备质量加上制造厂为该车供应的备件质量。

3.2.2.9

厂定最大总质量　manufacture's maximum total mass

制造厂考虑到特定运行情况、材料强度、轮胎承载能力等因素计算得出的质量。

3.2.2.10

最大允许总质量　maximum authorized total mass

按规定的运行条件确定的最大总质量。

3.2.2.11

最大设计总质量　maximum design mass

车辆制造厂规定的最大车辆质量。

3.2.2.12

最大允许装载质量　maximum authorized pay mass

驾驶员质量与最大允许总质量之和减去全地形车整车整备质量所得到的数值。

3.2.2.13

最大设计装载质量　maximum design pay mass

驾驶员质量与最大设计总质量之和减去全地形车整车整备质量所得到的数值。

3.2.2.14

最大设计牵引质量　maximum design towed mass

车辆制造厂规定的能牵引的最大质量。

[GB/T 3730.2—1996,4.16]

3.2.2.15

最大允许牵引质量　maximum authorized towed mass

行政主管部门规定的车辆能牵引的最大质量。

[GB/T 3730.2—1996,4.17]

3.2.3 载荷术语和定义

3.2.3.1

厂定最大有效载荷　manufacturer's maximum payload

厂定最大总质量减去整车整备质量所得的质量乘以标准重力加速度所得的量值。

3.2.3.2

最大允许有效载荷　maximum authorized payload

最大允许总质量减去整车整备质量所得的质量乘以标准重力加速度所得的量值。

3.2.3.3

厂定最大轴载荷　manufacturer's maximum axle load

制造厂考虑到特定运行情况、材料强度及轮胎承载能力等因素对各轴核定的承受载荷。

3.2.3.4

分布载荷　distributed load

按制造厂规定每轴所分担的载荷。

注：在 3.2.2 所述的条件下均可测出分布载荷。

3.2.3.5

载荷比　load ratio

每轴分布载荷与车辆质量乘以标准重力加速度所得量值之比。

注：在 3.2.2 所述的条件下均可分别测出载荷比。

3.2.3.6

作用在连接装置上的最大设计静载荷　maximum design static load on coupling device

制造厂规定的，垂直作用在连接装置上的最大静载荷。

3.2.3.7

作用在连接装置上的最大允许静载荷　maximum authorized static load on coupling device

行政主管部门规定的，垂直作用在连接装置上的最大静载荷。

3.2.3.8

轮胎最大允许载荷　maximum authorized tyre load

对应于最大允许总质量时一只轮胎所承受的载荷。

3.2.3.9

轮胎最大设计载荷　maximum design tyre load

对应于最大设计总质量时一只轮胎所承受的载荷。

3.3　有关车辆尺寸的术语和定义

3.3.1　基准平面与纵向中心平面

3.3.1.1

基准平面　datum plane

三维正交坐标系中的 X、Y、Z 平面（见图 1）。

其中：

Z——水平面（支承面）；

Y——铅垂平面；

X——垂直于 Y 和 Z 的平面。

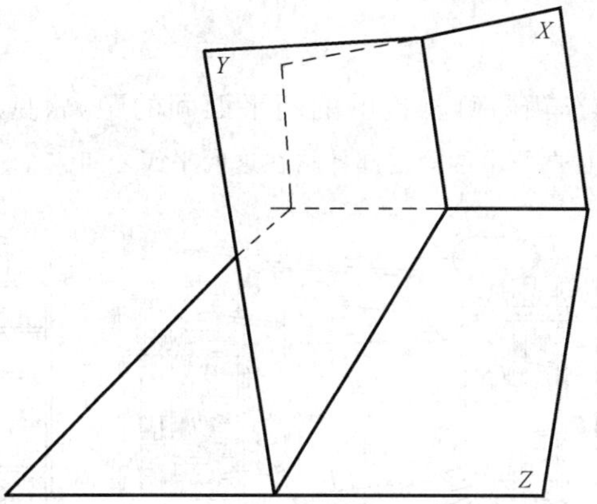

图 1　基准平面

3.3.1.2

纵向中心平面　longitudinal median plane

通过线段 AB 的中点并与线段 AB 相垂直的垂面 Y(简称 Y 平面)。A 和 B 两点为通过同一轴上两端车轮轴线的垂面与车轮中心平面的交线与车轮支承面的交点(见图 2)。

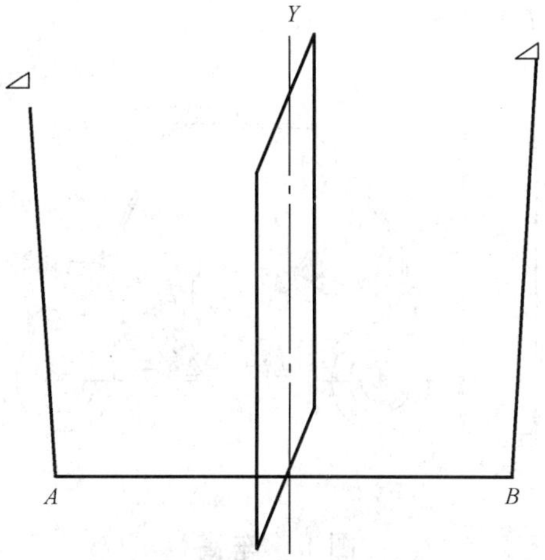

图 2　纵向中心平面

3.3.2　尺寸术语和定义

3.3.2.1

车长　vehicle length

垂直于纵向中心平面,分别与车辆前、后端相接触且平行于 X 平面的两平面间的距离(见图 3)。

注:备用轮除外,车辆所有部件及前、后凸出物(保险杠、挡泥板等)均在这两平面之间。

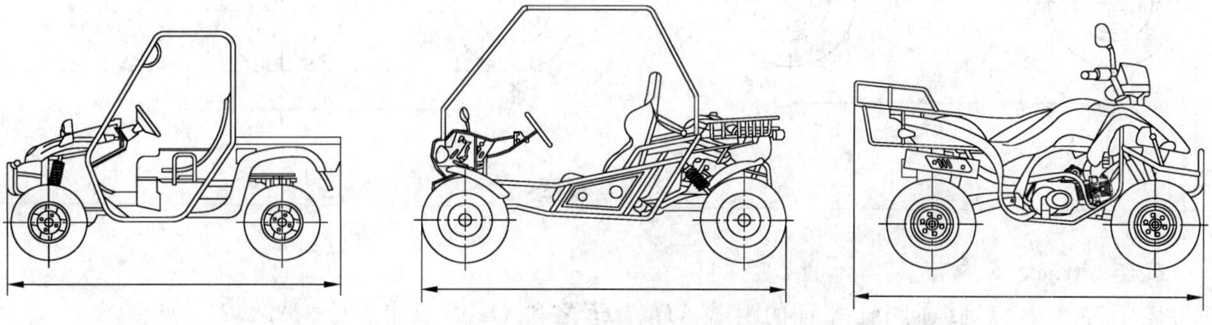

图 3　车长

3.3.2.2

车宽　vehicle width

平行于纵向中心平面，分别与车辆两侧相接触的两平面间的距离(见图 4)。

注：后视镜除外，车辆所有部件及横向凸出的固定部件均在这两平面之间。

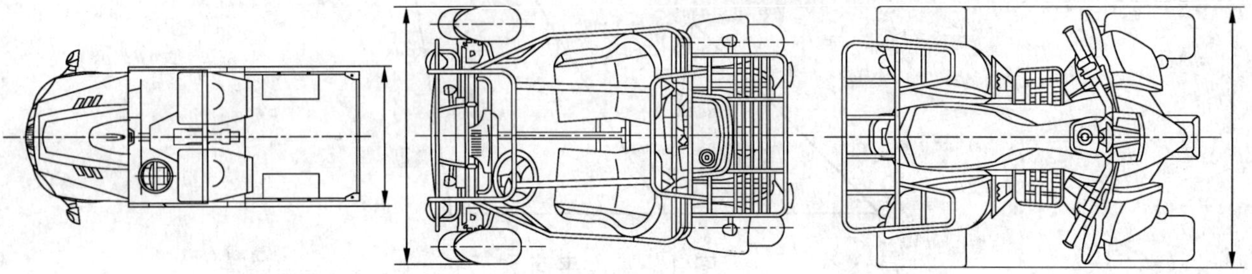

图 4　车宽

3.3.2.3

车高　vehicle height

与车辆顶端相接触的水平面和支承面间的距离(见图 5)。

注：后视镜除外，车辆所有的部件都在这两平面之间。

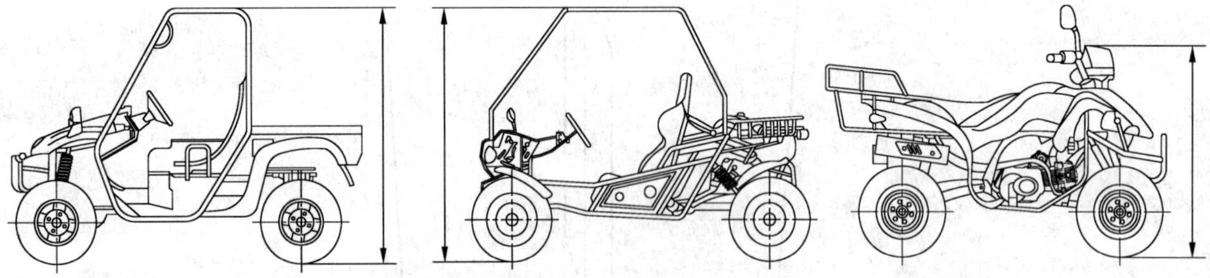

图 5　车高

3.3.2.4

轴距 wheel base

通过车轮中心且平行于 X 平面的两平面间的距离(见图 6)。

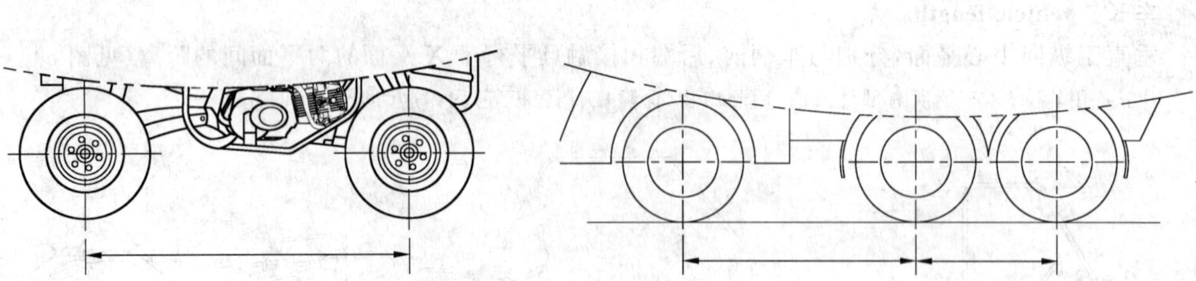

图 6　轴距

3.3.2.5

轮距　track

轮距为 A、B 点到纵向中心平面的距离 AH、BH' 之和 (A、B 点定义见 3.3.1.2)(见图 7)。

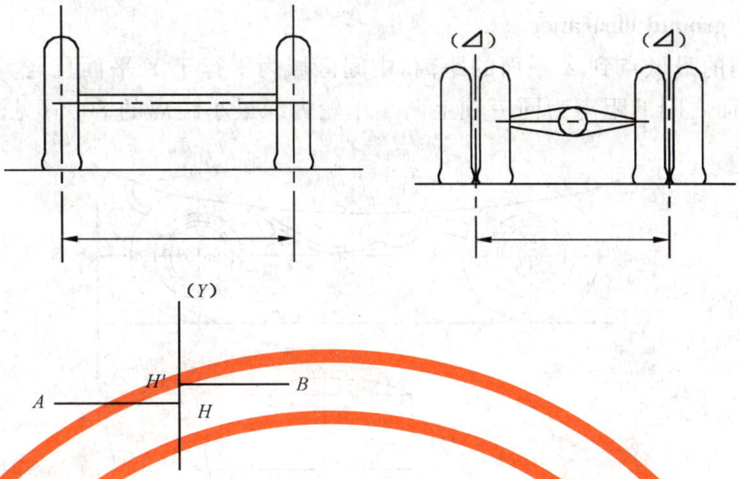

图 7 轮距

3.3.2.6

前悬　front overhang

通过前轮中心且平行于 *X* 平面的平面与车辆最前端(包括附加的刚性零件)间的距离(见图 8)。

图 8　前悬

3.3.2.7

后悬　rear overhang

通过后轮中心且平行于 *X* 平面的平面与车辆最后端(包括附加的刚性零件)间的距离(见图 9)。

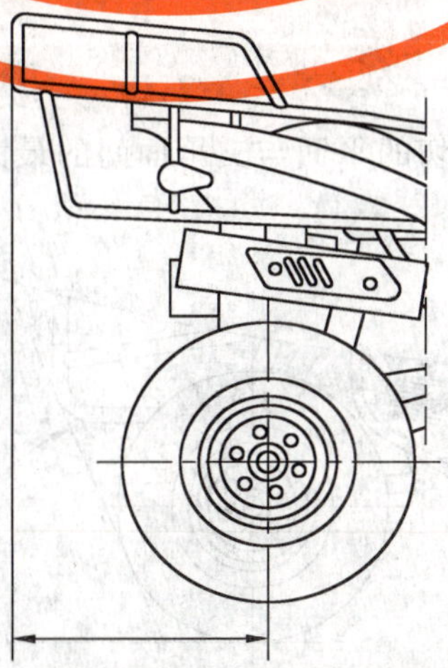

图 9　后悬

3.3.2.8

最小离地间隙 ground clearance

车辆中间区域内的最低点到 Z 平面的距离,中间区域为平行于 Y 平面且与其等距离的两平面之间所包含的部分,两平面之间的距离为同一轴上两端车轮内缘最小距离的 80%(见图 10)。

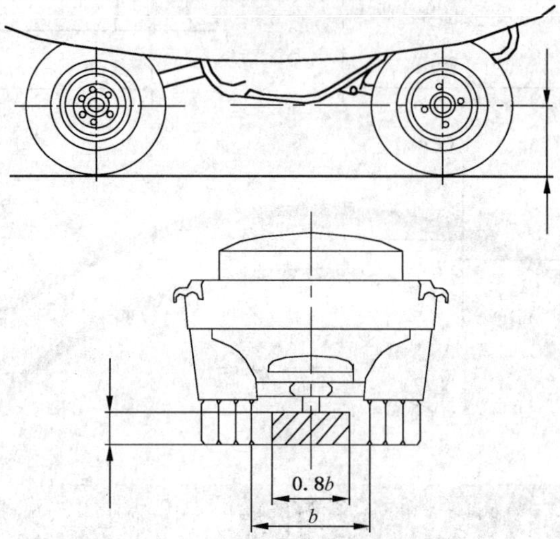

图 10 最小离地间隙

3.3.2.9

纵向通过角 ramp angle

当垂直于纵向中心平面并与车辆前、后轮相切的两平面的交线与车辆轴距内下部相接触时,两平面间最小夹角即为纵向通过角。该角度是车辆能够通过的最大坡度角(见图 11)。

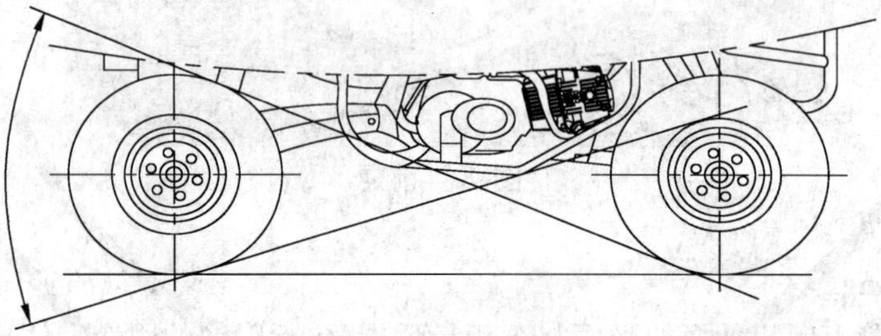

图 11 纵向通过角

3.3.2.10

接近角 approach angle

垂直于纵向中心平面且与前轮相切的平面与支承面间的最大夹角。在此夹角内没有任何车辆零件或车辆的附加刚性零件(见图 12)。

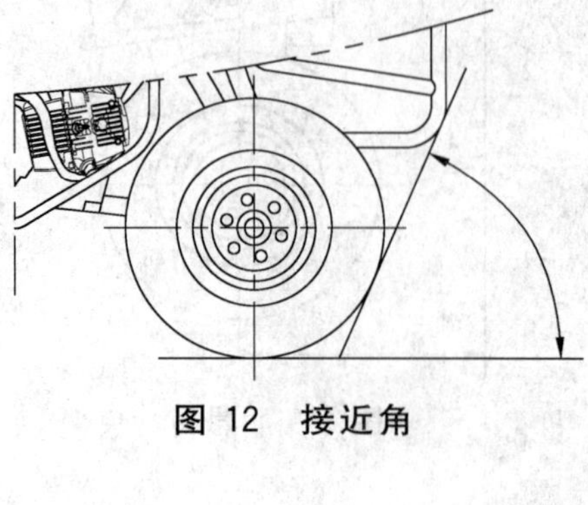

图 12 接近角

3.3.2.11

离去角　departure angle

垂直于纵向中心平面且与后轮相切的平面与支承面间的最大夹角。在此夹角内没有任何车辆零件或车辆的附加刚性零件(见图 13)。

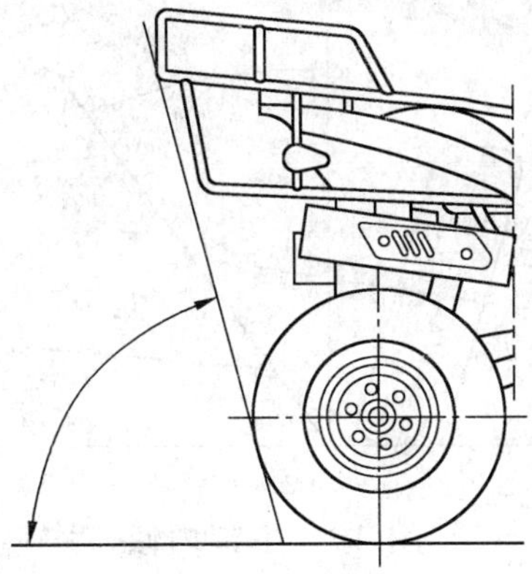

图 13　离去角

3.3.2.12

车架高度　height of chassis above ground

车辆支承平面至垂直于车辆纵向中心平面并接触车架上表面的水平线之间的距离。该距离在轴的中心线上测量(见图 14)。

注：车架高度除在厂定最大总质量下确定外,还应在整车全装备质量时确定。

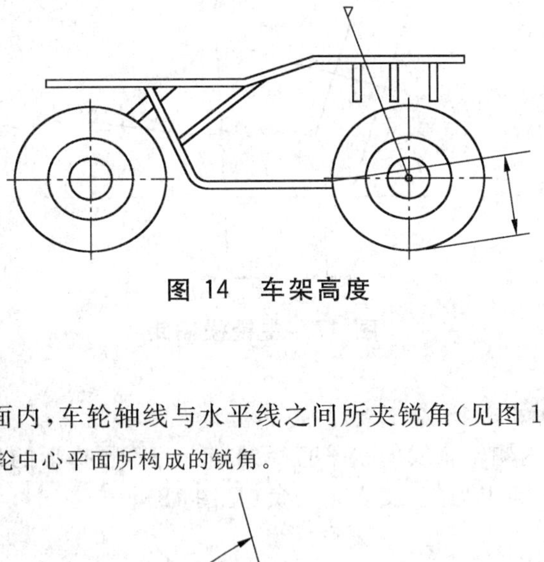

图 14　车架高度

3.3.2.13

车轮外倾　camber angle

在通过车轮轴线的铅垂面内,车轮轴线与水平线之间所夹锐角(见图 15)。

注：该角也等于铅垂线与车轮中心平面所构成的锐角。

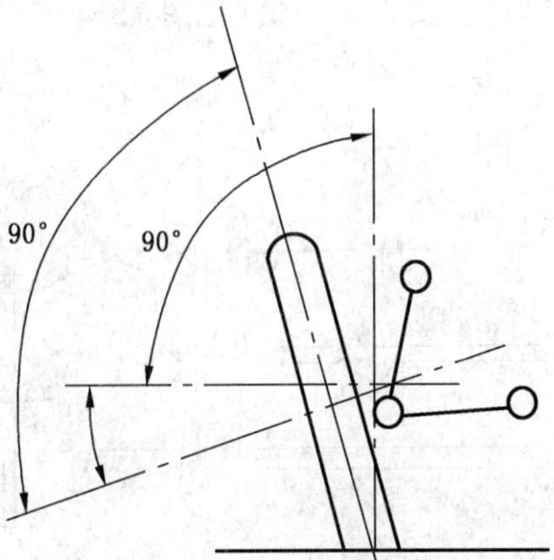

图 15　车轮外倾

3.3.2.14

主销内倾　kingpin inclination

由铅垂线与真实的或假想的转向节主销轴线在垂直于车辆纵向中心平面的平面上的投影锐角(见图16)。

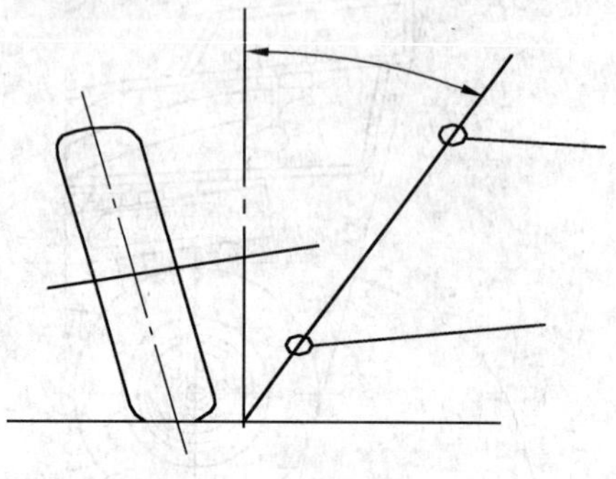

图16　主销内倾

3.3.2.15

主销横偏距　kingpin offset

从转向节主销轴线的延长线与支承面的交点到车轮中心平面与支承面的交线间的距离(见图17)。

注：图示主销横偏距为正。

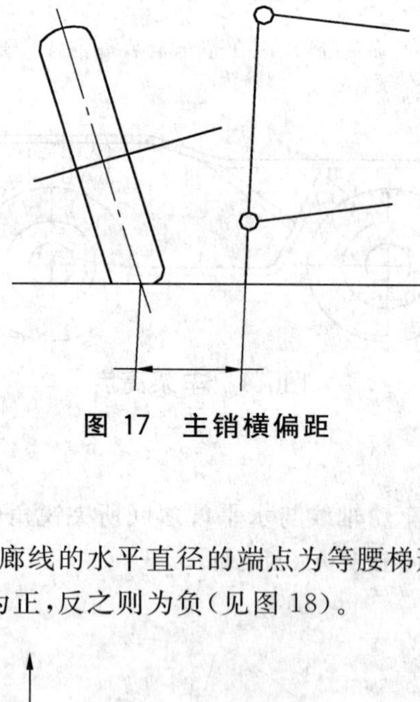

图17　主销横偏距

3.3.2.16

前束(长度)　toe-in (length)

同一轴上两端轮辋轮缘内侧轮廓线的水平直径的端点为等腰梯形的顶点,梯形前后底边长度之差。当梯形前底边小于后底边时,前束为正,反之则为负(见图18)。

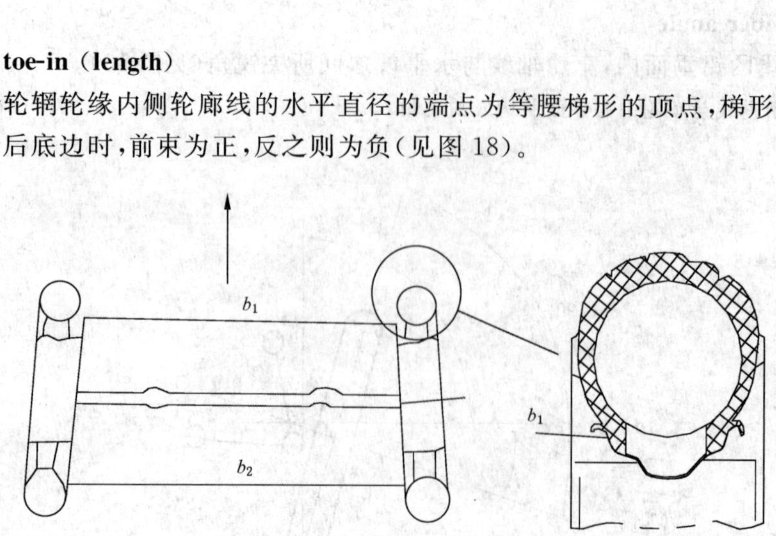

图18　前束(长度)

3.3.2.17

前束(角度)　toe-in(angle)

车轮的水平直径与车辆纵向中心平面间的夹角或通过车轮轴线的铅垂面 G 与垂直于车辆纵向中心平面的铅垂面 H 间的夹角 α(见图 19)。

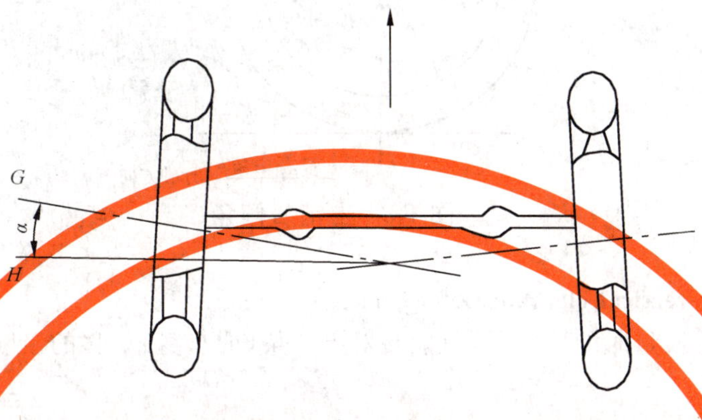

图 19　前束(角度)

3.3.2.18

主销后倾距　castor

过车轮中心的铅垂线和真实(或假想)的转向主销轴线在 Y 平面的投影线与 Z 平面的两交点间的距离(见图 20)。

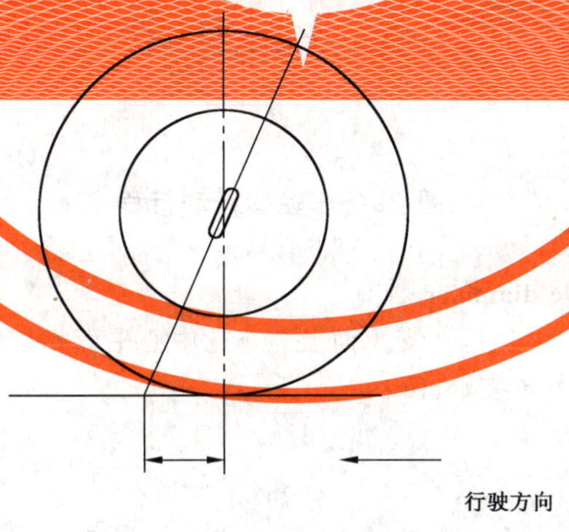

图 20　主销后倾距

3.3.2.19

主销后倾角　castor angle

通过方向柱轴线且垂直于 Y 平面的平面与通过前轮中心且平行于 X 平面的平面间的锐角(见图 21)。

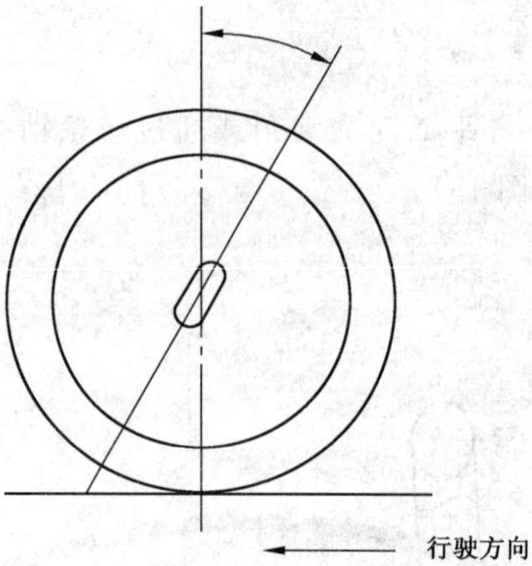

图 21 主销后倾角

3.3.2.20

车轮铅锤动行程 vertical clearance of wheel

车辆从厂定最大总质量时的位置起，可能相对于车架(或车身)上移的极限铅锤距离(见图 22)。

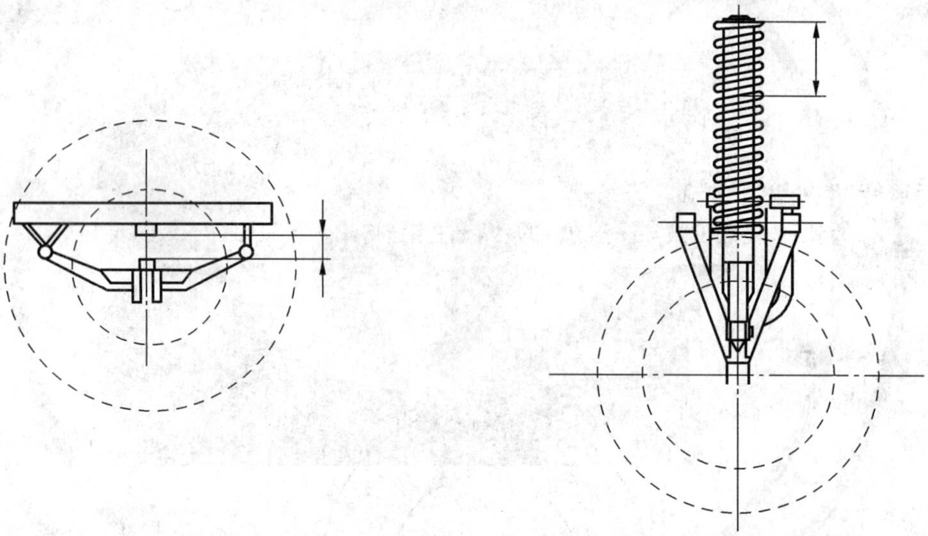

图 22 车轮铅锤动行程

3.3.2.21

转弯圆直径 turning circle diameter

转向轮转到极限位置车辆运行时，在支承面上与车轮中心平面相切的最大圆的直径(见图 23)。

注：每辆车有左转弯圆直径及右转弯圆直径。

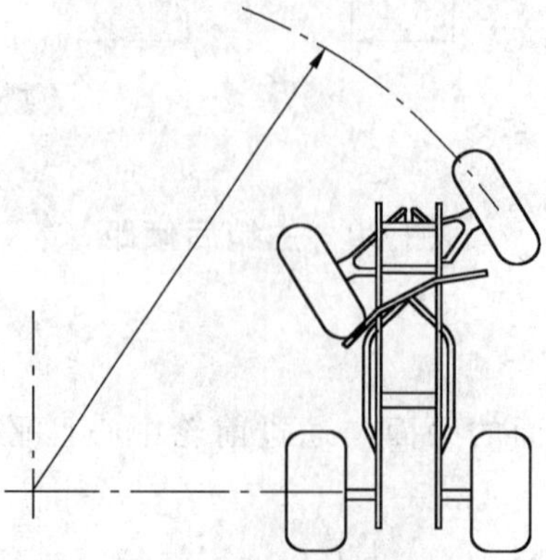

图 23 转弯圆直径

3.3.2.22

转弯通道圆直径　turning clearance circle diameter

转向轮转到极限位置车辆运行时，按下列规定测得的圆的直径(见图24)：

a) 车辆所有零件在支承面上投影的外侧所划出的最大圆的直径；

b) 车辆所有零件在支承面上投影的内侧所划出的最小圆的直径。

注：每辆车有左转弯通道圆直径及右转弯通道圆直径。

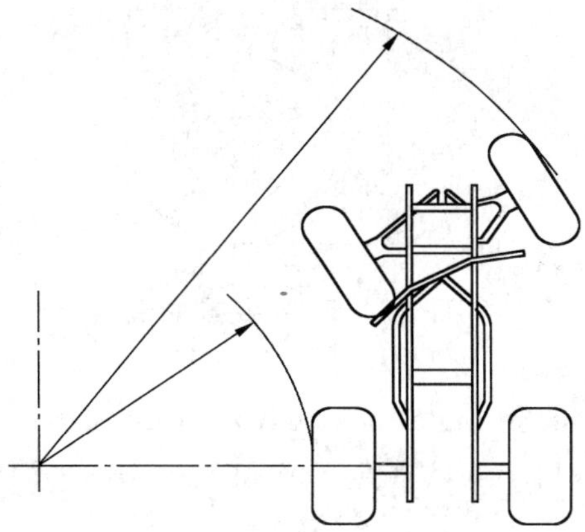

图24　转弯通道圆直径

3.3.2.23

车轮抬升高度　lift of wheel

在其他车轮都不离开Z平面的情况下，车轴一端车轮在可能提升的高度上，该车轮最低点至Z平面的距离(见图25)。

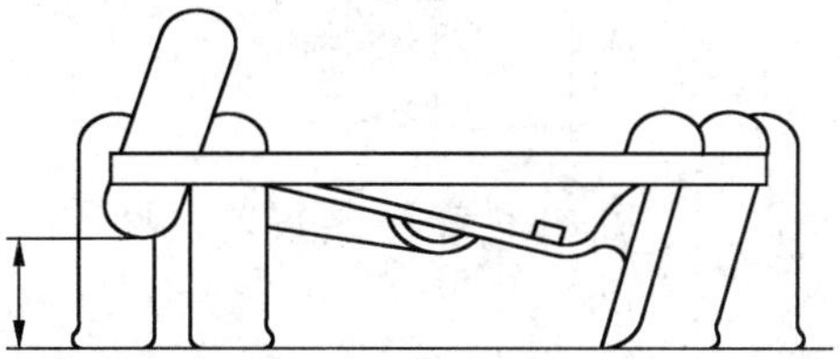

图25　车轮抬升高度

3.3.2.24

牵引装置的悬伸　overhang of towing attachment

牵引装置的点或面至过车辆最后轴轴线且垂直于Z平面的平面的距离(见图26)。

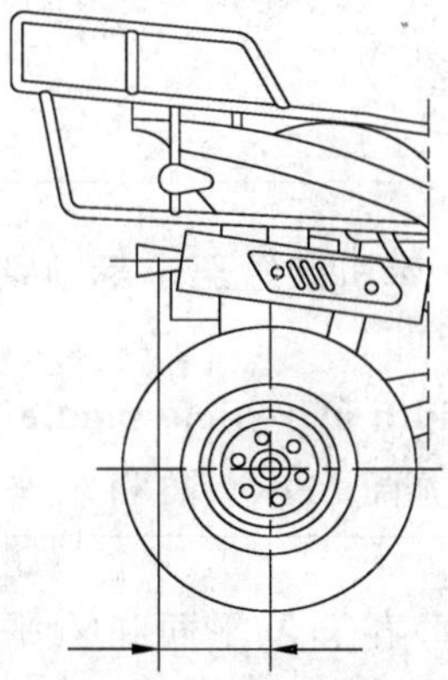

图26　牵引装置的悬伸

3.3.2.25

牵引装置的高度　height of towing attachment

牵引装置的点或面至 Z 平面的距离(见图 27)。

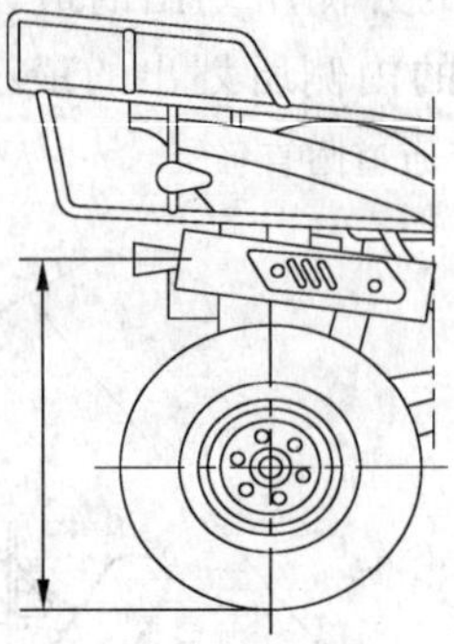

图 27　牵引装置的高度

3.3.2.26

牵引装置前置距　distance of towing attachment in front of rear of vehicle

牵引装置的点或面至过车身后端点且垂直于 Y 和 Z 平面的平面间的距离(见图 28)。

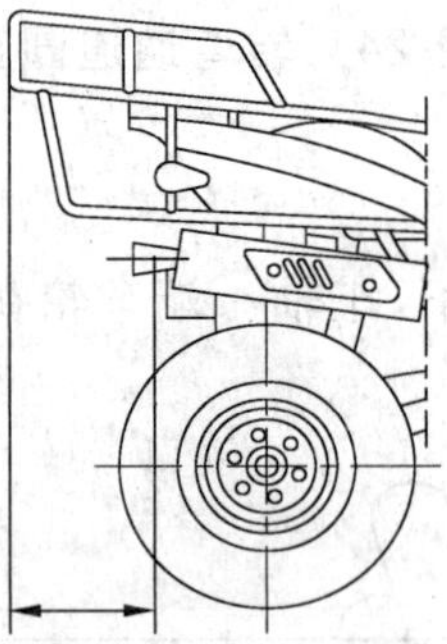

图 28　牵引装置前置距

3.3.2.27

牵引装置至车辆前端的距离　distance between jaw and front end of towing vehicle

过牵引装置的点或面和过车辆最前端点并且垂直于 Y 平面和 Z 平面的两平面的距离(见图 29)。

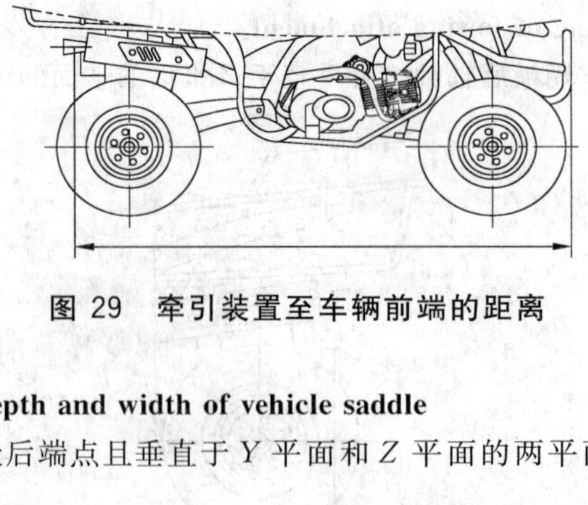

图 29　牵引装置至车辆前端的距离

3.3.2.28

车辆座垫深度及宽度　depth and width of vehicle saddle

过车辆座垫最前端点和最后端点且垂直于 Y 平面和 Z 平面的两平面间的距离为车辆座垫的深度(见图 30)。

过车辆座垫最左端点和最右端点且垂直于 X 平面和 Z 平面的两平面间的距离为车辆座垫的宽度(见图 30)。

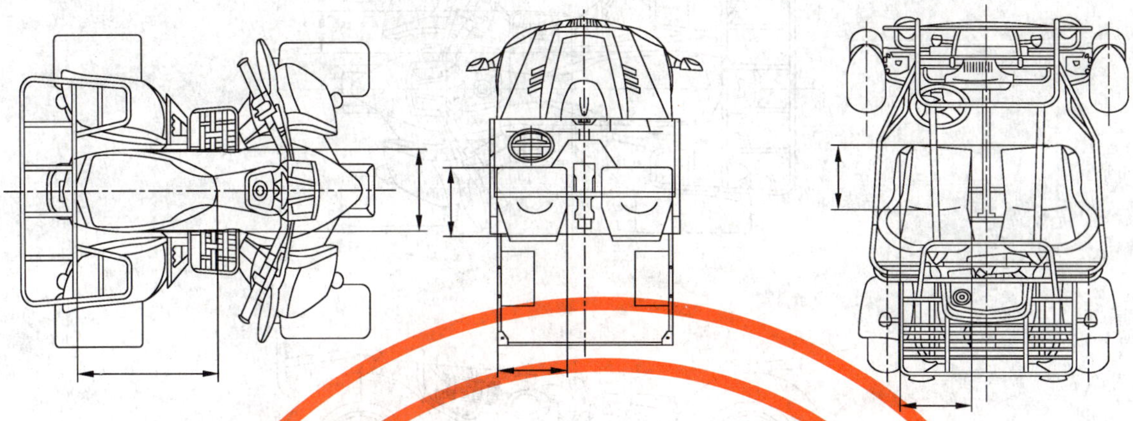

图 30 车辆座垫深度及宽度

3.3.2.29

驾驶室后车架最大可用长度(带驾驶室的车辆) maximum usable length of chassis behind cab(vehicle with cab)

过可用来安装货箱的车架最前端点和车架最后端点且垂直于 Y 平面和 Z 平面的两平面间的距离(见图 31)。

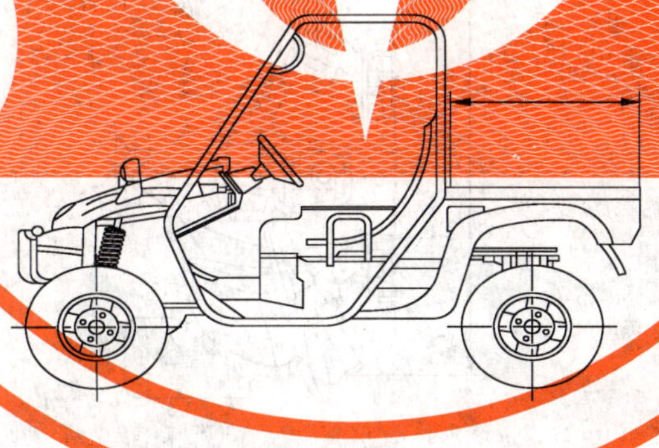

图 31 驾驶室后车架最大可用长度(带驾驶室的车辆)

3.3.2.30

脚踏板高度、长度、宽度 height, length and width of footrest

过脚踏板最前端点和车架最后端点且垂直于 Y 平面和 Z 平面的两平面间的距离为脚踏板的长度(见图 32)。

过脚踏板最左端点和最右端点且垂直于 X 平面和 Z 平面的两平面间的距离为脚踏板的宽度(见图 32)。

过脚踏板最低点且垂直于 Y 平面的平面与 Z 平面间的距离为脚踏板的高度(见图 32)。

注：3.3.2.30 只适用于四轮全地形车。

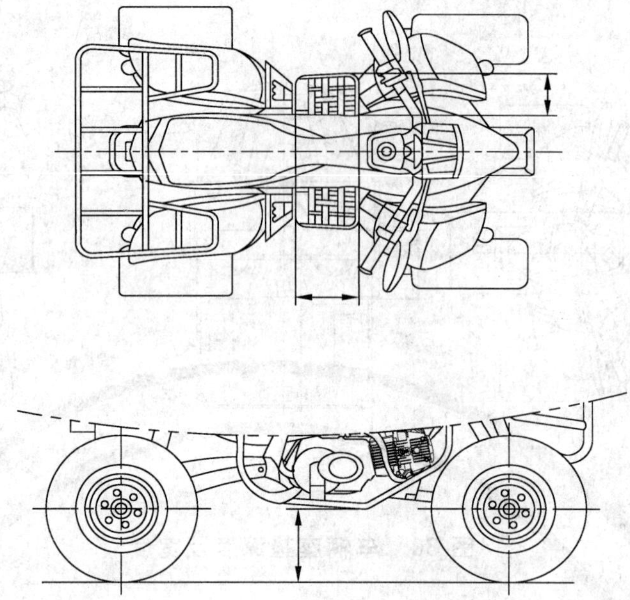

图 32 脚踏板高度、长度、宽度

3.3.2.31

方向把的宽度 width of handlebar

过方向把最左端点和最右端点且垂直于 X 平面和 Z 平面的两平面间的距离(见图 33)。

注：3.3.2.31 只适用于四轮全地形车。

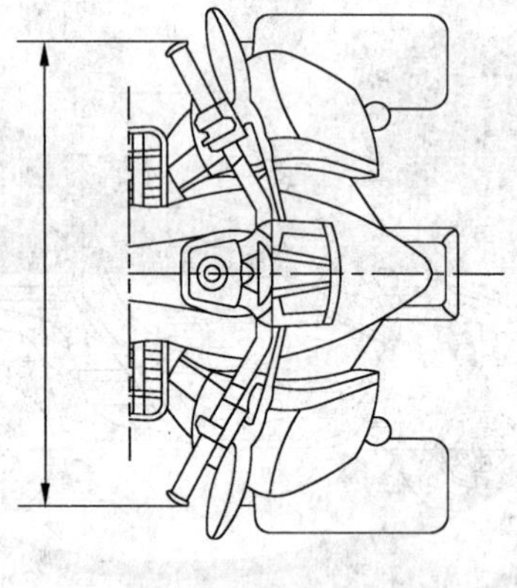

图 33 方向把的宽度

3.4 有关车辆性能的术语和定义

3.4.1 与制动性能有关的术语

3.4.1.1

制动性能 stopping ability

在规定的行驶条件下，车辆从运动状态转变为停止状态的能力。

3.4.1.2

制动距离 stopping distance

从驾驶员开始操作制动控制器时起到车辆停止时车辆所驶过的距离。

3.4.1.3

制动力 braking force

在规定的试验条件下，车辆处于制动状态时，克服车轮制动产生的沿轮胎切线方向所需要的力。

3.4.1.4

制动减速度　braking deceleration

在规定的试验条件下，由于制动系的作用，车辆在一定的时间内获得的减速度。

3.4.1.5

防抱死　anti-lockbraking

在制动过程中防抱死装置可以自动控制全车辆一个或多个车轮在旋转方向上的打滑程度。

3.4.1.6

驻车性能　parking ability

车辆在指定条件下保持驻车状态的能力。

3.4.2　**与起动性能有关的术语**

3.4.2.1

起动性能　start ability

在规定的试验条件下，车辆从接受起动信号开始到发动机能够连续运转的最短时间。

3.4.2.2

常温起动　starting normal temperature

在发动机温度与环境温度相同的前提下起动。

3.4.2.3

热态起动　starting heat

发动机停止运行后，温度尚未降到与环境温度平衡时再次起动。

3.4.2.4

低温起动　starting low temperature

发动机在低温环境下起动(一般在－15 ℃)。

3.4.3　**与噪声有关的术语**

3.4.3.1

背景噪声　background noise

背景噪声指受试车辆噪声不存在时周围环境的噪声(包含风噪声)。

3.4.3.2

合成噪声　combined noise

背景噪声和被测对象的噪声同时存在的噪声。

3.4.3.3

最大噪声　maximum noise

车辆在规定的行驶条件下和规定的测量条件下测得的最大合成噪声。

3.4.3.4

定置噪声　fixation noise

车辆在规定的发动机转速下和规定的测量条件下测得的合成噪声。

3.4.4　**与排气污染物有关的术语**

3.4.4.1

怠速污染物　idle emission

车辆在怠速工况下排放的有害物质。

3.4.4.2

工况污染物　driving cycle emission

车辆按规定的循环工况行驶时排出的各种有害物质。

3.4.4.3

燃料蒸发污染物　evaporative pollutants

车辆在规定的试验条件下，除排气管排放以外，从车辆的燃料系统蒸发损失的碳氢化合物。

3.4.4.4

曲轴箱污染物　crankcase pollutants

指从发动机曲轴箱通气孔或润滑系的开口处排放到大气中的气态污染物。

3.4.4.5

排放烟度　exhaust smoke

在规定的试验条件下，车辆排气的烟浓度。

注：烟浓度用不透光度 N 表示，N 的单位：%。

3.4.5　与可靠性、耐久性有关的术语

3.4.5.1

可靠性　reliability

车辆在规定的条件下和规定的时间内，完成规定功能的能力。

3.4.5.2

耐久性　durability

车辆在规定的使用和维修条件下，达到某种技术或经济指标极限时，完成规定的功能的能力。

3.4.5.3

故障　failure

车辆丧失规定功能的现象。

3.4.5.4

致命故障　fatal failure

危及车辆行驶安全，导致人身伤亡或车辆重大损坏的故障。

3.4.5.5

严重故障　serious failure

导致主要总成、零部件损坏或性能下降，且不能用随车工具和易损备件在短时间内修复。

3.4.5.6

一般故障　general failure

造成停驶或性能下降，但一般不会导致主要总成、零部件损坏，并能用随车工具和易损备件在短时间内修复。

3.4.5.7

轻微故障　slight failure

一般不会导致性能下降，不需要更换零件，用随车工具在短时间(5 min)内能轻易排除。

3.4.5.8

首次故障里程　mileage first failure

按规定的试验要求，车辆在进行可靠性和耐久性试验时，发生首次故障的里程。

3.4.5.9

平均首次故障里程　average mileage first failure

按规定的试验要求，数辆车在进行可靠性和耐久性试验时，车辆首次发生故障的平均里程。

3.4.5.10

平均故障间隔里程　average mileage interval failure

按规定的试验要求，数辆车在进行可靠性和耐久性试验中，发生故障的间隔里程的平均估值。

3.4.6 与车速有关的术语

3.4.6.1

最高车速 top speed

在规定的试验条件下，车辆以最短的时间通过规定距离的速度。

3.4.6.2

最低稳定车速 lowest stabilized speed

在规定的行驶条件下和规定的距离内，车辆能稳定行驶的最小速度。

3.4.6.3

平均技术车速 average technological speed

在规定的行驶条件下，按实际行驶距离、时间计算得出的速度。

3.4.6.4

经济车速 economical speed

在规定的行驶条件下，车辆在规定的距离内作等速行驶，其燃油消耗量为最小的速度。

3.4.7 与燃料消耗有关的术语

3.4.7.1

经济车速油耗 economical speed consumption of fuel

在规定的条件下和规定的距离内，车辆按经济车速行驶时，每百公里的燃油消耗量。

3.4.7.2

定速油耗 steady speed consumption of fuel

在规定的行驶条件下和规定的距离内，车辆按指定的车速作等速行驶时，每百公里的燃油消耗量。

3.4.7.3

多工况循环油耗 cycle for multiple working conditions consumption of fuel

在规定的试验条件下，车辆以规定的工况和程序连续循环行驶每百公里的燃油消耗量。

3.4.8 与动力性能有关的术语

3.4.8.1

爬坡能力 grade ability

在规定的行驶条件下，车辆能够通过的最大坡度。

3.4.8.2

起步加速性能 starting acceleration capability

在规定的行驶条件下，车辆从静止迅速加速到指定车速的能力。

3.4.8.3

超越加速性能 passing acceleration capability

在规定的行驶条件下，车辆从指定的初速度迅速加速到另一个指定的车速的能力。

3.4.8.4

加速时间 accelerating time

在规定的行驶条件下，车辆从静止加速到指定车速或从指定的初速度加速到另一指定车速时所需的时间。

3.4.8.5

加速区间 acceleration area

在规定的行驶条件下，车辆从静止加速到指定车速或从指定的初速度加速到另一指定车速时所通过的距离。

3.4.8.6

滑行距离　coasting distance

在规定的行驶条件下，从切断动力源(脱开离合器，挂空挡)到车辆停止时所通过的距离。

3.4.8.7

总传动比　total drive ratio

发动机曲轴(或电动机主轴)的转速与车辆驱动轮转速之比。

3.4.8.8

比功率　ratio of power

发动机的最大净功率与全地形车的厂定最大总质量之比。

3.4.8.9

最大净功率　maximum net power

发动机在全负荷下测得的最大输出功率。

3.4.8.10

最大扭矩　maximum torque

发动机在全负荷下测得的最大扭矩。

3.4.9　与走合有关的术语

3.4.9.1

走合　breaking-in

为使新装配的车辆各摩擦副表面磨合良好，按规定的条件和程序进行的行驶。

3.4.9.2

走合里程　breaking-in distance

新装配的全地形车，从走合行驶开始到走合行驶结束所通过的全部里程。

3.4.9.3

走合期　breaking-in period

新装配的全地形车，从走合行驶开始到走合形式结束，车辆实际行驶的总时间。

3.4.10　与电磁兼容有关的术语

3.4.10.1

电磁兼容性　electromagnetic compatibility

EMC

设备或系统在其电磁环境中能正常工作且不对该环境中任何事物构成不能承受的电磁骚扰的能力。

3.4.10.2

电磁骚扰　electromagnetic disturbance

任何可能引起装置、设备或系统性能降低或者对生命或无生命物质造成损害影响的电磁现象(产生影响，可能无影响结果)。

3.4.10.3

电磁干扰　electromagnetic interference

EMI

电磁骚扰引起的设备、传输通道或系统性能的下降(产生影响并有影响结果)。

3.4.10.4

电磁抗扰性　electromagnetic immunity

装置、设备或系统面临电磁骚扰不降低运行性能的能力。

3.4.10.5

电磁敏感性　electromagnetic susceptibility

EMS

在存在电磁骚扰的情况下，装置、设备或系统不能避免性能降低的能力（敏感性就是缺乏抗扰性）。

3.4.10.6

无线电（频率）骚扰　radio (frequency) disturbance

具有无线电频率分量的电磁骚扰。

3.4.11　其他性能有关术语

3.4.11.1

防水性能　waterproof ability

车辆经过滴水、冲水、浸水后，保证车辆设备或元件良好工作性能的能力。

3.4.11.2

纵向稳定性　longitudinal stability

车辆抵抗围绕后轴纵向翻车的能力。

3.5　有关主要装置的术语和定义及零部件名称

3.5.1　主要装置术语和定义

3.5.1.1

制动系统　braking system

使运动的车辆逐渐减速或停止，或者使已停止的车辆保持静止状态的零部件组合，该装置由控制器、传能装置和制动器组成。

3.5.1.1.1

制动杆或把手　brake lever or handle

作用时致使制动器制动的手操纵控制装置。

3.5.1.1.2

制动踏板　brake pedal

作用时致使制动器制动的脚操纵控制装置。

3.5.1.1.3

制动器　brake

制动装置中产生阻止车辆运动作用力的部件。

3.5.1.1.3.1

驻车制动装置　parking brake

车辆停驻时不使车辆滑移的制动装置。

3.5.1.1.3.2

主制动器　service brake

用于使运动的车辆减缓或停止的制动装置。

3.5.1.1.4

传能装置　transmission

制动控制器和制动器之间连接其功能的零部件组合。

3.5.1.1.5

防抱死装置　anti-lockbraking device

在制动过程中能够自动控制车辆一个或多个车轮在旋转方向上打滑程度的装置。

3.5.1.2 有关行驶及传动的装置术语

3.5.1.2.1

机械悬挂装置 mechanical suspension

连接车轮与车架的装置，通常提供弹簧力和阻尼力，使车轮与车架能相对上下运动。

3.5.1.2.2

低压轮胎 low pressure tyre

为非公路用车或全地形车设计的轮胎，轮胎工作气压不大于 69 kPa。

3.5.1.2.3

手把 handlebar

用于转向、安装手操纵控制件及驾驶者支撑的装置。

3.5.1.2.4

手把横杆 handlebar crossbar

分体式手把中固定和连接左侧和右侧手把的刚性构件。

3.5.1.2.5

离合器杆 clutch lever

接上或脱开离合器的手或脚操纵柄。

3.5.1.2.6

换挡机构 gearshift control

选择变速齿轮组合的操纵装置。

3.5.1.2.7

电起动连锁装置 electric starter interlock

在特定条件下(除离合器脱开，或变速器空挡，或制动器处于制动状态)阻止发动机电起动的装置。

3.5.1.3 有关安全防护的术语

3.5.1.3.1

限速装置 speed limiting device

限制车辆最高速度的装置。

3.5.1.3.2

脚蹬 footrests

驾驶员和/或乘员搁脚的结构性支撑，包含搁脚杆和搁脚板。

3.5.1.3.3

拖车连接装置 trailer hitch

用于连接拖车或其他设备的装置。

3.5.1.3.4

安全带总成 safety belt assemblies

当车辆紧急制动或碰撞时，能防止或减轻乘员所受伤害的带结构安全装置，一般由织带、带扣锁、调节件、卷收器和固定件构成。

3.5.1.3.5

安全带固定点 safety belt anchorages

车身或座椅构架上用于安装固定安全带总成的零部件。

3.5.1.3.6

座椅 seat

在全地形车上，供 1 个成年乘员乘坐且有完整装饰并与车辆结构为一体或分体的乘坐设施。

3.5.1.3.7

载物架　cargo area

制造商规定的装载或固定货物的架或其他区域。

3.5.1.4　有关指示器、信号装置术语

3.5.1.4.1

灯具　lamp

设计用于照明道路或发出光信号的装置。后牌照灯和反射器也属于灯具。

3.5.1.4.2

空挡指示器　neutral indicator

指示车辆传动处于空挡位置时的光信号或其他装置。

3.5.1.4.3

倒挡指示器　reverse indicator

指示车辆传动处于倒挡位置时的光信号或其他装置。

3.5.1.4.4

电池过热报警装置　battery overheat warning device

当动力蓄电池的温度超过限值时发出报警信号的装置。

3.5.1.4.5

电机过热报警装置　motor overheat warning device

当电机转速超过限值时发出的报警信号的装置。

3.5.1.4.6

剩余电量显示器　residual capacity gauge

显示动力蓄电池剩余电量的装置。

3.5.1.4.7

电机过流报警装置　motor over current warning device

当电机电流超过限值时发出报警信号的装置。

3.5.1.4.8

控制器过热报警装置　controller overheat warning device

当控制器的温度超过限值时发出报警信号的装置。

3.5.1.4.9

电机超速报警装置　motor over revolution warning device

当电机转速超出限值时发出报警信号的装置。

3.5.1.4.10

漏电报警装置　insulation failure warning

当主电路出现漏电时发出报警信号的装置

3.5.1.4.11

可运行指示器　stand by indicator

显示可以正常运行的装置。

3.5.1.5　有关发动机的主要装置术语

3.5.1.5.1

节气门控制器　throttle control

用于控制发动机功率的装置。

3.5.1.5.2

点火系统 ignition system

火花点火式内燃机中通过产生火花点燃混合气的系统。

3.5.1.5.3

起动电机 electric starter motor

为使发动机起动,转动曲轴的电动机,也叫发动机起动机。

3.5.1.5.4

发电机 generator

将机械能转换成电能的电机。

3.5.1.5.5

发动机熄火开关 engine stop switch

用于关闭发动机运行的装置。

3.5.1.5.6

蒸发污染物控制系统 evaporative pollutant controlling system

车辆上控制和限制蒸发污染物排放的系统。

3.5.1.6 有关电动全地形车中电机及电机控制器、充电器的术语

3.5.1.6.1

驱动电动机 drive motor

为车辆行驶提供驱动力的电动机。

3.5.1.6.2

辅助电动机 auxiliary motor

驱动电动机以外的电动机。

3.5.1.6.3

电机控制器 electrical machine controller

控制动力源与电机之间能量传输的装置,它是由控制信号接口电路、电机控制电路和驱动电路组成的。

3.5.1.6.4

冷却装置 cooling equipment

用于冷却电机及电机控制器的装置。

3.5.1.6.5

充电器 charger

控制和调整蓄电池充电的电能转换装置。

3.5.1.7 有关蓄电池的主要装置术语

3.5.1.7.1

储能装置 energy storage

电动全地形车上安装能够储存电能的装置,包括所有的动力蓄电池等。

3.5.1.7.2

蓄电池 battery

能将所获得的电能以化学能的形式贮存并可以将化学能转化成电能的一种电化学装置,它可以重复充电和放电。

3.5.1.7.3

动力蓄电池 traction battery

为电动全地形车动力系统提供能量的蓄电池。

3.5.1.7.4

单体蓄电池 battery cell

构成蓄电池的最小单元,一般由正极、负极及电解质组成。

3.5.1.7.5

蓄电池模块 battery module

一组相联的单体蓄电池组合。

3.5.1.7.6

蓄电池组 battery pack

由一个或多个蓄电池模块构成的单一机械总成。

3.5.1.7.7

电池承载装置 battery carrier

为承放蓄电池而设置的装置,分移动式和固定式。

3.5.1.8 有关防盗装置的术语

3.5.1.8.1

防盗装置 theft-deterrent device

用来防止车辆被非法使用的系统。

3.5.1.9

附件 accessories

除了基本操作的必要组成部分外,一般按需固定在车上并能改变全地形车的风格造型、方便性、实用性和有效性的附属装备。

3.5.2 零部件名称

全地形车零部件的名称见 GB/T 15367 与 GB/T 19596,并参见附录 A。

附　录　A
（资料性附录）
主要零部件名称表

表 A.1　主要零部件名称表

编号	组件名称	分组件名称	部件名称	零件名称
1		电喷系统总成		
1.1			节气门体	
1.2			油管	高压油管或普通油管
1.3			供油泵	
1.4			ECU 系统	传感器、输入回路、输出回路、A/D 转换器、执行元件、存储器、中央处理器、输入/输出接口
1.5			喷油泵单体	燃油滤网、电线插头、电磁线圈、弹簧、衔铁、针阀、轴针
1.6			冷起动喷油器	针阀、电磁线圈、电源接头、弹簧、喷嘴
1.7			冷起动开关	电源接头、壳体、双金属片、加热线圈、触点
2		蒸发污染物控制系统		
2.1			活性碳罐	碳罐、活性炭、滤网
2.2			通风电磁阀	
2.3			清污阀	
2.4			蒸汽分离阀	
2.5			蒸汽管道	
2.6			真空软管	
2.7			限流阀	
3	防盗装置			
3.1		电子/电磁车锁		
3.2		机械车锁		
4	附件			
4.1		提杆		
4.2		旗杆支架		
4.3		泥板支架		
4.4		轮胎压力计		
4.5		限速装置		
4.6		保险杆		
4.6.1			前保险杆	护管、护套、螺栓
4.6.2			后保险杆	护管、护套、螺栓
4.7		牵引装置		
4.7.1			牵引勾	
4.7.2			牵引环	
4.7.3			牵引支架	

参 考 文 献

[1] GB/T 3730.2—1996 道路车辆 质量 词汇和代码(idt ISO 1176:1990).

中 文 索 引

英 文 索 引

A

B

C

ICS 43.020
T 09

中华人民共和国国家标准

GB/T 24937—2010

全地形车安全防护装置

Safety equipment requirement for all-terrain vehicles

2010-08-09 发布 2010-12-01 实施

中华人民共和国国家质量监督检验检疫总局
中国国家标准化管理委员会 发布

前　言

本标准的附录A和附录B为规范性附录。

本标准由全国四轮全地形车标准化技术委员会(SAC/TC 344)提出并归口。

本标准负责起草单位:上海机动车检测中心。

本标准参加起草单位:台州出入境检验检疫局、番禺华南摩托企业有限公司、中国汽车技术研究中心、群升集团有限公司、中国质量认证中心、浙江钱江摩托股份有限公司、春风控股集团杭州摩托车制造有限公司。

本标准起草人:王俊杰、钱春雷、朱晓明、骆建华、李陆山、徐珠峰、李大维、蔡良正、丁建立、傅汉安。

全地形车安全防护装置

1 范围

本标准规定了全地形车整车及主要总成与安全有关的技术要求及相应的检验方法。

本标准适用于各类全地形车。

2 规范性引用文件

下列文件中的条款通过本标准的引用而成为本标准的条款。凡是注日期的引用文件，其随后所有的修改单(不包括勘误的内容)或修订版均不适用于本标准，然而，鼓励根据本标准达成协议的各方研究是否可使用这些文件的最新版本。凡是不注日期的引用文件，其最新版本适用于本标准。

GB 7258—2004 机动车运行安全技术条件

GB 8410 汽车内饰材料的燃烧特性(GB 8410—2006,FMVSS 571.302,NEQ)

GB 9656 汽车安全玻璃(GB 9656—2003,ECE R43:2000,NEQ)

GB 10395.1 农林机械 安全 第1部分:总则(GB 10395.1—2009,ISO 4254-1:2008,MOD)

GB 11552 乘用车内部凸出物(GB 11552—2009,ECE R21,MOD)

GB 11566 乘用车外部凸出物(GB 11566—2009,ECE R26:2007,MOD)

GB 15084 机动车辆后视镜的性能和安装要求(GB 15084—2006,ECE R46,MOD)

GB 17352 摩托车和轻便摩托车后视镜及其安装要求(GB 17352—1998,neq ECE No.81)

GB 20074 摩托车和轻便摩托车外部凸出物(GB 20074—2006,97/24/EC C3,NEQ)

GB 24927 全地形车安全带及其安装固定点要求

GB 24932 全地形车座椅、座椅固定及头枕要求

GB/T 24935 全地形车最大侧倾稳定角试验方法

GB/T 24936 全地形车 术语

3 术语和定义

GB/T 24936 确立的术语和定义适用于本标准。

4 整车

4.1 各类全地形车乘坐人数核定

4.1.1 Ⅰ型四轮全地形车仅供驾驶员骑乘。Ⅱ型四轮全地形车，设置专用固定座位的，除驾驶员外可再乘坐1人。

4.1.2 多功能地形车和Ⅱ型娱乐用场地车前排座垫宽度不小于1 200 mm时核定乘坐2人。后排纵向(与全地形车前进方向相同)设置固定座椅(座垫深度不小于400 mm，与驾驶员座椅之间距离不小于650 mm)的，每400 mm座垫宽度核定1人，最多3人。

4.2 比功率

全地形车的比功率不小于4.0 kW/t。

注：比功率为发动机最大净功率(或0.9倍的发动机额定功率或0.9倍的发动机标定功率)与全地形车最大允许总质量之比。

4.3 侧倾稳定角

空载、静态下，全地形车左、右最大侧倾稳定角不小于25°。试验方法见GB/T 24935。

4.4 车速表指示误差

最高设计车速不小于 40 km/h 的全地形车的车速表指示车速 V_1(单位 km/h)与实际车速 V_2 之间的关系应符合下式：

$$0 \leqslant V_1 - V_2 \leqslant (V_2/10) + 4$$

检查车速表指示误差的方法见 GB 7258—2004 的附录 A。

4.5 安全带

4.5.1 多功能地形车和娱乐用场地车的所有座椅均应设置安全带，其中 Y 类Ⅰ型娱乐用场地车应装置四点式安全带。

4.5.2 安全带应可靠有效，安装位置应合理。

固定点应有足够的强度，其他性能和安装要求见 GB 24927。

4.6 后视镜

4.6.1 除 Y 类全地形车外，道路用车至少左右各设置一面后视镜。多功能地形车后视镜的性能和安装要求见 GB 15084，全地形车和娱乐用场地车后视镜的性能和安装要求见 GB 17352。

4.6.2 多功能地形车车外后视镜的安装位置和角度应保证驾驶员能看清车身左右外侧、车后 50 m 以内的交通情况。

4.6.3 车外后视镜应易于调节，并能有效保持其位置。

4.6.4 安装在外侧距地面不到 1.8 m 的后视镜，应能缓和对行人等的冲击。

4.7 前风窗玻璃刮水器

4.7.1 装有前风窗玻璃的多功能地形车应设置刮水器，其刮刷面积应确保驾驶员的前方视野。

4.7.2 刮水器应能正常工作。

4.7.3 刮水器关闭时，刮片应能自动返回至初始位置。

4.8 一般要求

4.8.1 具有封闭式驾驶室的多功能地形车车前风窗玻璃应设置除雾、除霜装置。

4.8.2 道路用全地形车发动机的排气管口不应朝向车身右侧。

4.8.3 全地形车排气管应安装火花抑制装置。

4.8.4 多功能地形车和娱乐用场地车应设置前保险杠。

4.8.5 Y 类Ⅰ型四轮全地形车应设置乘员离车熄火装置。

4.8.6 四轮全地形车应在车辆尾部装备一个旗杆支架，此支架为旗杆提供一个直径为 12.7 mm 的安装孔。

4.8.7 全地形车的货箱或其他载货装置，应保证安全、稳妥地装载货物。

4.8.8 多功能地形车货箱前面应安装具有足够强度的安全架，其高度至少高出驾驶员座垫平面 800 mm。

4.8.9 四轮全地形车的客座应设置座垫、扶手(或拉带)和脚蹬。所有四轮全地形车脚部环境应符合附录 A 所提出的要求。

4.8.10 全地形车(按产品使用说明书)正常起动和运行过程中，可能触及的、环境温度 23 ℃±3 ℃时温度高于 80 ℃的热表面应有永久性联结或固定(不使用工具无法拆卸)的防护装置或挡板。

4.8.11 全地形车的传动皮带、风扇和动力输出轴等外露旋转件应有防护罩。防护罩应符合 GB 10395.1 的规定。必要时，全地形车的踏板、脚踏板应采取防滑措施。

5 转向系

5.1 全地形车的方向盘(或方向把)应转动灵活，操纵方便，无阻滞现象。全地形车应设置转向限位装置。转向系统在任何操作位置上，不允许与其他部件干涉。

5.2 方向盘式全地形车的方向盘的最大自由转动量不应大于30°。

5.3 全地形车应具有适度的不足转向特性。

5.4 全地形车的转向轮的左、右转角不大于45°。

5.5 全地形车在平坦、硬实、干燥和清洁的道路上行驶时不应跑偏，其方向盘(或方向把)不应有摆振、路感不灵或其他异常现象。

5.6 方向盘式全地形车在平坦、硬实、干燥和清洁的水泥或沥青道路上行驶时，以10 km/h的速度在5 s内沿螺旋线从直线行驶过渡到直径24 m圆周行驶，施加于方向盘外缘的最大切向力不应大于245 N。

5.7 全地形车的车轮定位应符合制造商的技术文件的要求(包括产品使用说明书中标明的车轮定位值)。前轴采用非独立悬架的全地形车，按GB 7258—2004中的附录B在侧滑台上检查转向轮横向侧滑量，侧滑值应在±5 m/km内。

5.8 转向节及臂，转向横、直拉杆及球销不允许有裂纹或其他损伤，球销不应异常松动。

6 电气设备

6.1 道路用车应设置具有连续发声功能的喇叭，其工作应可靠。发动机最大净功率不大于7 kW的道路用车，在车前2 m、离地1.2 m处测量喇叭声级，喇叭声级应在80 dB(A)～112 dB(A)范围内。最大净功率大于7 kW的道路用车喇叭声级应在90 dB(A)～115 dB(A)范围内。

6.2 发电机技术性能良好。蓄电池应能保持常态电压。电器导线应具有阻燃性能，所有电器导线均应捆扎成束、布置整齐、固定卡紧，在穿越孔洞时应装设绝缘套管。所有导线接头必须牢固，并有绝缘套。

6.3 道路用车应装有必要的开关和燃料指示装置(电动全地形车装动力蓄电池电量显示装置)、车速里程表等各种仪表，并保持灵敏有效。

7 行驶系

7.1 转向轮轮胎胎冠花纹深度不小于3.2 mm；其他轮胎胎冠花纹深度不小于1.6 mm。

7.2 同一轴上的轮胎的规格、花纹相同。轮胎规格应符合整车制造商的出厂规定，轮胎气压值应在轮胎上标示。

7.3 装用轮胎的速度级别不低于车辆最高设计车速的级别。

7.4 轮胎负荷不大于轮胎的额定负荷。轮胎的气压应符合制造商的技术文件的规定。

7.5 车轮总成的横向摆动量和径向跳动量应不大于5 mm。

7.6 轮胎螺母应完整齐全，并应按规定力矩紧固。

7.7 悬架系统各球关节的密封件不允许有切口或裂纹，稳定杆需连接可靠，结构件不允许变形或残损。钢板弹簧不允许有裂纹或者断裂，同一轴上的弹簧的形式和规格必须相同，并符合产品使用说明书的规定。中心螺栓和U形螺栓应紧固，不能有裂纹也不允许拼焊。钢板弹簧的卡箍不允许拼焊或残损。

7.8 车轮应与悬挂装置连接。车轮的缓冲行程不小于50 mm。

7.9 减震器应完整有效，不允许渗漏。

7.10 车架不可变形、锈蚀和开裂。螺栓和铆钉齐全，不应松动。

7.11 车架与悬架之间的拉杆和导杆不可变形，接头不应异常松动，衬套不应移位。

8 传动系

8.1 离合器

8.1.1 离合器应接合平稳，分离彻底，工作时不允许有异响、抖动或打滑。

8.1.2 踏板自由行程应符合整车制造商的技术文件的规定。

8.1.3 踏板力不大于300 N，手握力不大于200 N，即能彻底分离离合器结合件。

8.2 **变速器和分动器**

8.2.1 换挡时齿轮应啮合灵便，互锁、自锁和倒挡锁装置均应有效，不允许乱挡自行跳挡；动作时应无异响；换挡杆及其传动件不可与其他部件干涉。

8.2.2 驾驶员需在驾驶座位上就能轻易看到变速器和分动器的挡位标志。

8.2.3 有分动器的全地形车，应在挡位位置标牌或产品使用说明书上说明连通分动器的步骤。

8.2.4 如果电动全地形车通过改变电机旋转方向倒车，且仅凭驾驶员一个动作即能倒向的，设计上应只有在车辆静止或低速时才能够倒向。

8.3 **传动轴**

不允许传动轴在运转时抖动或发出异响。中间轴承和万向节不允许裂纹或异常松动。发动机前置后轮驱动的全地形车，传动轴布置在车厢地板下面的，应有防止因传动轴滑动连接（花键或其他类似装置）脱落或断裂而发生危险的装置。

8.4 **驱动桥**

驱动桥壳、桥管不变形或裂纹，驱动桥需能正常工作且不允许有异响。

8.5 **齿轮变速传动控制**

使用齿轮箱变速的四轮全地形车的变速控制器应设置在方便驾驶员用左手或左脚操纵的地方。

9 车身

9.1 车身的技术状况应保证驾驶员有正常的工作条件，并保证客、货安全。

9.2 车身和驾驶室应坚固耐用，覆盖件不应开裂或锈蚀。车身和驾驶室需牢固安装在车架上，不能因受震动而松动。

9.3 多功能地形车及娱乐用场地车的顶部应能承受相当于 1.5 倍厂定最大载质量的静载荷。通过附录 B 所规定的方法进行测试。

9.4 车身外部和内部可能被乘员触及的任何构件都不能有可能使人致伤的尖锐凸起物（如尖角、锐边等）。四轮全地形车外部凸出物应符合 GB 20074 的规定。多功能地形车及娱乐用场地车的外部凸出物与内部凸出物应符合 GB 11566 与 GB 11552 的规定。

9.5 全地形车驾驶室和乘客舱所用的内饰件应采用阻燃材料，其阻燃性应需符合 GB 8410 的规定。

9.6 车门及车窗应满足符合以下要求：

a) 车门和车窗应启闭轻便，不允许有自行开启现象。门锁应牢固可靠。门窗应密封良好，不应漏水。

b) 最高设计车速不低于 40 km/h 的全地形车，驾驶室（如果有）的前风窗玻璃应采用夹层玻璃或塑玻复合材料；最高设计车速小于 40 km/h 的全地形车，前风窗玻璃可采用钢化玻璃。其他车窗可采用夹层玻璃、钢化玻璃、中空安全玻璃或塑玻复合材料。所有门窗玻璃必须符合 GB 9656 的要求。

c) 驾驶室应保证驾驶员的前方视野和侧方视野。前风窗及阻隔驾驶员观察后视镜的风窗所采用玻璃的可见光透射比不小于 70%。所有车窗玻璃上不允许张贴镜面反光遮阳膜。

d) 电动门窗（如果有）的控制装置应能保证车窗玻璃能停靠在任意位置上，上升时遇到障碍能自动下降。

9.7 驾驶员座椅应具有足够的强度和刚度，位置可前后调整，固定应可靠。座椅强度需符合 GB 24932 的要求。驾驶区各操作机件需合理布置，以方便操作。

9.8 货箱安装需牢固可靠，货箱的栏板和底板应规整且具有足够的强度。

9.9 所有车轮均应有挡泥板。

9.10 应设置能安装号牌的号牌板（架）。前号牌板（架）设于前面的中部或右侧（面朝车辆前进方向），后号牌板（架）设于后面的中部或左侧。

10 燃料系统的安全保护

10.1 燃料箱及燃料管路应坚固并牢靠固定，不应因震动或受冲击而损坏以致漏油。

10.2 车辆晃动时，燃料箱的加油口及通气口不能有油溢出。

10.3 燃料箱的加油口和通气口不应朝向排气管出口，与排气管出口端之间的距离不小于300 mm，否则需设置有效的隔热装置。燃料箱的加油口和通气口与裸露的电气接头或可能发生火花的电气开关之间的距离不小于200 mm。

10.4 燃料箱不允许越出前置汽油发动机的前端面。

10.5 燃料箱的通气口和加油口不允许设置在有乘员的车厢内。

附　录　A
（规范性附录）
四轮全地形车脚部环境要求

A.1　Ⅰ型四轮全地形车操作者脚部环境

A.1.1　测试程序

柔度测试应由一枚刚性的、头部为一个直径为75 mm的平面的探针刺入，按A.1.2和A.1.3所述以及图A.1和图A.2所示的方向和区域来检验。

A.1.1.1　垂直向下插入探针

探针应头部垂直向下插入A.1.2所述和图A.1所示的阴影区域，探针的头部应完全进入并保持在区域中。探针在被加上445 N的力时不应完全穿过区域并接触到地面。

A.1.1.2　水平向后插入探针

探针应头部水平向后插入A.1.3所述和图A.2所示的阴影区域，探针的头部应完全进入并保持在区域中。探针在被加上90 N的力时不应完全穿过区域并接触到后轮胎。

A.1.2　图A.1所示阴影区域

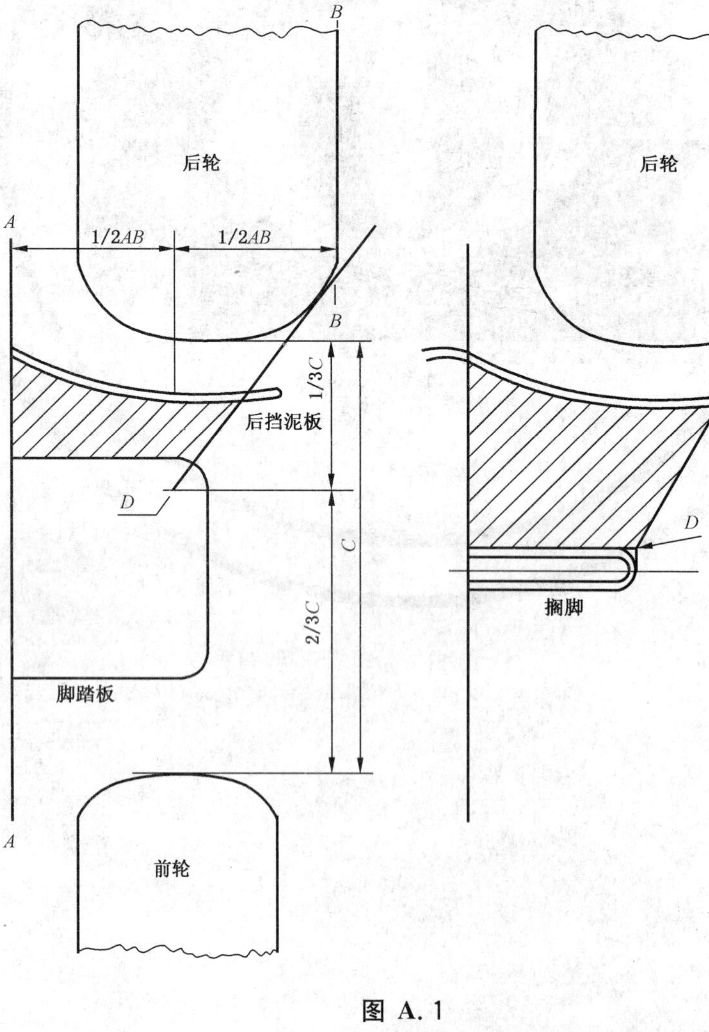

图 A.1

图 A.1 所示阴影区域为下列约束边界所围的区域：

a) 搁脚的后边界的垂直投影线；

b) 平行于四轮全地形车的轴对称平面并经过搁脚内边缘的垂面(线 AA)；

c) 搁脚的上表面延展出的水平面与后挡泥板及其他构件的交线的垂直投影线；

d) 经过点 D 作后轮胎前外表面的切线，经过这条切线的垂直平面：

——对于搁脚为搁脚杆的，点 D 被定义为搁脚杆最后点的横向投影线和搁脚杆最前点的纵向投影线的交点；

——对于搁脚为搁脚板的，点 D 被定义为下述两条线的交点：第一条是与车轴对称平面垂直，过后轮胎前表面到前轮胎后表面距离 1/3 的点的直线；第二条是平行于车轴对称平面，且过搁脚板内边和后轮外表面 1/2 的点的直线。

A.1.3 图 A.2 所示阴影区域

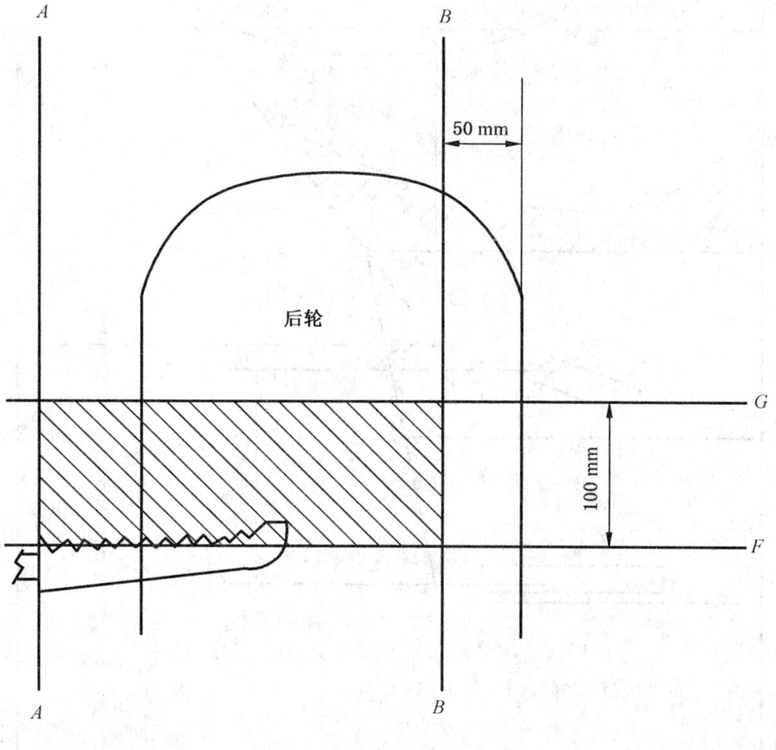

图 A.2

图 A.2 所示阴影区域为下列边界所围区域：

a) 过搁脚上操作者用于搁脚的表面上最低点水平面(平面 F)；

b) 平行于四轮全地形车的轴对称平面并经过搁脚内边缘的垂面(线 AA)；

c) 距离 F 平面上方 100 mm 的水平面；

d) 向内距离后轮外表面 50 mm 的，且平行于四轮全地形车的轴对称平面垂直平面(线 BB)。

A.2 Ⅱ型四轮全地形车操作者脚部环境

A.2.1 测试程序

柔度测试必须由一枚刚性的、头部为一个直径为 75 mm 的平面的探针刺入，按 A.2.2 和 A.2.3 所述以及图 A.3 和图 A.4 所示的方向和区域来检验。

A.2.1.1 垂直向下插入探针

探针应头部垂直向下插入 A.2.2 所述和图 A.3 所示的阴影区域，探针的头部应完全进入并保持在区域中。探针在被加上 445 N 的力时不应完全穿过区域并接触到地面。

A.2.1.2 水平向后插入探针

探针应头部水平向后插入 A.2.3 所述和图 A.4 所示的阴影区域，探针的头部应完全进入并保持在区域中。探针在被加上 90 N 的力时不应完全穿过区域并接触到后轮胎。

A.2.2 图 A.3 所示阴影区域

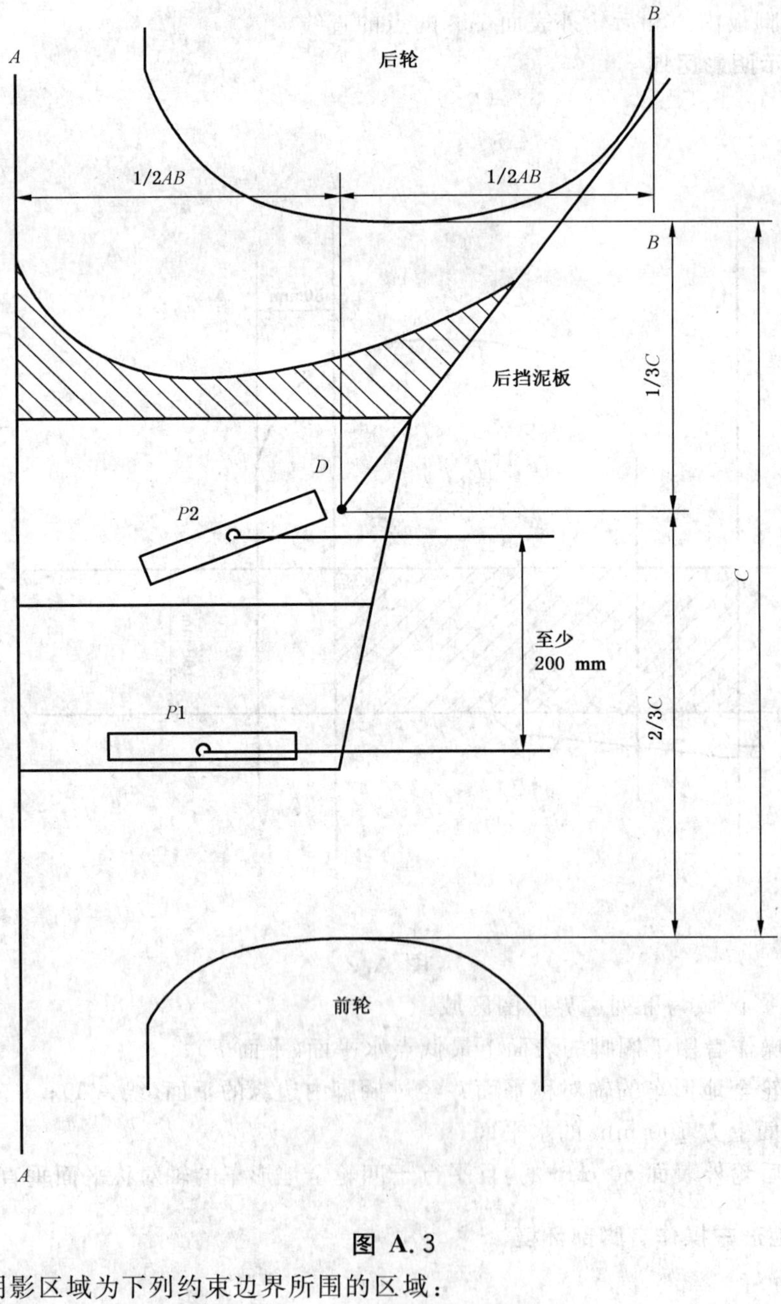

图 A.3

图 A.3 所示阴影区域为下列约束边界所围的区域：

a) 搁脚的后边界的垂直投影线；

b) 平行于Ⅱ型四轮全地形车的轴对称平面并经过搁脚内边缘的垂面（线 AA）；

c) 搁脚的上表面延展出的水平面与后挡泥板及其他构件的交线的垂直投影线；

d) 经过点 D 作后轮胎前外表面的切线，经过这条切线的垂直平面：

——对于搁脚为搁脚杆的，点 D 被定义为搁脚杆最后点的横向投影线和搁脚杆最前点的纵向投影线的交点；

——对于搁脚为搁脚板的，点 D 被定义为下述两条线的交点：第一条是与Ⅱ型四轮全地形车的轴对称平面垂直，从后轮胎前表面到前轮胎后表面的距离(C)的 1/3 的直线；第二条是平行于Ⅱ型四轮全地形车的轴对称平面，且在搁脚板的内边(线 AA)和后轮的外表面(线 BB)之间距离的 1/2 的直线。

A.2.3 图 A.4 所示阴影区域

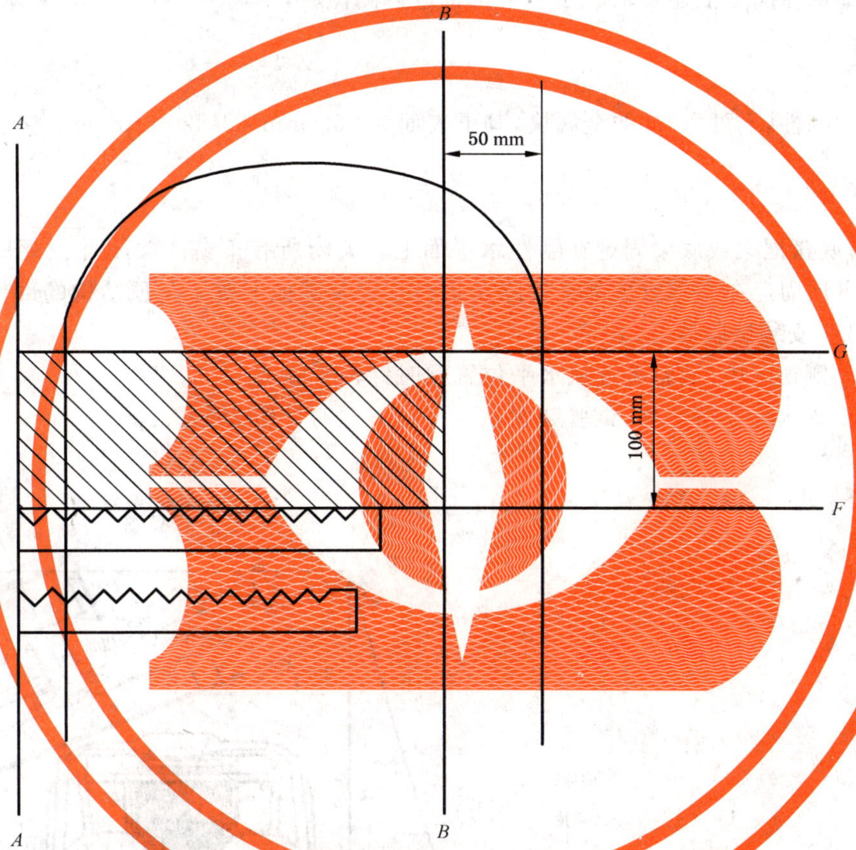

图 A.4

图 A.4 所示阴影区域为下列约束边界所围的区域：

a) 经过乘客用于搁脚的脚凳的最低表面的水平面(平面 F)；

b) 平行于Ⅱ型四轮全地形车的轴对称平面并经过搁脚内边缘的垂面(线 AA)；

c) 距离 F 平面上方 100 mm(4 in)的水平面 G；

d) 向内距离后轮外表面 50 mm(2 in)的，且平行于Ⅱ型四轮全地形车的轴对称平面垂直平面(线 BB)。

附 录 B
（规范性附录）
全地形车车顶强度测试要求

B.1 要求

使用 B.2 规定的装置按 B.3 规定的程序向车顶前向任一边缘施加力时，试验装置下表面的位移不应超过 127 mm。所施加的力（单位 N）为车辆厂定最大总质量（单位 kg）的 9.8×1.5 倍。车顶结构的左前部和右前部都需满足上述要求。在一个位置进行测试后，车辆不必满足其他要求。

B.2 试验装置

试验装置为刚性（不可弯曲）的金属块，其下表面为 762 mm×1 829 mm 的平整表面。

B.3 试验程序

B.3.1 将车身底盘框架或底梁固定在刚性水平面上。关闭所有车窗。关闭并锁死所有车门。将活动车顶或可拆卸车顶固定在乘员舱顶部。拆除车顶行李架及其他不属于车顶结构的部件。

B.3.2 按图 B.1 安装试验装置，要求：

a) 图 B.1 侧视图中，试验装置从水平位置顺时针转 5°；

b) 图 B.1 放大的正视图中，试验装置从水平位置顺时针转 25°。

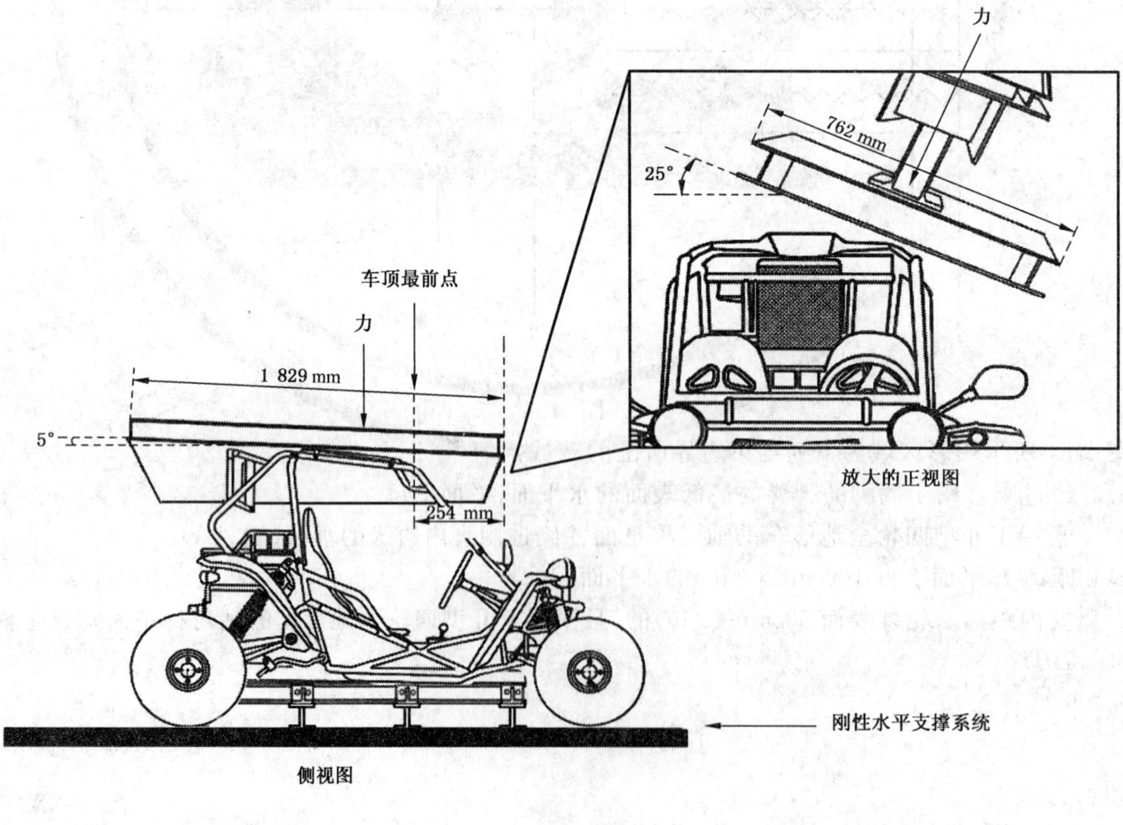

图 B.1

B.3.3 试验装置保持 B.3.2 规定的朝向，要求：

a) 向下移动试验装置，使其正好与车顶表面接触；

b) 平行移动试验装置，要求：

——下表面的纵向中心线穿过与车顶的接触点或接触区域的中心；

——试验装置下表面的前缘在位于穿过车辆纵向中心线的纵向垂直平面内的车顶外表面最前点前方 254 mm 的横向垂直平面内不超过 10 mm 的范围内。

B.3.4 向试验装置施力，使其以不超过 13 mm/s 的速度沿垂直于下表面的方面向下移动，直至达到 B.1 规定的大小。期间试验装置不应在平行于装置下平面的方向上移动，也不应转动(保持 B.3.2 规定的朝向)。整个试验需在 120 s 内完成。

B.3.5 测量试验装置在施力期间的位移，也就是装置下平面的初始位置与达到 B.3.3 规定力时的位置之间的距离。

ICS 65.060
T 54

中华人民共和国国家标准

GB 24938—2010

低速货车自卸系统　安全技术要求

Low-speed goods vehicle—Self-unloading system—Safety requirements

2010-08-09 发布　　2011-01-01 实施

中华人民共和国国家质量监督检验检疫总局
中国国家标准化管理委员会　发布

前　言

本标准的全部技术内容为强制性。

本标准由中国机械工业联合会提出。

本标准由全国低速汽车标准化技术委员会(SAC/TC 234)归口。

本标准负责起草单位:北汽福田汽车股份有限公司诸城汽车厂。

本标准参加起草单位:资阳市南骏汽车有限责任公司、山东五征集团有限公司、山东时风(集团)有限责任公司、成都王牌汽车集团股份有限公司、山东唐骏欧铃汽车制造有限公司。

本标准主要起草人:孙加平、丁吉康、王侠民、林连华、翁里、车胜新。

低速货车自卸系统　安全技术要求

1　范围

本标准规定了低速货车液压自卸系统的安全要求和措施、安全要求和措施的判定、使用信息。

本标准适用于低速货车液压自卸系统。

2　规范性引用文件

下列文件中的条款通过本标准的引用而成为本标准的条款。凡是注日期的引用文件，其随后所有的修改单(不包括勘误的内容)或修订版均不适用于本标准，然而，鼓励根据本标准达成协议的各方研究是否可使用这些文件的最新版本。凡是不注日期的引用文件，其最新版本适用于本标准。

GB 24943　三轮汽车和低速货车用安全标志

GB/T 19122　农用运输车　操纵件、指示器及信号装置的符号

3　安全要求和措施

3.1　一般要求

3.1.1　低速货车自卸系统的设计、制造应保证安全运行。在按制造厂产品使用说明书正常操作和维护保养时不应存在不合理的危险。

3.1.2　低速货车自卸系统所采用的零部件应符合相应国家标准、行业标准的规定，并按经规定程序批准的产品图样和技术文件制造。

3.2　安全防护装置

3.2.1　自卸系统应设置举升后维修状态机械式锁定装置，侧翻式自卸车的自卸系统还应设置运输状态锁定装置。锁定装置应能可靠锁定。

3.2.2　自卸系统应保证在行驶过程中不出现车箱自动举升现象。

3.3　举升与下降

3.3.1　自卸系统应能使车箱平稳升起、降落或停在任一位置，不应有窜动、冲撞和卡滞现象。

3.3.2　在超载10%的状态下，举升到20°后，停留5 min，车箱自降量不大于1°。

3.3.3　自卸系统应能使车厢举升后准确回位。

3.4　液压系统

3.4.1　液压自卸系统应安装压力安全保护装置(限压装置)。

3.4.2　液压自卸系统在1.5倍(额定工作压力≤15 MPa)或1.25倍(额定工作压力>15 MPa)额定工作压力下，3 min内不允许出现渗油、破裂、局部膨胀及接头脱开等现象。

3.4.3　液压自卸系统管路应布置合理，固定牢靠，远离高温表面、运动件、排气口和电气设备，不应有渗漏、松动、脱落和干涉现象。

3.4.4　必要时，液压自卸系统管路中高压油管应加以防护，以保证在油管破裂时，不致喷溅到人体。

3.5　操纵机构

操纵机构不应与其他部件有干涉现象，应采取措施防止意外起动操纵机构。操纵机构应灵活、准确、可靠，不应因振动而变位。

4 安全要求和措施的判定

4.1 一般要求

自卸系统在进行试验过程中按制造厂产品使用说明书正常操作和维护保养时不发生危险，则判定该项目合格。

4.2 安全防护装置

4.2.1 目测检查锁定装置是否合格。

4.2.2 驾驶自卸车在满载状态下，在三级及三级以下道路上行驶至少 1 h，观察是否出现车箱自动举升现象。

4.3 举升与下降

4.3.1 对 3.3.1，自卸车在空载状态下，停在平坦、硬实地面上，操纵自卸系统，目测检查是否合格。

4.3.2 自卸车在超载 10% 的状态下，停在平坦、硬实地面上，均匀装载，在倾卸方向侧车箱栏板上安装角度仪，然后将车箱举升到 20°后，停留 5 min，读取并记录角度仪的起止角度，计算差值。按倾卸方向，各重复进行 3 次，取三次差值平均值为车箱自降量。

4.3.3 目测自卸系统使车厢举升后回位准确性是否合格。

4.4 液压系统

4.4.1 对 3.4.1，目测检查压力安全保护装置(限压装置)是否设置。

4.4.2 将液压自卸系统压力升至 1.5 倍(额定工作压力≤15 MPa)或 1.25 倍(额定工作压力>15 MPa)额定工作压力后，保持 3 min，观察是否出现渗油、破裂、局部膨胀及接头脱开等现象。

4.4.3 对 3.4.3，目测检查是否合格。

4.4.4 对 3.4.4，目测检查是否合格。

4.5 操纵机构

操纵自卸系统的操纵机构，目测检查是否合格。

5 使用信息

5.1 自卸系统操纵件、指示器及信号装置的图形标志应符合 GB/T 19122 的规定。

5.2 自卸车箱两侧应有针对自卸系统遗留风险的安全标志，安全标志的型式、构成、颜色和尺寸应符合 GB 24943 的规定。

5.3 自卸系统操纵机构附近易见位置应设置操作标识，标识应提供操纵机构的明确信息，并与背景有明显的色差。

5.4 自卸车使用说明书中，应给出自卸系统主要技术和性能参数。

5.5 自卸车使用说明书中，应给出自卸系统操纵机构和锁定装置的使用方法，并强调说明：

——自卸过程中，货箱倾卸方向上严禁站人；举升油缸顶起后，必须牢固支撑锁定装置，方可在下方作业；

——严禁在坡度超过 5% 以上的横坡上举升货箱，防止翻车或滑移造成事故；

——举升作业时，发动机转速应保持均匀稳定，不得猛轰油门；

——在运输状态下，各锁定装置应可靠锁定。

ICS 65.060
T 54

GB

中华人民共和国国家标准

GB 24939—2010

三轮汽车自卸系统　安全技术要求

Tri-wheel vehicle self-unloading system—Safety requirements

2010-08-09 发布　　2011-01-01 实施

中华人民共和国国家质量监督检验检疫总局
中国国家标准化管理委员会　发布

前　言

本标准的全部技术内容为强制性。

本标准由中国机械工业联合会提出。

本标准由全国低速汽车标准化技术委员会(SAC/TC 234)归口。

本标准负责起草单位:国家农机具质量监督检验中心。

本标准参加起草单位:山东时风(集团)有限责任公司、山东五征集团有限公司、福田雷沃国际重工股份有限公司、河南奔马股份有限公司。

本标准主要起草人:张咸胜、林连华、王侠民、王炳涛、唐喜林。

三轮汽车自卸系统　安全技术要求

1　范围

本标准规定了三轮汽车液压自卸系统的安全技术要求。

本标准适用于三轮汽车液压自卸系统。

2　规范性引用文件

下列文件中的条款通过本标准的引用而成为本标准的条款。凡是注日期的引用文件，其随后所有的修改单（不包括勘误的内容）或修订版均不适用于本标准，然而，鼓励根据本标准达成协议的各方研究是否可使用这些文件的最新版本。凡是不注日期的引用文件，其最新版本适用于本标准。

GB 10396　农林拖拉机和机械、草坪和园艺动力机械　安全标志和危险图形　总则（GB 10396—2006，ISO 11684：1995，MOD）

GB/T 19122　农用运输车　操纵件、指示器及信号装置的符号

3　安全要求和措施

3.1　一般要求

3.1.1　三轮汽车自卸系统的设计、制造应保证安全运行。在按制造厂产品使用说明书正常操作和维护保养时不应存在不合理的危险。

3.1.2　三轮汽车自卸系统所采用的零部件应符合相应国家标准、行业标准的规定，并按经规定程序批准的产品图样和技术文件制造。

3.2　安全防护装置

3.2.1　自卸系统应设置举升后维修状态机械式锁定装置，侧翻式自卸车的自卸系统还应设置运输状态锁定装置。锁定装置应能可靠锁定。

3.2.2　自卸系统应保证在行驶过程中不出现车厢自动举升现象。

3.3　举升与下降

3.3.1　自卸系统应能使车厢平稳升起、降落或停在任一位置，不应有窜动、冲撞和卡滞现象。

3.3.2　在超载10%的状态下，举升到20°后，停留5 min，车厢自降量不大于1.5°。

3.3.3　自卸系统应能使车厢举升后准确回位。

3.4　液压系统

3.4.1　液压自卸系统应安装压力安全保护装置（限压装置）。

3.4.2　液压自卸系统在1.5倍（额定工作压力≤15 MPa）或1.25倍（额定工作压力＞15 MPa）额定工作压力下，3 min内不允许出现渗油、破裂、局部膨胀及接头脱开等现象。

3.4.3　液压自卸系统管路应布置合理，固定牢靠，远离高温表面、运动件、排气口和电气设备，不应有渗漏、松动、脱落和干涉现象。

3.4.4　必要时，液压自卸系统管路中高压油管应加以防护，以保证在油管破裂时，不致喷溅到人体。

3.5　操纵机构

操纵机构不应与其他部件有干涉现象，应采取措施防止意外起动操纵机构。操纵机构应灵活、准确、可靠，不应因振动而变位。

4 安全要求和措施的判定

4.1 一般要求

自卸系统在进行试验过程中按制造厂产品使用说明书正常操作和维护保养时不发生危险，则判定该项目合格。

4.2 安全防护装置

4.2.1 目测检查锁定装置是否合格。

4.2.2 驾驶自卸车在满载状态下，在三级及三级以下道路上行驶至少 1 h，观察是否出现车厢自动举升现象。

4.3 举升与下降

4.3.1 对 3.3.1，自卸车在空载状态下，停在平坦、硬实地面上，操纵自卸系统，目测检查是否合格。

4.3.2 自卸车在超载 10% 的状态下，停在平坦、硬实地面上，均匀装载，在倾卸方向侧车厢栏板上安装角度仪，然后将车厢举升到 20°后，停留 5 min，读取并记录角度仪的起止角度，计算差值。按倾卸方向，各重复进行 3 次，取三次差值平均值为车厢自降量。

4.3.3 目测自卸系统使车厢举升后回位准确性是否合格。

4.4 液压系统

4.4.1 对 3.4.1，目测检查压力安全保护装置（限压装置）是否设置。

4.4.2 将液压自卸系统压力升至 1.5 倍（额定工作压力≤15 MPa）或 1.25 倍（额定工作压力＞15 MPa）额定工作压力后，保持 3 min，观察是否出现渗油、破裂、局部膨胀及接头脱开等现象。

4.4.3 对 3.4.3，目测检查是否合格。

4.4.4 对 3.4.4，目测检查是否合格。

4.5 操纵机构

操纵自卸系统的操纵机构，目测检查是否合格。

5 使用信息

5.1 自卸系统操纵件、指示器及信号装置的图形标志应符合 GB/T 19122 的规定。

5.2 自卸车厢两侧应有针对自卸系统遗留风险的安全标志，安全标志的型式、构成、颜色和尺寸应符合 GB 10396 的规定。

5.3 自卸系统操纵机构附近易见位置应设置操作标识，标识应提供操纵机构的明确信息，并与背景有明显的色差。

5.4 自卸车使用说明书中，应给出自卸系统主要技术和性能参数。

5.5 自卸车使用说明书中，应给出自卸系统操纵机构和锁定装置的使用方法，并强调说明：

——自卸过程中，货箱倾卸方向上严禁站人；举升油缸顶起后，应牢固支撑锁定装置，方可在下方作业；

——严禁在坡度超过 5% 以上的横坡上举升货箱，防止翻车或滑移造成事故；

——举升作业时，发动机转速应保持均匀稳定，不应猛轰油门；

——在运输状态下，各锁定装置应可靠锁定。

ICS 65.060
T 54

中华人民共和国国家标准

GB 24940—2010

三轮汽车安全架　要求和试验方法

Safety frames for tri-wheel vehicles—Requirements and test methods

2010-08-09 发布　　2011-01-01 实施

中华人民共和国国家质量监督检验检疫总局
中国国家标准化管理委员会　发布

前　言

本标准的全部技术内容为强制性。

本标准由中国机械工业联合会提出。

本标准由全国低速汽车标准化技术委员会(SAC/TC 234)归口。

本标准负责起草单位:国家农机具质量监督检验中心。

本标准参加起草单位:山东五征集团有限公司、河南奔马股份有限公司、山东时风(集团)有限责任公司、福田雷沃国际重工股份有限公司。

本标准主要起草人:张咸胜、吕树盛、王侠民、唐喜林、林连华、王炳涛。

三轮汽车安全架　要求和试验方法

1　范围

本标准规定了三轮汽车安全架的安装和强度要求及其试验方法。

本标准适用于无安全驾驶室的三轮汽车。

2　规范性引用文件

下列文件中的条款通过本标准的引用而成为本标准的条款。凡是注日期的引用文件，其随后所有的修改单(不包括勘误的内容)或修订版均不适用于本标准，然而，鼓励根据本标准达成协议的各方研究是否可使用这些文件的最新版本。凡是不注日期的引用文件，其最新版本适用于本标准。

GB/T 7121.1　农林轮式拖拉机防护装置强度试验方法和验收条件　第1部分：后置式静态试验方法(GB/T 7121.1—2008，ISO 5700:2006，Tractors for agriculture and forestry—Roll-over protective structures (ROPS)—Static test method and acceptance conditions，MOD)

GB/T 19498—2004　农林拖拉机防护装置　静态试验方法和验收技术条件

GB/T 23931　三轮汽车　试验方法

3　术语和定义

下列术语和定义适用于本标准。

3.1

容身区　clearance zone

以驾乘人员座位纵向中心面和座位标志点为基准所规定的一个供驾乘人员容身的组合空间范围。

[单个座位的容身区参见 GB/T 19498—2004，3.3]

3.2

翻倾防护装置　roll-over protective structure

指由驾驶室骨架或安全框架、立柱等组成的，能对处于容身区域内的驾乘人员提供安全防护的装置。

3.3

安全驾驶室　safety cab

具有翻倾防护装置，能在三轮汽车发生翻倾事故时，对处于容身区的驾乘人员提供安全防护的驾驶室。

3.4

安全架　safety frame

为防止货物下压和/或前冲、三轮汽车倾翻时对驾乘人员造成伤害的刚性框架。

3.5

额定装载质量　maximum design pay mass

三轮汽车制造厂允许装载货物的最大质量。

3.6

安全架宽度　width of safety frame

与三轮汽车安全架最外端相切的两平面之间的距离。

4 要求

4.1 安全架安装要求

4.1.1 三轮汽车货箱前部应安装比驾驶室高至少 70 mm 的安全架。无驾驶室的三轮汽车货箱前部应安装高度高出驾乘人员坐垫平面至少 800 mm 的安全架。

4.1.2 安全架宽度应不小于货箱宽度。

4.1.3 安全架的连接方式应确保牢固可靠,不因三轮汽车的振动而产生松动。

4.2 安全架强度要求

4.2.1 安全架应能承受所要求的压垮试验和后纵向加载试验载荷。试验后,安全架及其连接和/或焊接处不应出现断开、断裂,安全架与固定部件脱离等破坏情况。

4.2.2 安全架及其相关部件不应在试验过程中或试验后侵入驾乘人员容身区或对容身区的防护失效。单人座位容身区见 GB/T 7121.1 的规定,双座位或多排座位驾乘人员容身区为组合的外包络区。

5 试验方法

5.1 一般要求

5.1.1 被试安全架应按照制造厂规定的安装方式安装。

5.1.2 必要时,在试验前应拆除所有玻璃类或易碎材料。对试验室可能造成不必要损坏,且不影响安全架强度和尺寸的部件,可在试验前拆除。

5.1.3 试验装置的各零件在加载时相对于安全架无显著变形。除连接试验装置最初的支撑外,加载时试验装置不应有来自外部的任何支撑。

5.1.4 压垮试验和后纵向加载试验应在同一安全架上进行。试验期间不应对其进行维修或校直。

5.1.5 试验时,先进行压垮试验,再进行后纵向加载试验。若压垮试验不符合要求,则判定安全架强度不符合规定,可不再进行后纵向加载试验。

5.1.6 除另有规定外,对各种参数的测量准确度应符合 GB/T 23931 的规定。

5.2 试验设备

5.2.1 压垮试验

5.2.1.1 压垮试验装置按 GB/T 7121.1 的规定。

5.2.1.2 压垮试验装置应能将安全架按安装在三轮汽车上的安装方式,将连同货厢的安全架,或连同车架的安全架,或连同车架及货厢的安全架刚性牢固地固定在试验台上。

5.2.1.3 压垮试验装置应具有对安全架施加垂直向下作用载荷的设备,包括一根宽 250 mm 的刚性梁。

5.2.1.4 压垮试验装置应具有连续测量并记录施加的总垂直作用载荷的仪器设备。

5.2.2 后纵向加载试验

5.2.2.1 后纵向加载试验装置按 GB/T 7121.1 的规定。

5.2.2.2 后纵向加载试验装置应能将安全架按安装在三轮汽车上的安装方式,将连同货厢的安全架,或连同车架的安全架,或连同车架及货厢的安全架刚性牢固地固定在试验台上。

5.2.2.3 后纵向加载试验装置中对安全架施加水平载荷的加载设备应保证载荷均匀分布在与加载方向垂直的作用面上。

后纵向加载试验中使用的加载梁长度应不小于安全架宽度的四分之三,且不大于安全架宽度;加载梁的宽和高应分别为 150 mm;加载梁边缘的圆角半径应不大于 50 mm。

后纵向加载试验装置应具有球铰链或类似设备,以保证加载设备不妨碍安全架沿加载方向以外的任何方向转动或移动。

后纵向加载试验中测量载荷和沿加载方向变形的仪器设备,其安装位置应保证在加载点及沿加载方向能连续测量并记录载荷的大小和变形。

5.3 试验程序

5.3.1 压垮试验

5.3.1.1 按安全架在三轮汽车上的安装方式，将连同货厢的安全架，或连同车架的安全架，或连同车架及货厢的安全架刚性牢固地固定在压垮试验装置试验台上。

测量并记录试验前安全架的结构尺寸和相对于容身区的位置尺寸。

注：测量实际尺寸时，应按实际车辆结构虚拟驾驶室结构和位置，有关驾驶室结构和位置等对安全架作用的影响将进一步研究，并在修订本标准时补充完善。

将加载横梁置于安全架顶部的构件上，使压垮合载荷在纵向对称平面内。

5.3.1.2 逐渐地对安全架施加载荷直至压垮载荷等于按公式(1)计算的载荷或 35 kN，取两者较大值。加载速度应使加载相当于静负荷，即加载状态下的变形速率不大于 5 mm/s。

加载时，为保证精确度，应连续记录加载载荷和变形。从加载开始到试验完成前不应减少载荷。为测量记录数据，允许中止增加载荷。

$$F_1 = (3M \cdot g)/1\ 000 \quad \cdots\cdots (1)$$

式中：

F_1——施加于安全架上的压垮载荷，单位为千牛(kN)；

M——三轮汽车额定装载质量，单位为千克(kg)；

g——重力加速度，单位为米每二次方秒(m/s^2)，取 g=9.81 m/s^2。

加载的方向及作用点如图 1 和图 2 所示。

下列情况下应停止压垮加载：

——施加于安全架上的载荷不小于按公式(1)或 35 kN 两者中较大值确定的载荷；

——安全架及其相关部件侵入驾乘人员容身区或对容身区的防护失效；

——安全架及其连接和/或焊接处出现断裂、断开，安全架与固定部件脱离等。

安全架不再有任何可见的变形后，再维持此压垮 5 s。

测量记录安全架相对试验开始前测量的结构尺寸和相对于容身区的位置尺寸的垂向和纵向变化量。

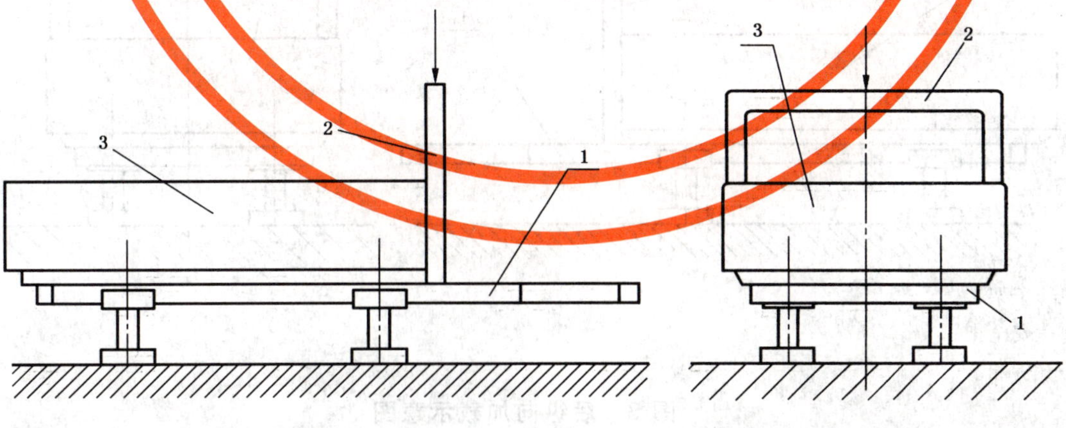

1——车架；

2——安全架；

3——货厢。

图 1 压垮试验加载示意图

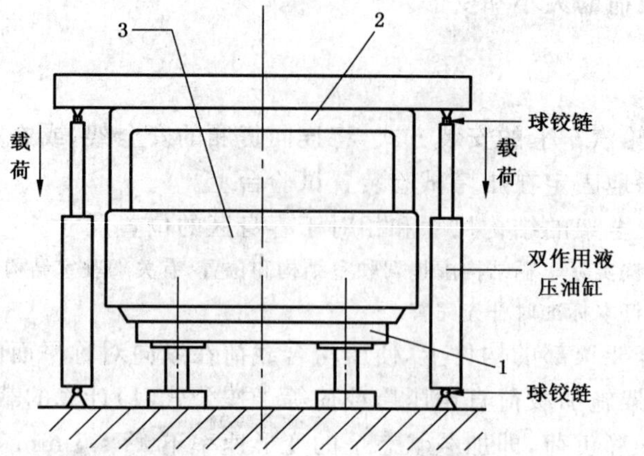

1——车架；

2——安全架；

3——货厢。

图 2　压垮试验加载横梁放置位置示意图

5.3.2　后纵向加载试验

5.3.2.1　对符合压垮试验要求的安全架，按其安装在三轮汽车上的方式，将连同货厢的安全架，或连同车架的安全架，或连同车架及货厢的安全架刚性牢固地固定在后纵向加载试验装置试验台上。

测量并记录后纵向加载试验前安全架的结构尺寸和相对于容身区的位置尺寸。

注：测量实际尺寸时，应按实际车辆结构虚拟驾驶室结构和位置，有关驾驶室结构和位置等对安全架作用的影响将进一步研究，并在修订本标准时补充完善。

采用 5.2.2.3 规定的刚性加载梁，该梁与加载方向垂直，使加到安全架上的载荷均匀分布。加载梁可装上防止其侧向位移的装置。

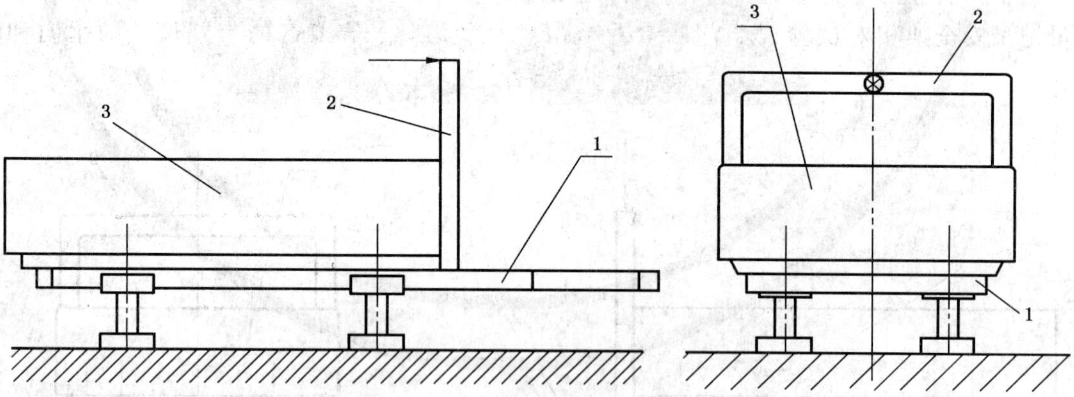

1——车架；

2——安全架；

3——货厢。

图 3　后纵向加载示意图

5.3.2.2　逐渐地对安全架施加载荷直至加载载荷等于公式(2)或公式(3)的载荷。加载速度应使加载相当于静负荷，即加载状态下的变形速率不大于 5 mm/s。

加载梁在安全架上所确定直线不垂直加载方向时，应将间隙填满使载荷在整个加载梁上均匀分布。

加载时，为保证精确度，应连续记录加载载荷和变形。从加载开始到试验完成前不应减少载荷。为测量记录数据，允许中止增加载荷。

对额定装载质量不大于 1 000 kg 的三轮汽车，按公式(2)计算加载载荷；对额定装载质量大于

1 000 kg 的三轮汽车,按公式(3)计算加载载荷。

$$F_2=(3.5M \cdot g)/1\,000 \qquad (2)$$

$$F_2=(2.5M \cdot g)/1\,000 \qquad (3)$$

式中:

F_2——施加于安全架上的后纵向加载载荷,单位为千牛(kN)。

载荷应施加在三轮汽车安全架最上面的横向构件上(见图 3)。载荷作用方向偏差应在如下范围内:

——试验开始时(无载):水平线±2°;

——试验期间(载荷下):水平线以上 10°,水平线以下 20°。

加载区距安全架最上面横向构件的上下边缘距离、距安全架两侧边缘距离应相等。

下列情况下应停止后纵向加载:

——施加于安全架上的载荷不小于按公式(2)或公式(3)计算的载荷;

——安全架及其相关部件与驾驶室发生挤压、碰撞或侵入驾乘人员容身区;

——安全架及其连接和/或焊接处出现断裂、断开,安全架与固定部件脱离等。

安全架不再有任何可见的变形后,再维持此加载载荷 5 s。

测量记录安全架相对试验开始前测量的结构尺寸和相对于容身区的位置尺寸的垂向和纵向变化量。

5.4 验收条件

试验过程中或试验后安全架符合 4.2 的规定,则通过强度验收。

ICS 65.060
T 54

中华人民共和国国家标准

GB 24941—2010

低速货车安全架　要求和试验方法

Safety frames for low-speed goods vehicles—
Requirements and test methods

2010-08-09 发布　　2011-01-01 实施

中华人民共和国国家质量监督检验检疫总局
中国国家标准化管理委员会　发布

前　言

本标准的全部技术内容为强制性。

本标准由中国机械工业联合会提出。

本标准由全国低速汽车标准化技术委员会(SAC/TC 234)归口。

本标准负责起草单位:国家农机具质量监督检验中心。

本标准参加起草单位:山东五征集团有限公司、成都王牌车辆股份有限公司、洛阳拖拉机研究所、山东唐骏欧铃汽车制造有限公司。

本标准主要起草人:张咸胜、张琦、王侠民、翁里、郎志中、车胜新。

低速货车安全架　要求和试验方法

1　范围

本标准规定了低速货车安全架的安装和强度要求及其试验方法。

本标准适用于无安全驾驶室的低速货车。

2　规范性引用文件

下列文件中的条款通过本标准的引用而成为本标准的条款。凡是注日期的引用文件，其随后所有的修改单(不包括勘误的内容)或修订版均不适用于本标准，然而，鼓励根据本标准达成协议的各方研究是否可使用这些文件的最新版本。凡是不注日期的引用文件，其最新版本适用于本标准。

GB/T 7121.1　农林轮式拖拉机防护装置强度试验方法和验收条件　第1部分：后置式静态试验方法(GB/T 7121.1—2008，ISO 5700：2006，Tractors for agriculture and forestry—Roll-over protective structures (ROPS)—Static test method and acceptance conditions，MOD)

GB/T 19498—2004　农林拖拉机防护装置　静态试验方法和验收技术条件

GB/T 23917　低速货车　试验方法

3　术语和定义

下列术语和定义适用于本标准。

3.1

容身区　clearance zone

以驾乘人员座位纵向中心面和座位标志点为基准所规定的一个供驾乘人员容身的组合空间范围。

[单个座位的容身区参见 GB/T 19498—2004，3.3]

3.2

翻倾防护装置　roll-over protective structure

指由驾驶室骨架或安全框架、立柱等组成的，能对处于容身区域内的驾乘人员提供安全防护的装置。

3.3

安全驾驶室　safety cab

具有翻倾防护装置，能在低速货车发生翻倾事故时，对处于容身区的驾乘人员提供安全防护的驾驶室。

3.4

安全架　safety frame

为防止货物下压和/或前冲、低速货车翻倾时对驾乘人员造成伤害的刚性框架。

3.5

额定装载质量　maximum design pay mass

低速货车制造厂允许装载货物的最大质量。

3.6

安全架宽度　width of safety frame

与低速货车安全架最外端相切的两平面之间的距离。

4 要求

4.1 安全架安装要求

4.1.1 低速货车货厢前部应安装比驾驶室高出至少 70 mm 的安全架。

4.1.2 安全架宽度应不小于货厢宽度。

4.1.3 安全架的连接方式应确保牢固可靠，不因低速货车的振动而产生松动。

4.2 安全架强度要求

4.2.1 安全架应能承受所要求的后纵向加载试验和压垮试验载荷。试验后，安全架及其连接和/或焊接处不应出现断开、断裂，安全架与固定部件脱离等破坏现象。

4.2.2 安全架及其相关部件不应在试验过程中或试验后侵入驾乘人员容身区或对容身区的防护失效。单人座位容身区见 GB/T 7121.1 的规定，双座位或多排座位驾乘人员容身区为组合的外包络区。

5 试验方法

5.1 一般要求

5.1.1 被试安全架应按照制造厂规定的安装方式安装。

5.1.2 必要时，在试验前应拆除所有玻璃类或易碎材料。对试验室可能造成不必要损坏，且不影响安全架强度和尺寸的部件，可在试验前拆除。

5.1.3 试验装置的各零件在加载时相对于安全架无显著变形。除连接试验装置最初的支撑外，加载时试验装置不应有来自外部的任何支撑。

5.1.4 压垮试验和后纵向加载试验应在同一安全架上进行。试验期间不应对其进行维修或校直。

5.1.5 试验时，先进行压垮试验，再进行后纵向加载试验。若压垮试验不符合要求，则判定安全架强度不符合规定，可不再进行后纵向加载试验。

5.1.6 除另有规定外，对各种参数的测量准确度应符合 GB/T 23917 的规定。

5.2 试验设备

5.2.1 压垮试验装置

5.2.1.1 压垮试验装置按 GB/T 7121.1 的规定。

5.2.1.2 压垮试验装置应能将安全架按安装在低速货车上的安装方式，将连同货厢的安全架，或连同车架的安全架，或连同车架及货厢的安全架刚性牢固地固定在试验台上。

5.2.1.3 压垮试验装置应具有对安全架施加垂直向下作用载荷的设备，包括一根宽 250 mm 的刚性梁。

5.2.1.4 压垮试验装置应具有连续测量并记录施加的总垂直作用载荷的仪器设备。

5.2.2 后纵向加载试验装置

5.2.2.1 后纵向加载试验装置按 GB/T 7121.1 的规定。

5.2.2.2 后纵向加载试验装置应能将安全架按安装在低速货车上的安装方式，将连同货厢的安全架，或连同车架的安全架，或连同车架及货厢的安全架刚性牢固地固定在试验台上。

5.2.2.3 后纵向加载试验装置中对安全架施加水平载荷的加载设备应保证载荷均匀分布在与加载方向垂直的作用面上。

后纵向加载试验中使用的加载梁长度应不小于安全架宽度的四分之三，且不大于安全架宽度；加载梁的宽和高应分别为 150 mm；加载梁边缘的圆角半径应不大于 50 mm。

后纵向加载试验装置应具有球铰链或类似设备，以保证加载设备不妨碍安全架沿加载方向以外的任何方向转动或移动。

后纵向加载试验中测量载荷和沿加载方向变形的仪器设备，其安装位置应保证在加载点及沿加载方向能连续测量并记录载荷的大小和变形。

5.3 试验程序

5.3.1 压垮试验

5.3.1.1 按安全架在低速货车上的安装方式，将连同货厢的安全架，或连同车架的安全架，或连同车架及货厢的安全架刚性牢固地固定在压垮试验装置试验台上。

测量并记录试验前安全架的结构尺寸和相对于容身区的位置尺寸。

注：测量有关尺寸时，应按实际车辆结构虚拟驾驶室结构和位置，有关驾驶室结构和位置等对安全架作用的影响将进一步研究，并在修订本标准时补充完善。

将加载横梁置于安全架顶部的构件上，使压垮合载荷在纵向对称平面内。

5.3.1.2 逐渐地对安全架施加载荷直至压垮载荷等于按公式(1)计算的载荷或 45 kN，取两者较大值。加载速度应使加载相当于静负荷，即加载状态下的变形速率不大于 5 mm/s。

加载时，为保证精确度，应连续记录加载载荷和变形。从加载开始到试验完成前不应减少载荷。为测量记录数据，允许中止增加载荷。

$$F_1 = (3M \cdot g)/1\,000 \qquad \cdots\cdots(1)$$

式中：

F_1——施加于安全架上的压垮载荷，单位为千牛(kN)；

M——低速货车额定装载质量，单位为千克(kg)；

g——重力加速度，单位为米每二次方秒(m/s²)，取 $g=9.81\ \text{m/s}^2$。

加载的方向及作用点如图 1 和图 2 所示。

下列情况下应停止压垮加载：

——施加于安全架上的载荷不小于按公式(1)或 45 kN 两者中较大值确定的载荷；

——安全架及其相关部件侵入驾乘人员容身区或对容身区的防护失效；

——安全架及其连接和/或焊接处出现断裂、断开，安全架与固定部件脱离等。

安全架不再有任何可见的变形后，再维持此压垮 5 s。

测量记录安全架相对试验开始前测量的结构尺寸和相对于容身区的位置尺寸的垂向和纵向变化量。

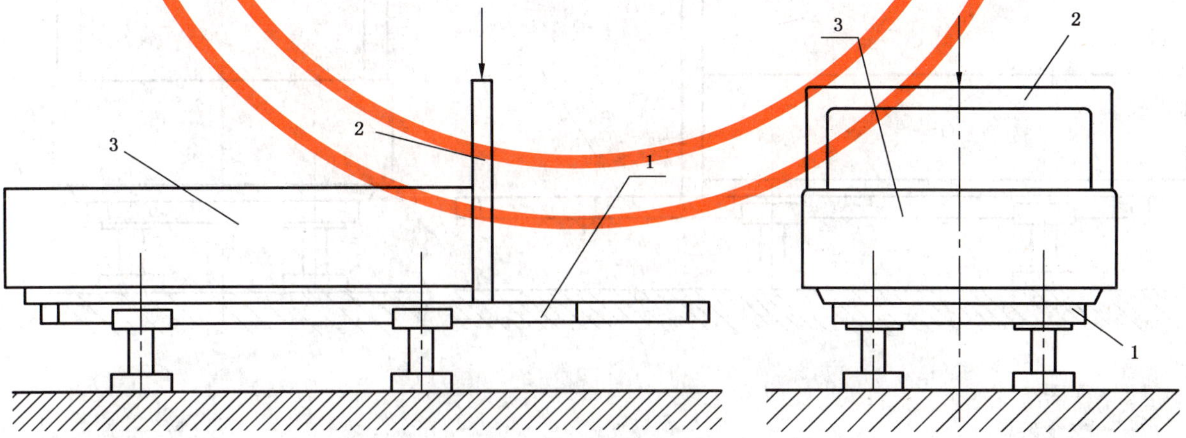

1——车架；

2——安全架；

3——货厢。

图 1 压垮试验加载示意图

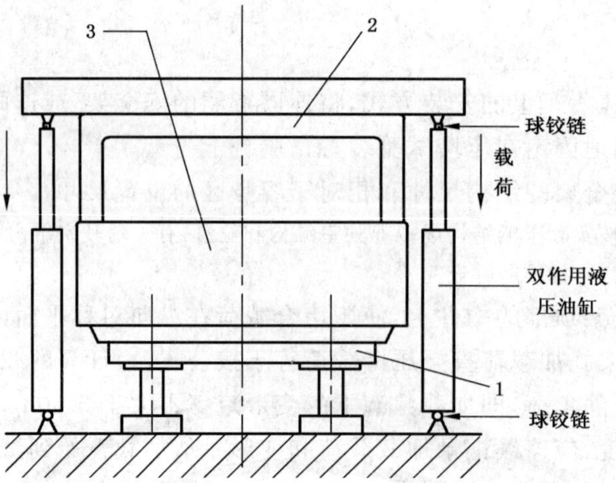

1——车架；
2——安全架；
3——货厢。

图 2　压垮试验加载横梁放置位置示意图

5.3.2　后纵向加载试验

5.3.2.1　对符合压垮试验要求的安全架，按其安装在低速货车上的方式，将连同货厢的安全架，或连同车架的安全架，或连同车架及货厢的安全架刚性牢固地固定在后纵向加载试验装置试验台上。

测量并记录后纵向加载试验前安全架的结构尺寸和相对于容身区的位置尺寸。

注：测量有关尺寸时，应按实际车辆结构虚拟驾驶室位置和结构，有关驾驶室结构和位置等对安全架作用的影响将进一步研究，并在修订本标准时补充完善。

采用 5.2.2.3 规定的刚性加载梁，该梁与加载方向垂直，使加到安全架上的载荷均匀分布。加载梁可装上防止其侧向位移的装置。

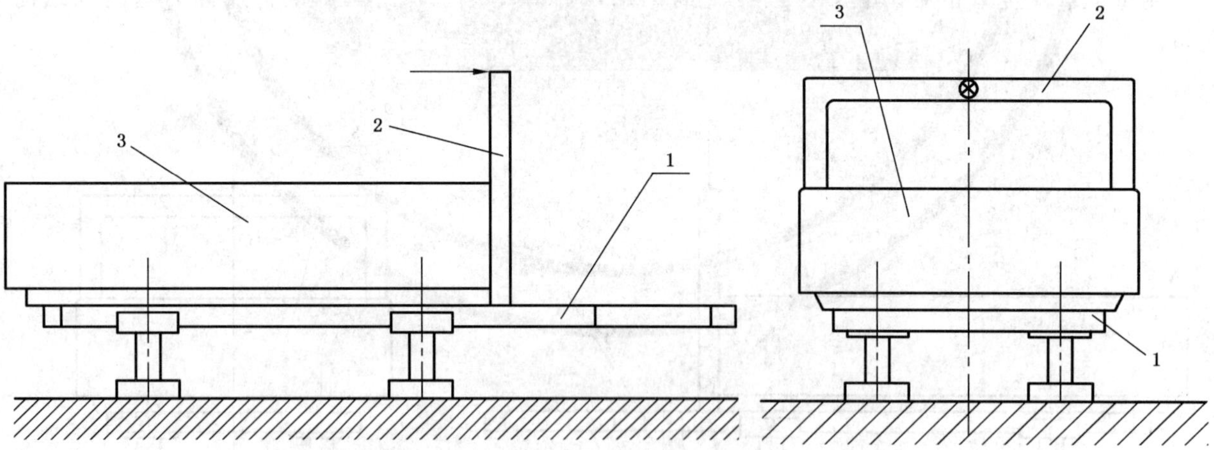

1——车架；
2——安全架；
3——货厢。

图 3　后纵向加载示意图

5.3.2.2　逐渐地对安全架施加载荷直至加载载荷等于公式(2)或公式(3)的载荷。加载速度应使加载相当于静负荷，即加载状态下的变形速率不大于 5 mm/s。

加载梁在安全架上所确定直线不垂直加载方向时，应将间隙填满使载荷在整个加载梁上均匀分布。

加载时，为保证精确度，应连续记录加载载荷和变形。从加载开始到试验完成前不应减少载荷。为测量记录数据，允许中止增加载荷。

对额定装载质量不大于 1 000 kg 的低速货车，按公式(2)计算加载载荷；对额定装载质量大于 1 000 kg 的低速货车，按公式(3)计算加载载荷。

$$F_2 = (4M \cdot g)/1\,000 \qquad \cdots\cdots(2)$$

$$F_2 = (3M \cdot g)/1\,000 \qquad \cdots\cdots(3)$$

式中：

F_2——施加于安全架上的后纵向加载载荷，单位为千牛(kN)。

载荷应施加在低速货车安全架最上面的横向构件上(见图 3)。载荷作用方向偏差应在如下范围内：

——试验开始时(无载)：水平线±2°；

——试验期间(载荷下)：水平线以上 10°，水平线以下 20°。

加载区距安全架最上面横向构件的上下边缘距离、距安全架两侧边缘距离应相等。

下列情况下应停止后纵向加载：

——施加于安全架上的载荷不小于按公式(2)或公式(3)计算的载荷；

——安全架及其相关部件侵入驾乘人员容身区或对容身区的防护失效；

——安全架及其连接和/或焊接处出现断裂、断开，安全架与固定部件脱离等。

安全架不再有任何可见的变形后，再维持此加载载荷 5 s。

测量记录安全架相对试验开始前测量的结构尺寸和相对于容身区的位置尺寸的垂向和纵向变化量。

5.4 验收条件

试验过程中或试验后安全架符合 4.2 的规定，则通过强度验收。

ICS 65.060
T 54

中华人民共和国国家标准

GB 24942—2010

三轮汽车和低速货车最高车速限制装置一般要求

Tri-wheel vehicles and low-speed goods vehicles—General requirement of maximum speed limiting devices

2010-08-09 发布　　　　2011-01-01 实施

中华人民共和国国家质量监督检验检疫总局
中国国家标准化管理委员会　发布

前　言

本标准的全部技术内容为强制性。

本标准由中国机械工业联合会提出。

本标准由全国低速汽车标准化技术委员会(SAC/TC 234)归口。

本标准负责起草单位:机械工业农用运输车发展研究中心、资阳市南骏汽车有限责任公司。

本标准参加起草单位:山东五征集团有限公司、成都王牌汽车集团股份有限公司、山东时风(集团)有限责任公司、杭州杭挂机电有限公司。

本标准主要起草人:张咸胜、丁吉康、王侠民、翁里、林连华、陈永兴、王亚飞。

三轮汽车和低速货车
最高车速限制装置一般要求

1 范围

本标准规定了三轮汽车和低速货车用最高车速限制装置的一般要求。

本标准适用于三轮汽车和低速货车(以下通称车辆)。

2 规范性引用文件

下列文件中的条款通过本标准的引用而成为本标准的条款。凡是注日期的引用文件，其随后所有的修改单(不包括勘误的内容)或修订版均不适用于本标准，然而，鼓励根据本标准达成协议的各方研究是否可使用这些文件的最新版本。凡是不注日期的引用文件，其最新版本适用于本标准。

GB 18320 三轮汽车和低速货车 安全技术要求

GB/T 23920 三轮汽车和低速货车 最高车速测定方法

3 术语和定义

下列术语和定义适用于本标准。

3.1

最高车速限制装置 maximum speed limiting device

安装在车辆上，保证车辆实际行驶速度在任何情况下均不超过规定的最高车速限值的装置。

4 最高车速限值

车辆的最高车速限值应符合 GB 18320 的规定。

5 一般要求

5.1 通过最高车速限制装置实现实际行驶速度不超过规定最高车速限值的车辆，车辆制造厂应在组装过程中安装最高车速限制装置。

5.2 不可调整的最高车速限制装置、相应连接件和固定件等应加以保护和/或锁死，以防止人为调整或使用特殊工具改装。

5.3 允许调整的最高车速限制装置，在最大调整范围内应保证车辆实际行驶速度任何情况下均不超过规定的最高车速限值。

5.4 最高车速限制装置不应影响车辆的正常的操作、工作性能和安全性。尤其不应影响车辆正常的加速、减速控制和行驶速度稳定性。

5.5 最高车速限制装置失效时，不应引起发动机转速超过规定要求。

5.6 正常操作状态下，最高车速限制装置所有部件应能承受最大操纵力而不失效。

5.7 车辆产品使用说明书中应给出最高车速限制装置的安装位置、作用和保护要求等，尤其是禁止性说明。对于允许调整的最高车速限制装置，车辆产品使用说明书中还应给出调整方法的详尽说明。

6 最高车速限值测定

对安装最高车速限制装置的车辆，实际最高行驶速度测定按 GB/T 23920 的规定进行。

ICS 65.060
T 54

GB

中华人民共和国国家标准

GB 24943—2010

三轮汽车和低速货车用安全标志

Safety signs for tri-wheel vehicles and low-speed goods vehicles

2010-08-09 发布　　2011-01-01 实施

中华人民共和国国家质量监督检验检疫总局
中国国家标准化管理委员会　发布

前　言

本标准第5章、第6章和7.1为强制性，其他为推荐性。

本标准由中国机械工业联合会提出。

本标准由全国低速汽车标准化技术委员会(SAC/TC 234)归口。

本标准负责起草单位：资阳市南骏汽车有限责任公司、机械工业农用运输车发展研究中心。

本标准参加起草单位：山东时风(集团)有限责任公司、山东五征集团有限公司、成都王牌汽车集团股份有限公司、山东唐骏欧铃汽车制造有限公司。

本标准主要起草人：丁吉康、张咸胜、林连华、王侠民、翁里、车胜新。

三轮汽车和低速货车用安全标志

1 范围

本标准规定了三轮汽车和低速货车安全标志的作用、型式、颜色、使用原则等。本标准还规定了三轮汽车和低速货车至少应使用的安全标志及其典型示例等。

本标准适用于三轮汽车和低速货车(以下统称车辆)。

2 规范性引用文件

下列文件中的条款通过本标准的引用而成为本标准的条款。凡是注日期的引用文件,其随后所有的修改单(不包括勘误的内容)或修订版均不适用于本标准,然而,鼓励根据本标准达成协议的各方研究是否可使用这些文件的最新版本。凡是不注日期的引用文件,其最新版本适用于本标准。

GB 10396—2006 农林拖拉机和机械、草坪和园艺动力机械 安全标志和危险图形 总则(ISO 11684:1995,MOD)

3 安全标志的作用

安全贯穿在车辆设计、制造、操作、说明和检查过程中。在不过分降低产品功能的情况下,可依次通过设计减小风险,包括通过选用适当的设计结构尽可能避免或减少危险,通过减少对操作者涉入危险区的需要,限制人们面临危险;通过使用安全防护装置(防护装置、安全装置)避免或减少危险。

尽管车辆采取了恰当的设计结构和安全防护装置,但仍可能存在遗留风险,使用信息(包括安全标志)则用于警告操作者和其他人员存在的有关遗留风险。

安全标志作用如下:

——提醒人们存在或有潜在的危险;

——指示危险;

——描述危险的性质;

——解释危险可能造成潜在伤害的后果;

——提示人们如何规避危险。

4 安全标志的型式

4.1 安全标志有以下 4 种标准型式:

——符号带和文字带组成的两带式安全标志;

——符号带、图形带和文字带组成的三带式安全标志;

——图形带和文字带组成的两带式安全标志;

——两个图形带组成的两带式安全标志。

4.2 各型式安全标志应符合 GB 10396—2006 中 4.4～4.7 的规定。

4.3 安全标志中的符号带、图形带、文字带的内容和构成等应符合 GB 10396—2006 中第 5～7 章的规定。

5 安全标志的颜色和尺寸

5.1 包含安全程度标志词的安全标志各部位颜色应符合表 1 的规定。

表 1　安全标志各部位颜色

部　　位	危险程度		
	危险	警告	注意
符号带底色	红色	橙色	黄色
危险程度标志词	白色	黑色	黑色
安全警戒三角形底色	白色	黑色	黑色
惊叹号	红色	橙色	黄色
图形带底色/图形带中图形	白色/黑色		
文字带底色/文字带文字	黑色/白色		
	白色/黑色		
边框	红色	橙色	黄色

5.2　不包含安全程度标志词的安全标志颜色及其他要求应符合 GB 10396—2006 中第 9 章的规定。

5.3　安全标志的尺寸应符合 GB 10396—2006 中第 10 章的规定。

6　使用原则

6.1　安全标志应针对合理且可能存在的遗留风险，安全标志不应用于弥补车辆设计缺陷和安全防护装置的缺失。

6.2　安全标志可分别使用“**危险**”、“**警告**”、“**注意**”三个危险程度标志词之一标示面临危险的可能性和面临危险可能造成后果的相对严重程度。

——危险程度标志词“**危险**”表示如果不避免，将造成死亡或严重伤害的危急危险情况。由危险程度标志词“**危险**”确定的安全标志不能滥用，只有在存在最严重危险的情况下才能使用；

——危险程度标志词“**警告**”表示如果不避免，可能造成死亡或严重伤害的潜在危险情况。由危险程度标志词“**警告**”确定的危险比由危险程度标志词“危险”确定危险造成的伤害或死亡的风险程度小；

——危险程度标志词“**注意**”表示如果不避免，可能造成较低或中等程度伤害的潜在危险情况。“**注意**”还可用来提醒避免进行能够造成人员伤害事件有关的非安全操作。

6.3　安全标志应尽可能接近针对的危险部位，便于操作人员识别出安全标志所指示的信息。

6.4　安全标志应鲜明、醒目、可读，与设置位置处的背景颜色有明显对比度，应最大程度地进行保护使其不被损坏和磨损，并有适当长的期望寿命。

6.5　安全标志不应设置在可拆卸的车辆零部件上。

6.6　根据车辆结构特点、用途、使用条件等因素，合理设计安全标志，以使安全标志最有效地传递安全信息。安全标志中应优先使用形象化图形。危险图形设计和绘制方法应遵循 GB 10396—2006 附录 D 规定的原则。

6.7　安全标志应设置在车辆上。车辆产品使用说明书中还应给出所使用安全标志的图示、释义、在车辆上的位置及检查、维护和更换事宜的详细说明。

7　安全标志的使用及其典型示例

7.1　必备安全标志

7.1.1　自卸式车辆车厢前部或附近明显位置应设置安全标志。可使用的典型安全标志示例如图 1、图 2、图 3 或图 4 所示；也可采用危险程度为“**警告**”的安全标志，并有适当的描述危险图形和文字“车厢升降过程中，不得进入危险区。进入车厢下进行保养或维修前，应可靠锁紧锁定装置(或应可靠插上安全锁定装置;或应用安全锁定装置锁紧举升液压缸)”。

7.1.2 装有可翻转驾驶室的车辆,驾驶室翻转机构附近应设置安全标志。可使用的典型安全标志示例如图5或图6所示;也可采用危险程度为**“警告”**的安全标志,并有适当的描述危险图形和文字“驾驶室翻转过程中,不得进入危险区(或与车辆保持安全距离)”。

7.1.3 操作者立于车辆外侧能触及的蒸发式发动机水箱口或高温表面附近应设置安全标志。可使用的典型安全标志示例如图8所示。也可采用危险程度为**“注意”**的安全标志,并有适当的描述危险图形和文字“远离高温蒸汽(或高温表面)”。

7.1.4 车辆发动机运行或维修保养过程中,安全防护装置拆下或打开后会产生危险的,应在安全防护装置上或危险附近设置安全标志。可使用的典型安全标志示例如图9~图12所示。也可采用危险程度为**“警告”**的安全标志,并有适当的描述危险图形和文字“发动机运转时,不得拆下或打开安全防护装置”。

7.2 选用安全标志

7.2.1 操作者立于车辆外侧能触及的燃油箱口附近可设置安全标志。可使用的典型安全标志示例如图7所示。也可采用危险程度为**“注意”**的安全标志,并有适当的描述危险图形和文字“油箱中燃油易燃,远离火或明火”。

7.2.2 驾驶员乘坐在驾驶座上明显可视部位,可设置提醒阅读使用说明书的安全标志。可使用的典型安全标志示例如图13或图14所示。

7.2.3 高压液体管路及接头附近可设置图15所示的典型安全标志。

7.2.4 车辆钥匙开关附近可设置图16所示的典型安全标志。

图1 车厢升降过程中,不得进入危险区。进入车厢下进行保养或维修前,必须支起保险杆

图2 车厢升降过程中,不得进入危险区。进入车厢下进行保养或维修前,必须用安全锁定装置锁紧举升液压缸

图 3　车厢升降过程中，不得进入危险区。进入车厢下进行保养或维修前，必须插上安全锁定装置

图 4　车厢升降过程中，不得进入危险区。进入车厢下进行保养或维修前，必须可靠锁紧锁定装置

图 5　驾驶室翻转过程中，不得进入危险区

图 6　驾驶室翻转过程中，与车辆保持安全距离

图 7　燃油箱中燃油易燃，
远离火或明火

图 8　高温蒸汽(或高温表面)
会导致烫伤，远离高温
蒸汽(或高温表面)

图 9　发动机运转时，
不得打开或拆下安全防护罩

图 10　发动机运转时，
不得打开或拆下安全防护罩

图 11　发动机运转时，不得打开或拆下安全防护罩

图 12　发动机运转时，不得打开或拆下安全防护罩

图 13　阅读使用说明书

图 14　阅读使用说明书

图 15　避免高压液体泄漏，
查阅使用说明书了解正确的维修程序

图 16　进行保养或维修前，
发动机应熄火并拔下钥匙

ICS 65.060
T 54

中华人民共和国国家标准

GB/T 24944—2010

低速货车　通用技术条件

Low-speed goods vehicles—General specifications

2010-08-09 发布　　2010-12-01 实施

中华人民共和国国家质量监督检验检疫总局
中国国家标准化管理委员会　发布

前 言

本标准由中国机械工业联合会提出。

本标准由全国低速汽车标准化技术委员会(SAC/TC 234)归口。

本标准负责起草单位:杭州杭挂机电有限公司、资阳市南骏汽车有限责任公司。

本标准参加起草单位:国家农机具质量监督检验中心、山东时风(集团)有限责任公司、成都王牌汽车集团股份有限公司、山东五征集团有限公司、四川银河汽车集团有限责任公司、河南奔马股份有限公司。

本标准主要起草人:陈永兴、丁吉康、王亚飞、陈戈、林连华、翁里、王侠民、钟国刚、唐喜林。

低速货车　通用技术条件

1　范围

本标准规定了低速货车整车的技术要求、试验方法、检验规则、交货、标志、运输和贮存等。

本标准适用于低速货车。

2　规范性引用文件

下列文件中的条款通过本标准的引用而成为本标准的条款。凡是注日期的引用文件，其随后所有的修改单(不包括勘误的内容)或修订版均不适用于本标准，然而，鼓励根据本标准达成协议的各方研究是否可使用这些文件的最新版本。凡是不注日期的引用文件，其最新版本适用于本标准。

GB/T 2828.1　计数抽样检验程序　第1部分：按接收质量限(AQL)检索的逐批检验抽样计划(GB/T 2828.1—2003，ISO 2859-1：1999，IDT)

GB 18320—2008　三轮汽车和低速货车　安全技术要求

GB 18321　农用运输车　噪声限值

GB 18322　农用运输车自由加速烟度排放限值及测量方法

GB/T 19119　农用运输车　照明与信号装置的安装规定

GB/T 19124　农用运输车　前照灯

GB 19756　三轮汽车和低速货车用柴油机排气污染物排放限值及测量方法(中国Ⅰ、Ⅱ阶段)

GB 19757　三轮汽车和低速货车加速行驶车外噪声限值及测量方法(中国Ⅰ、Ⅱ阶段)

GB 21378　低速货车　燃料消耗量限值及测量方法

GB/T 23916　低速货车　操纵机构的位置、最大操纵力和操纵方法

GB/T 23917　低速货车　试验方法

GB 24938　低速货车自卸系统　安全技术要求

JB/T 6712　拖拉机外观质量要求

JB/T 7736　四轮农用运输车可靠性考核

JB/T 9832.2　农林拖拉机及机具　漆膜附着性能测定方法　压切法

3　技术要求

3.1　一般要求

3.1.1　低速货车应按照经规定程序批准的产品图样和技术文件制造。

3.1.2　低速货车的零、部件及配附件应符合有关标准的规定，并须经检验合格后方可装配。

3.1.3　低速货车用紧固件连接的各零件、部件应按要求连接可靠，不得有松动现象。重要部位紧固件的拧紧力矩应符合产品图样或使用说明书的规定。

3.1.4　低速货车的涂漆、锻件、焊接件、金属镀层等外观质量应符合JB/T 6712的规定。

3.1.5　低速货车的最小离地间隙应不小于160 mm。

3.1.6　低速货车不得漏油、漏水、漏气。

3.1.7　各主要操纵机构的位置、最大操纵力和操纵方法应符合GB/T 23916的规定，踏板行程的调整应符合使用说明书的规定。所有自动回位的操纵手柄、踏板，在操纵力去除后，应能自动复位。

3.1.8　驾驶室的前排座位核定，驾驶室内部宽度(系指驾驶室门窗下缘，并在车门后支柱内侧量取)等于或大于1 200 mm核定2人，等于或大于1 650 mm核定3人(含驾驶员座位)。

驾驶室内双排座椅的后排座椅，按坐垫中间位置测量的车身内部宽度，在能保证与前排座椅的间距不小于 650 mm 且坐垫深度不小于 400 mm 时，每 400 mm 核定 1 人。驾驶室乘坐人数不允许超过 6 人。

3.1.9　低速货车的比功率应不小于 4.0 kW/t。

3.1.10　低速货车车体应周正，车体外缘左右对称部位高度差不得大于 40 mm。

3.1.11　低速货车驾驶室不得漏水。

3.1.12　低速货车的转向盘应转动灵活、操纵方便、无阻滞。低速货车应设置转向限位装置。车轮转向过程中，不得与其他部件有干涉现象。

3.1.13　低速货车转向轮转向后应能自动回位，以使车辆具有稳定的直线行驶能力。

3.1.14　低速货车在平坦、硬实、干燥和清洁的道路上行驶不得跑偏，其转向盘不得有摆振、路感不灵或其他现象。

3.1.15　同一轴上的轮胎型号和花纹应相同，且应与最大设计车速所用轮胎相适应，轮胎负荷不应超过该轮胎的额定负荷。

3.1.16　低速货车车轮总成的横向摆动量和径向跳动量不得大于 5 mm。

3.1.17　低速货车发电机技术性能应良好。蓄电池应能保持常态电压。

3.1.18　低速货车的灯具应安装牢靠、完好有效，不得因车辆的振动而松脱、损坏、失去作用或改变光照方向；所有灯光的开关应安装牢固，开关自如，不得因车辆振动而自行开关。开关的位置应便于驾驶员操纵。

3.1.19　在检验低速货车前照灯近光光束照射位置时，前照灯照射在距离 10 m 的屏幕上时，近光光束明暗截止线转角或中点的高度应为 $0.6H \sim 0.8H$（H 为前照灯基准中心高度）。低速货车前照灯近光光束水平方向位置向左偏不允许超过 170 mm，向右偏均不允许超过 350 mm。

在检验低速货车前照灯远光光束及远光单光束灯照射位置时，前照灯照射在距离 10 m 的屏幕上时，在屏幕上光束中心离地面高度为 $0.8H \sim 0.95H$；低速货车前照灯远光光束水平位置要求，左灯向左偏不允许超过 170 mm，向右偏不允许超过 350 mm；右灯向左或向右偏不允许超过 350 mm。

3.1.20　低速货车必须配备的外部照明和信号装置的数量、位置、光色等要求见表 1。

表 1

序号	照明信号装置名称		数量	位置	光色
1	前照灯	近光	2	应符合 GB/T 19119 的规定	白色
		远光	2 或 4		
2	前位灯		2 或 4		白色
3	后位灯		2 或 4		红色
4	前转向信号灯		2		琥珀色
5	后转向信号灯		2 或 4		
6	制动灯		2 或 4		红色
7	牌照灯		至少 1		白色
8	危险警告信号		至少 1		琥珀色
9	倒车灯		1 或 2		白色
10	后回复反射器		2		红色
11	后雾灯		1 或 2		红色

3.2　安全要求和措施

低速货车的安全要求和措施应符合 GB 18320—2008 中第 4 章的规定。

自卸系统的安全要求应符合 GB 24938 的规定。

低速货车应在后部、侧面设置车身反光标识，后部的车身反光标识应能体现低速货车后部的高度和宽度，侧面的车身反光标识长度应不小于车长的 50%，货厢长度不足车长 50%的低速货车的侧面车身反光标识长度应为货厢长度。厢式低速货车后部、侧面的车身反光标识应能体现货厢轮廓。

3.3 使用信息

低速货车的使用信息应符合 GB 18320—2008 中第 6 章的规定。

3.4 主要性能要求

3.4.1 发动机标定功率应为 1 h 功率。低速货车按规定磨合后，标定功率应符合使用说明书的规定，允差为±5%。

3.4.2 低速货车最高挡最低稳定车速应不大于最高挡理论车速的 40%。

3.4.3 低速货车满载，车速从 15 km/h 加速至 30 km/h 的距离应不大于 120 m。

3.4.4 低速货车最大爬坡度应不小于 25%(额定载质量小于 1.0 t 应不小于 20%)。

3.4.5 低速货车满载、在平坦、干燥的混凝土或沥青路面上脱挡滑行，初速度 30 km/h 的直线滑行距离应不小于 165 m。

3.4.6 低速货车的最小转向圆直径应不大于 15 m。

3.4.7 低速货车的燃料消耗限值应符合 GB 21378 的规定。

3.4.8 低速货车的低温起动性能，在下列环境温度应能顺利起动：

a) 手摇起动的柴油机为 0 ℃；

b) 电起动的柴油机为 −5 ℃。

3.4.9 自卸车车厢应能平稳升起、降落或停在任一位置，最大倾角应不小于 45°。当发动机以额定转速运转时，空载车箱举升到最大倾角的时间应不大于 20 s。

在超载 10%的状态下，举升到 20°时停留 5 min，车厢自降量不大于 1°。自卸车车厢举升后应能准确回位。

3.5 环保要求

3.5.1 低速货车驾驶员操作位置处噪声应符合 GB 18321 的规定。

3.5.2 低速货车加速行驶车外噪声应符合 GB 19757 的规定。

3.5.3 低速货车自由加速排气烟度应符合 GB 18322 的规定。

3.5.4 低速货车排气污染物排放应符合 GB 19756 的规定。

3.6 可靠性

3.6.1 低速货车的平均无故障间隔里程(MTBF)不小于 2 500 km。

3.6.2 低速货车的无故障综合平分值(Q)不小于 65 分。

3.6.3 可靠性试验后低速货车的制动性能和环境污染值应达到国家有关在用车的指标要求。

4 试验方法

4.1 低速货车的尺寸和质量参数、动力性能、滑行性能、操纵性能、制动性能、环境污染测定、起动性能、自卸车自卸性能、驾驶室防雨密封性等按 GB/T 23917 的规定进行。

4.2 前照灯的检验按 GB/T 19124 的规定进行。

4.3 漏油、漏气的检查在低速货车连续行驶距离不小于 10 km，停车 5 min 后观察，不得有明显渗漏现象，漏水的检查在发动机运转及停车时，水箱、水泵、缸体、缸盖、暖风装置及所有连接部位均不得有明显渗漏水现象。

4.4 低速货车外观质量用目测法检查，漆膜附着性能按 JB/T 9832.2 的规定进行。

4.5 低速货车安全要求和措施的判定按照 GB 18320—2008 中第 5 章的规定进行。

4.6 低速货车可靠性试验按照 JB/T 7736 的规定或其他有关规定进行。

4.7 低速货车燃料消耗量试验按照 GB 21378 的规定进行。

4.8 其他项目采用目测或其他常规方法进行。

5 检验规则

低速货车的检验类型分为出厂检验和型式检验。

5.1 出厂检验

5.1.1 每台低速货车必须检验合格后方能出厂，并附有证明产品质量合格的文件或标记。

5.1.2 低速货车的出厂检验，至少应全数检查表 2 中有"√"的项目。所有项目必须全部合格方可签发合格证出厂。

表 2

项目分类	序号	项目名称	出厂检验	型式检验
A	1	外廓尺寸、最大设计总质量	√	√
	2	驾驶室内部空间的安全要求	√	√
	3	驾驶员座椅安全要求		√
	4	转向盘安全要求		√
	5	操纵机构安全要求		√
	6	进出驾驶室的通道		√
	7	车门和车窗安全要求	√	√
	8	驾驶室的内饰材料		√
	9	后悬		√
	10	转向轴承载质量		√
	11	侧倾稳定角		√
	12	起动开关和油门控制机构	√	√
	13	转向盘位置		√
	14	转向盘的最大自由转动量	√	√
	15	转向轮限位装置		√
	16	横向侧滑量	√	√
	17	不足转向特性		√
	18	制动系安全要求		√
	19	行车制动性能	√	√
	20	驻车制动性能	√	√
	21	应急制动性能	√	√
	22	行驶系安全要求		√
	23	传动系安全要求	√	√
	24	自卸装置安全要求	√	√
	25	灯具安装及开关要求		√
	26	外部照明和信号装置数量、位置、光色等的要求	√	√
	27	前照灯远光光束发光强度	√	√

表 2（续）

项目分类	序号	项目名称	出厂检验	型式检验
A	28	前照灯远近光灯的配置要求	√	√
	29	前照灯的近光光束照射位置	√	√
	30	危险警告信号及其控制、转向信号灯要求	√	√
	31	四灯制前照灯并排安装要求	√	√
	32	仪表板上的指示信号灯要求	√	√
	33	仪表灯要求	√	√
	34	前、后位灯、牌照灯和仪表灯启闭和点亮要求	√	√
	35	转向信号灯、后牌照灯、后位置灯、危险警告信号、制动灯亮度要求		√
	36	喇叭安全要求	√	√
	37	仪器仪表的要求	√	√
	38	车身反光标识的要求	√	√
	39	后视镜安全要求	√	√
	40	前风窗玻璃刮水器安全要求	√	√
	41	防止阳光直射使驾驶员产生眩目的装置	√	√
	42	车辆后防护和侧防护装置		√
	43	车厢前部安全架的要求		√
	44	车轮挡泥板		√
	45	危险运动部件的防护、防护装置和安全距离的要求	√	√
	46	前保险杠		√
	47	液压、燃油和润滑系统安全要求		√
	48	热防护		√
	49	蓄电池的安全要求	√	√
	50	电气导线防护	√	√
	51	电路的过载保护	√	√
	52	厂标或商标	√	√
	53	产品标牌的装置和内容	√	√
	54	车辆识别代号	√	√
	55	发动机型号和出厂编号的打刻（或铸出）	√	√
	56	号牌板（架）	√	√
	57	操纵件、指示器及信号装置的图形标志	√	√
	58	安全标志	√	√
	59	使用说明书安全注意事项等要求	√	√
	60	车速表误差	√	√
	61	驾驶员操作位置处噪声		√
	62	加速行驶车外噪声		√

表 2（续）

项目分类	序号	项目名称	出厂检验	型式检验
A	63	自由加速排气烟度		√
	64	燃料消耗量		√
	65	排气管的位置和方向	√	√
	66	最大设计车速、最高车速限制装置		√
	67	排气污染物排放		√
	68	可靠性		√
B	1	转向盘操纵要求	√	√
	2	转向轮转向后自动回正要求		√
	3	行驶跑偏，转向盘摆振等要求	√	√
	4	发动机标定功率		√
	5	最高挡最低稳定车速		√
	6	最高挡加速性能		√
	7	最大爬坡度		√
	8	滑行性能		√
	9	低温起动性能		√
C	1	紧固件连接要求		√
	2	涂漆、锻件、焊接件、金属镀层等外观质量	√	√
	3	最小离地间隙		√
	4	漏油、漏水、漏气要求		√
	5	各主要操纵机构的最大操纵力		√
	6	驾驶室的前排座位核定		√
	7	比功率		√
	8	车体周正要求		√
	9	驾驶室防漏水要求	√	√
	10	轮胎要求	√	√
	11	车轮横向摆动和径向跳动		√
	12	发电机技术性能和蓄电池状态	√	√
	13	最小转向圆直径		√
	14	自卸车自卸性能		√
	15	随车文件要求	√	√
	16	备件、附件及随车工具齐全性	√	√

5.2 型式检验

5.2.1 检验类型

制造厂在下列情况之一时，进行型式检验：

a） 新产品定型鉴定；

b） 老产品异地生产或转厂生产试制定型鉴定；

c) 正式生产后，如结构、材料、工艺有较大改变，可能影响产品质量时；

d) 产品停产一年以上，恢复生产时；

e) 出厂检验结果与上次型式检验结果有较大差异时；

f) 正常生产情况下的质量监控(可靠性试验每三年至少应进行一次，其他项目的检验每年至少应进行一次)；

g) 国家质量监督机构提出进行型式检验的要求时。

5.2.2 检验项目

a)类型的型式检验，要求样车 2 辆，对其中 1 辆样车进行性能和装配质量的检验，然后与另 1 辆样车一起进行可靠性试验。b)～g)类型的型式检验，要求样车 2 辆，均进行性能、装配质量和可靠性试验，其中 f)类型的型式检验，要求样车 2 辆，按规定周期对 2 辆样车均进行性能、装配质量和/或可靠性试验。

检验项目为本标准所列全部试验项目，见表 2。

5.2.3 不合格分类

被检项目凡不符合第 3 章规定要求的均称为不合格(缺陷)，按其对产品质量特性影响的重要程度分为 A 类不合格、B 类不合格和 C 类不合格，各项目名称见表 2。A 类项目不合格称 A 类不合格，其余类推。

5.2.4 抽样判定方案

5.2.4.1 采用 GB/T 2828.1 规定的正常检查一次抽样方案，特殊检查水平 S-1，接收质量限(AQL)取值见表 3。

表 3

不合格分类	A 类	B 类	C 类
检查水平	S-1		
样本数 n	2		
AQL	6.5	40	65
Ac　Re	0　1	2　3	3　4

5.2.4.2 正常批量生产时的检查批 N=26～50 台，样本大小 n=2，在用户或销售部门抽取时批量可不受限制，其他情况下检查批 N 应不小于样本大小 n。可靠性试验可以单独按规定抽取 2 辆样车进行，也可以用进行完磨合性能试验后的 2 辆样车，直接进行可靠性试验。

5.2.5 抽样

5.2.5.1 正常批量生产时的检验样车在检查批中随机抽取，检查批中的所有产品应为近半年内生产的。样车一般应在生产企业的成品库或生产线末端抽取。在抽样时还可增抽 1 辆～2 辆备用样车。抽取的样车应是出厂检验合格产品。

5.2.5.2 其他情况下检验按规定选取样车。

5.2.6 判定规则

5.2.6.1 在检验测试过程中(包括磨合期间)，因产品质量原因发生的每次致命故障应计一次 A 类不合格；发生的每次严重故障应计一次 B 类不合格；发生的每次一般故障应计一次 C 类不合格；但不应与表 2 中的规定重复计算。

5.2.6.2 可靠性试验期间的故障只用于计算判定可靠性指标。

5.2.6.3 表 2 中规定的不合格项含有多个子项的，若其中有一子项不合格，则应判该项不合格。

5.2.6.4 在检验测试过程中(包括磨合期间)，因产品质量发生了一项 A 类不合格，则可以停止检测，并判为不合格。

5.2.6.5 按表 3 规定，各类不合格的项目数均小于或等于对应的 Ac 时判定被检批样本合格，否则判定被检批样本不合格。

6 交货

6.1 每辆低速货车须经制造厂检验部门检验合格，并签发合格证后方可出厂。

6.2 低速货车交货前必须做好下列工作：

a） 确保出厂的低速货车外观完好无损；

b） 检查并调整轮胎气压至规定值；

c） 规定铅封处应加铅封；

d） 各总成的润滑油及液压用油应加到规定的油量。

6.3 出厂的每辆低速货车，制造厂应提供下列文件：

a） 使用说明书；

b） 零件目录（按用户需要提供）、易损件零件目录；

c） 合格证；

d） 备件、附件和随车工具清单；

e） 装箱单。

6.4 出厂的每辆低速货车应配齐备件、附件及随车工具。

7 运输和贮存

7.1 发运的低速货车，包括备件、附件、随车工具的装运应保证在正常运输中不致损伤和丢失。

7.2 在干燥通风的仓贮条件下，制造厂应保证低速货车及其备件、附件、随附车工具的防锈有效期自出厂之日起不少于12个月。

ICS 65.060
T 54

中华人民共和国国家标准

GB/T 24945—2010

三轮汽车 通用技术条件

Tri-wheel vehicles—General specifications

2010-08-09 发布 2010-12-01 实施

中华人民共和国国家质量监督检验检疫总局
中国国家标准化管理委员会 发布

前　言

本标准由中国机械工业联合会提出。

本标准由全国低速汽车标准化技术委员会(SAC/TC 234)归口。

本标准负责起草单位:山东省农业机械科学研究所。

本标准参加起草单位:山东五征集团有限公司、山东时风(集团)有限责任公司、河南奔马股份有限公司、国家农机具产品质量监督检验中心、福田雷沃国际重工股份有限公司。

本标准主要起草人:王东岳、王侠民、杜建刚、林连华、唐喜林、吕树盛、王炳涛。

三轮汽车　通用技术条件

1　范围

本标准规定了三轮汽车的技术要求、试验方法、检验规则、交付、运输和贮存。

本标准适用于三轮汽车。

2　规范性引用文件

下列文件中的条款通过本标准的引用而成为本标准的条款。凡是注日期的引用文件，其随后所有的修改单(不包括勘误的内容)或修订版均不适用于本标准，然而，鼓励根据本标准达成协议的各方研究是否可使用这些文件的最新版本。凡是不注日期的引用文件，其最新版本适用于本标准。

GB/T 2828.1　计数抽样检验程序　第1部分：按接收质量限(AQL)检索的逐批检验抽样计划(GB/T 2828.1—2003,ISO 2859-1:1999,IDT)

GB 18320—2008　三轮汽车和低速货车　安全技术要求

GB 18321　农用运输车　噪声限值

GB/T 19119　农用运输车　照明与信号装置的安装规定

GB/T 19123　农用运输车　转向信号灯配光性能

GB/T 19124　农用运输车　前照灯

GB/T 19125　农用运输车　前位灯、后位灯和制动灯配光性能

GB/T 19129　农用运输车　电喇叭　性能要求及试验方法

GB/T 19134　农用运输车　后视镜　性能和安装要求

GB/T 19135　农用运输车　倒车灯配光性能

GB 19757　三轮汽车和低速货车加速行驶车外噪声限值及测量方法(中国Ⅰ、Ⅱ阶段)

GB 21377　三轮汽车　燃料消耗量限值及测量方法

GB/T 21422　三轮汽车　驾驶员操作位置尺寸

GB/T 23918　三轮汽车　操纵机构的位置、最大操纵力和操纵方法

GB/T 23922　三轮汽车和低速货车　标牌

GB/T 23923　三轮汽车和低速货车　发电机

GB/T 23930　三轮汽车和低速货车　转向器

GB/T 23931　三轮汽车　试验方法

GB 24939　三轮汽车自卸系统　安全技术要求

GB 24943　三轮汽车和低速货车用安全标志

JB/T 6712　拖拉机外观质量要求

JB/T 9832.2　农林拖拉机及机具漆膜附着性能测定方法　压切法

JB/T 50096　三轮农用运输车　可靠性考核评定方法

3　技术要求

3.1　一般要求

3.1.1　三轮汽车应按照经规定程序批准的产品图样和技术文件制造。

3.1.2　三轮汽车的零、部件及配、附件应符合有关标准或技术文件的规定，并经检验合格后方可进行装配。

3.1.3　三轮汽车用紧固件连接的各零、部件应按要求连接可靠，不应有松动现象。重要部位紧固件的

拧紧力矩应符合产品图样或使用说明书的规定。

3.1.4　三轮汽车外形应整洁，布置合理，各零部件无缺损。车体应周正，车体外缘左右对称部位高度差不应大于 40 mm。三轮汽车的涂漆、铸锻件、焊接件、金属镀层等外观质量应符合 JB/T 6712 的规定。

3.1.5　三轮汽车最小离地间隙应大于或等于 160 mm。

3.1.6　三轮汽车不应有漏油、漏水、漏气现象，也不应有泥水渗入机体。

3.1.7　三轮汽车运转和行驶中发动机、传动系及其他部件不应有异常响声。

3.1.8　方向把式或转向盘中置的三轮汽车核定乘坐驾驶员 1 人；左置转向盘三轮汽车除驾驶员外，核定乘坐 1 人。

3.1.9　三轮汽车的比功率应不小于 4.0 kW/t。

3.1.10　三轮汽车离合器应接合平稳，分离彻底。离合器踏板自由行程为 20 mm～40 mm，踏板位置和操纵力应符合 GB/T 23918 的规定。

3.1.11　三轮汽车行车制动踏板自由行程为 20 mm～40 mm。踏板位置和操纵力应符合 GB/T 23918 的规定。

3.1.12　驻车制动装置位置和操纵力应符合 GB/T 23918 的规定。

3.1.13　三轮汽车转向操纵机构的位置和操纵力应符合 GB/T 23918 的规定。

3.1.14　发动机油门控制装置、变速器操纵装置、自卸操纵装置的位置和操纵力应符合 GB/T 23918 的规定。

3.1.15　三轮汽车的驾驶员操纵位置尺寸应符合 GB/T 21422 的规定。

3.1.16　全封闭驾驶室不应漏水。

3.1.17　三轮汽车的转向装置应转动灵活、操纵方便、无阻滞。车轮转向过程中，不应与其他部件有干涉现象。三轮汽车在平坦、硬实、干燥和清洁的道路上行驶不应跑偏，其转向装置不应有摆振、路感不灵或其他异常现象。三轮汽车转向器应符合 GB/T 23930 的规定。

3.1.18　同一轴上的轮胎型号和花纹应相同，且应与最大设计车速相适应，轮胎负荷不应超过该轮胎的额定负荷。

3.1.19　三轮汽车应装有功率不小于 150 W 的发电机且发电机性能应符合 GB/T 23923 的规定。

3.1.20　三轮汽车的灯具应安装牢靠、完好有效，不应因车辆的振动而松脱、损坏、失去作用或改变光照方向；所有灯光的开关应安装牢固，开关自如，不应因车辆振动而自行开关。开关的位置应便于驾驶员操纵。

3.1.21　三轮汽车在检验前照灯的近光光束照射位置时，前照灯在距离屏幕 10 m 处，光束明暗截止线转角或中点的高度应为 0.6 H～0.8 H（H 为前照灯基准中心高度）。

3.1.22　三轮汽车必应装备的外部照明和信号装置的数量、位置、光色等要求见表 1。

表 1　外部照明和信号装置的数量、位置、光色要求

序号	照明信号装置名称		数量	位　置	光色
1	前照灯	近光	1 或 2	应符合 GB/T 19119 的规定	白色
		远光	1 或 2		
2	前位灯		2 或 4		白色
3	后位灯				红色
4	前转向信号灯		2		琥珀色
5	后转向信号灯		2		琥珀色
6	制动灯		2		红色
7	牌照灯		至少 1		白色
8	非三角形后回复反射器		2		红色
9	倒车灯（装封闭驾驶室时）		1 或 2		白色

3.1.23 转向信号灯的配光性能应符合 GB/T 19123 的规定；前位灯、后位灯、制动灯的配光性能应符合 GB/T 19125 的规定。装封闭驾驶室的三轮汽车应安装倒车灯，倒车灯性能应符合 GB/T 19135 的规定。电喇叭性能应符合 GB/T 19129 的规定。后视镜应符合 GB/T 19134 的规定。

3.2 安全要求和措施

3.2.1 三轮汽车的安全要求和措施应符合 GB 18320—2008 中第 4 章的规定。

3.2.2 自卸系统的安全要求应符合 GB 24939 的规定。

3.2.3 三轮汽车应在后部、侧面设置车身反光标识，后部的车身反光标识应能体现三轮汽车后部的高度和宽度，三轮汽车的侧面车身反光标识长度不应小于 1.2 m，货厢长度小于 1.2 m 的三轮汽车侧面车身反光标识长度应为货厢长度。厢式三轮汽车后部、侧面的车身反光标识应能体现货厢轮廓。

3.3 使用信息

3.3.1 三轮汽车的使用信息应符合 GB 18320—2008 中第 6 章的规定。

3.3.2 产品标牌应符合 GB/T 23922 的规定。

3.3.3 三轮汽车的安全标志应符合 GB 24943 的规定。

3.4 主要性能要求

3.4.1 三轮汽车发动机标定功率应为 1 h 功率。三轮汽车按规定磨合后，标定功率应符合使用说明书的规定，允差为±5%。

3.4.2 三轮汽车最高挡最低稳定车速应不大于最大设计车速的 40%。

3.4.3 三轮汽车的爬坡度应大于或等于 20%。

3.4.4 三轮汽车满载，车速从 15 km/h 加速至 30 km/h 的距离应不大于 120 m。

3.4.5 三轮汽车满载、在平坦、干燥的混凝土或沥青路面上脱挡滑行，初速度 30 km/h 的直线滑行距离应不小于 165 m。

3.4.6 三轮汽车燃料消耗量限值应符合 GB 21377 的规定。

3.4.7 三轮汽车在不小于 5 ℃的环境温度下，并符合下列要求的情况下起动三次，至少有两次应起动成功：

a) 手摇起动，每次起动时间不大于 15 s；

b) 电起动，每次起动时间不大于 30 s。

3.4.8 三轮汽车的最小转向圆直径应不大于 12 m。

3.4.9 自卸车车厢应能平稳升起、降落或停在任一位置，最大倾角应不小于 45°。当发动机以标定转速运转时，空载车厢举升到最大倾角的时间应不大于 20 s。

在超载 10%的状态下，举升到 20°时停留 5 min，车厢自降量应不大于 1.5°。自卸车车厢举升后应能准确回位。

3.4.10 加装吸排装置的三轮汽车，吸排气装置应能满足吸排性能的要求，吸排装置应能承受规定压力，保持 5 min 不应有泄漏现象；吸排装置在规定真空度时，10 min 后真空度下降应大于 0.01 MPa。

3.4.11 具有其他专用功能的三轮汽车，其专用装置的性能应能满足使用要求。

3.5 环保要求

3.5.1 三轮汽车的加速行驶车外噪声应符合 GB 19757 的规定。

3.5.2 三轮汽车的驾驶员工作位置处噪声应符合 GB 18321 的规定

3.5.3 三轮汽车自由加速排气烟度限值及排气污染物排放限值应符合 GB 18320—2008 中 4.13 的规定。

3.6 可靠性

3.6.1 三轮汽车平均故障间隔里程(MTBF)应不小于 2 000 km。

3.6.2 三轮汽车无故障性综合评分值(*Q*)应不小于 65 分。

3.6.3 可靠性试验后车辆的制动性能和环境污染值应达到国家有关在用车的质量指标。

4 试验方法

4.1 三轮汽车的尺寸和质量参数测定、起动性能试验、动力性能试验、滑行性能试验、操纵性能试验、制动性能试验、环境污染测定、自卸货箱性能试验、噪声和驾驶室密封性等按 GB/T 23931 的规定进行。

4.2 前照灯的检验按 GB/T 19124 的规定进行。

4.3 漏油、漏气的检查在三轮汽车连续行驶距离不小于 10 km,停车 5 min 后观察,不应有明显渗漏现象,漏水的检查在发动机运转及停车时,水箱、水泵、缸体、缸盖、暖风装置及所有连接部位均不应有明显渗漏水现象。

4.4 三轮汽车外观质量用目测法检查,漆膜附着性能按 JB/T 9832.2 的规定进行。

4.5 三轮汽车的安全项目的检查按照 GB 18320—2008 中第 5 章的规定进行。

4.6 三轮汽车可靠性试验按照 JB/T 50096 的规定进行。

4.7 三轮汽车燃料消耗量试验按照 GB 21377 的规定进行。

4.8 具有专用功能的三轮汽车,其专用装置的性能试验方法按有关规定进行试验。

4.9 其他项目采用目测或其他常规方法进行。

5 检验规则

三轮汽车的检验类型分为出厂检验和型式检验。

5.1 出厂检验

5.1.1 每台三轮汽车应检验合格后方能出厂,并附有证明产品质量合格的文件或标记。

5.1.2 三轮汽车的出厂检验,至少应全数检查表 2 规定的项目。所有项目应全部合格方可签发合格证出厂。

表 2 检验项目名称及其分类

项目分类	序号	项 目 名 称	出厂检验	型式检验
A	1	外廓尺寸、最大设计总质量		√
	2	驾驶室内部空间的安全要求	√	√
	3	驾驶员座椅安全要求		√
	4	转向盘(方向把)安全要求		√
	5	操纵机构安全要求		√
	6	进出驾驶室的通道		√
	7	车身、车门和车窗安全要求	√	√
	8	驾驶室的内饰材料		√
	9	后悬		√
	10	转向轮承载质量		√
	11	侧倾稳定角		√
	12	起动开关和油门控制机构	√	√
	13	转向盘(方向把)位置		√
	14	转向盘(方向把)的最大自由转动量	√	√
	15	转向限位装置		√
	16	转向轮向左或向右转角	√	√
	17	制动系安全要求		√

表 2（续）

项目分类	序号	项　目　名　称	出厂检验	型式检验
A	18	行车制动性能	√	√
	19	驻车制动性能	√	√
	20	行驶系安全要求		√
	21	传动系安全要求	√	√
	22	自卸装置安全要求	√	√
	23	灯具安装及开关要求		√
	24	外部照明和信号装置数量、光色等的要求	√	√
	25	前照灯远光光束发光强度	√	√
	26	前照灯远近光灯的配置要求	√	√
	27	转向信号灯的要求	√	√
	28	仪表灯要求	√	√
	29	前、后位灯、牌照灯和仪表灯启闭和点亮要求	√	√
	30	转向信号灯、牌照灯、后位灯、制动灯亮度要求		√
	31	喇叭要求	√	√
	32	仪器仪表要求	√	√
	33	倒车灯要求	√	√
	34	后视镜安全要求	√	√
	35	前风窗玻璃刮水器安全要求	√	√
	36	车轮挡泥板要求		√
	37	危险运动部件的防护	√	√
	38	安全防护装置和安全距离的要求		√
	39	液压、燃油和润滑系统安全要求		√
	40	热防护		√
	41	蓄电池的安全要求		√
	42	电气导线防护	√	√
	43	电路过载保护		√
	44	厂标或商标	√	√
	45	产品标牌的装置和内容	√	√
	46	车辆识别代号	√	√
	47	车身反光标识	√	√
	48	燃料消耗量		√
	49	最大设计车速、最高车速限制装置		√
	50	排气管的位置和方向	√	√
	51	号牌板(架)		√
	52	操纵件、指示器及信号装置的图形标志	√	√

表 2（续）

项目分类	序号	项目名称	出厂检验	型式检验
A	53	安全标志	√	√
	54	使用说明书安全注意事项等要求		√
	55	噪声		√
	56	排气烟度及排气污染物排放		√
	57	可靠性		√
B	1	转向装置操纵、行驶跑偏，转向装置摆振等要求	√	√
	2	发动机标定功率		√
	3	最高挡最低稳定车速		√
	4	最大爬坡度		√
	5	加速性能		√
	6	滑行性能		√
	7	起动性能	√	√
C	1	紧固件连接要求		√
	2	外观质量	√	√
	3	最小离地间隙		√
	4	漏油、漏水、漏气要求		√
	5	运转和行驶中响声要求	√	√
	6	乘员核定		√
	7	比功率		√
	8	离合器及其踏板操纵要求[a]	√	√
	9	制动器踏板、驻车操纵装置操纵要求[a]	√	√
	10	转向装置转向行驶操纵力		√
	11	操纵机构位置和最大操纵力		√
	12	驾驶员操纵位置尺寸		√
	13	驾驶室防漏水要求		√
	14	轮胎要求	√	√
	15	发电机的要求		√
	16	最小转向圆直径		√
	17	自卸车自卸性能[b]	√	√
	18	吸排装置和/或专用装置性能	√	√
	19	随车文件要求	√	√
	20	备件、附件及随车工具齐全性	√	√

[a] 出厂检验，可不测操纵力。

[b] 出厂检验，可只做空载举升检验。

5.2 型式检验

5.2.1 制造厂在下列情况之一时,进行型式检验:

a) 新产品定型鉴定;

b) 老产品异地生产或转厂生产试制定型鉴定;

c) 正式生产后,如结构、材料、工艺有较大改变,可能影响产品质量时;

d) 产品停产一年以上,恢复生产时;

e) 出厂检验结果与上次型式检验结果有较大差异时;

f) 正常生产情况下的质量监控(可靠性试验每三年至少应进行一次,其他项目的检验每年至少应进行一次);

g) 国家质量监督机构提出进行型式检验的要求时。

5.2.2 检验项目

检验项目为本标准所列全部检验项目,见表2。

a)类型的型式检验,要求样车2辆,对其中1辆样车进行性能和装配质量的检验,然后与另1辆样车一起进行可靠性试验。b)~e)类型的型式检验,要求样车2辆,均进行性能、装配质量和可靠性试验。f)类型的型式检验,要求样车2辆,按规定周期对2辆样车均进行性能、装配质量和/或可靠性试验。

5.2.3 不合格分类

被检项目凡不符合第3章规定要求的均称为不合格(缺陷),按其对产品质量特性影响的重要程度分为A类不合格、B类不合格和C类不合格,各项目名称见表2。A类项目不合格称A类不合格,其余依此类推。

5.2.4 抽样判定方案

5.2.4.1 采用GB/T 2828.1规定的正常检查一次抽样方案,特殊检查水平S-1,接收质量限(AQL)取值见表3。

表3 接收质量限(AQL)取值

不合格分类		A类		B类		C类	
检查水平		S-1					
样本数 n		2					
AQL		6.5		40		65	
Ac	Re	0	1	2	3	3	4

5.2.4.2 正常批量生产时的检查批 $N=26\sim50$ 台,样本大小 $n=2$,在用户或销售部门抽取时批量可不受限制,其他情况下检查批 N 应不小于样本大小 n。可靠性试验可以单独按规定抽取2辆样车进行,也可以用进行完磨合和性能试验后的2辆样车,直接进行可靠性试验。

5.2.5 抽样

5.2.5.1 正常批量生产时的检验样车在检查批中随机抽取,检查批中的所有产品应为近半年内生产的。样车一般应在生产企业的成品库或生产线末端抽取。在抽样时还可增抽1~2辆备用样车。抽取的样车应是出厂检验合格的产品。

5.2.5.2 其他情况下检验按规定选取样车。

5.2.6 判定规则

5.2.6.1 在检验测试过程中(包括磨合期间),因产品质量原因发生每次致命故障应计一次A类不合格;发生的每次严重故障应计一次B类不合格;发生的每次一般故障应计一次C类不合格;但不应与表3中的规定重复计算。

5.2.6.2 可靠性试验期间的故障只用于计算判定可靠性指标。

5.2.6.3 表2中规定的不合格项含有多个子项的,若其中有一子项不合格,则应判该项不合格。

5.2.6.4 在检验测试过程中(包括磨合期间),因产品质量发生了一项A类不合格,则可以停止检测,并判为不合格。

5.2.6.5 按表3规定,各类不合格的项目数均小于或等于对应的Ac时判定被检批样本合格,否则判定被检批样本不合格。

6 交付

6.1 每辆三轮汽车应经制造厂检验部门检验合格并签发合格证后方可出厂。

6.2 三轮汽车交货状态由用户与制造厂商定。

6.3 出厂的每辆三轮汽车,制造厂应提供下列文件:

a) 使用说明书;

b) 三轮汽车零件或易损件目录(用户与制造厂协商确定);

c) 产品合格证;

d) 备件、附件和随车工具清单;

e) 装箱单(必要时)。

6.4 出厂的每辆三轮汽车应配齐备件、附件、随车工具。

7 运输和贮存

7.1 三轮汽车允许拆下前轮及减振器、车厢、后轮、发动机来运输,底盘上各操纵及连接装置均应保持原出厂验收状态。

7.2 发运的三轮汽车,包括备件、附件、随车工具,应保证在正常运输中不致损伤和丢失。

7.3 在干燥、通风的仓贮条件下,制造厂应保证三轮汽车及其备件、附件、随车工具或专用工具的防锈期自出厂之日起不少于12个月。

ICS 47.202.30
U 57

中华人民共和国国家标准

GB/T 24946—2010

船用数字液压缸

Marine digital hydraulic cylinder

2010-08-09 发布　　　　2010-12-01 实施

中华人民共和国国家质量监督检验检疫总局
中国国家标准化管理委员会　发布

前　言

本标准由中国船舶工业集团公司提出。

本标准由全国船用机械标准化技术委员会归口。

本标准起草单位:中国船舶工业综合技术经济研究院、北京亿美博科技有限公司、中船重工中南装备有限责任公司。

本标准主要起草人:祁超、杨世祥、汪远、陆智勇、杨涛、李宗波。

船用数字液压缸

1 范围

本标准规定了船用数字液压缸(以下简称“数字缸”)的产品分类、要求、试验方法、检验规则和标志、包装、运输和贮存等。

本标准适用于数字缸的设计、生产和验收。

2 规范性引用文件

下列文件中的条款通过本标准的引用而成为本标准的条款。凡是注日期的引用文件,其随后所有的修改单(不包括勘误的内容)或修订版均不适用于本标准,然而,鼓励根据本标准达成协议的各方研究是否可使用这些文件的最新版本。凡是不注日期的引用文件,其最新版本适用于本标准。

GB/T 699—1999 优质碳素结构钢

GB/T 2879 液压缸活塞和活塞杆动密封 沟槽尺寸和公差(GB/T 2879—2005,ISO 5597:1987,IDT)

GB/T 2880 液压缸活塞和活塞杆 窄断面动密封沟槽尺寸系列和公差

GB/T 3098.1—2000 紧固件机械性能 螺栓、螺钉和螺柱(idt ISO 898-1:1999)

GB/T 3452.1 液压气动用O形橡胶密封圈 第1部分:尺寸系列及公差(GB/T 3452.1—2005,ISO 3601-1:2002,MOD)

GB/T 3452.2 液压气动用O形橡胶密封圈 第2部分:外观质量检验规范(GB/T 3452.2—2007,ISO 3601-3:2005,IDT)

GB/T 3452.3 液压气动用O形橡胶密封圈 沟槽尺寸(GB/T 3452.3—2005,ISO 3601-2:1999,MOD)

GB/T 3783 船用低压电器基本要求

GB/T 5777 无缝钢管超声波探伤检验方法(GB/T 5777—2008,ISO 9303:1989,MOD)

GB/T 6577 液压缸活塞用带支承环密封沟槽型式、尺寸和公差(GB/T 6577—1986,neq ISO 6547:1981)

GB/T 6578 液压缸活塞杆用防尘圈沟槽型式、尺寸和公差(GB/T 6578—2008,ISO 6195:2002,MOD)

GB/T 7935 液压元件 通用技术条件

GB/T 8163—2008 输送流体用无缝钢管

GB/T 14039—2002 液压传动 油液 固体颗粒污染等级代号(ISO 4406:1999,MOD)

CB 1146.8 舰船设备环境试验与工程导则 倾斜和摇摆

CB 1146.9 舰船设备环境试验与工程导则 振动(正弦)

CB 1146.12 舰船设备环境试验与工程导则 盐雾

CB/T 3004 船用往复式液压缸基本参数

JB/T 4730.3—2005 承压设备无损检测 第3部分:超声检测

JB/T 7858 液压元件清洁度评定方法及液压元件清洁度指标

3 术语和定义

下列术语和定义适用于本标准。

3.1

数字液压缸 digital hydraulic cylinder

由电脉冲信号控制位置、速度和方向的液压缸。

3.2

脉冲当量　pulse equivalent

对应于每一个数字脉冲信号的数字缸行程。例如：1 000 个脉冲数字缸移动 100 mm，其脉冲当量为 0.1 mm/脉冲。

4　产品分类

4.1　数字缸结构

数字缸的典型结构示意图见图 1。

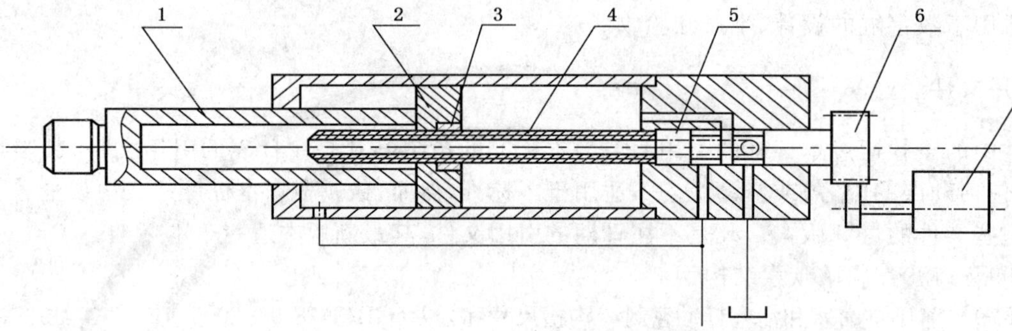

1——活塞杆；
2——活塞；
3——螺母；
4——螺杆；
5——控制阀阀芯；
6——减速齿轮；
7——步进电机。

图 1　数字缸的典型结构示意图

4.2　基本参数

4.2.1　数字缸的公称压力、缸径、杆径、行程应符合 CB/T 3004 的要求。

4.2.2　数字缸的脉冲当量一般为 0.01 mm/脉冲～0.2 mm/脉冲。

4.3　标记

4.3.1　数字缸的型号

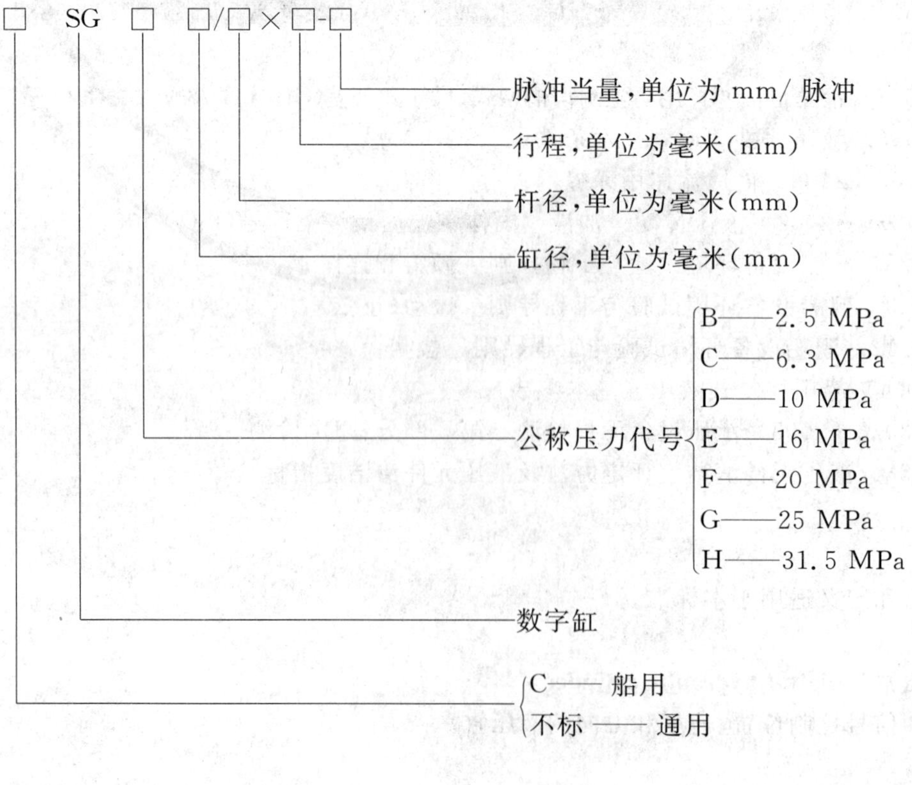

4.3.2 标记示例

公称压力为16 MPa,缸径100 mm,杆径63 mm,行程1 100 mm,脉冲当量0.1 mm/脉冲的船用数字缸标记为:

数字缸 GB/T 24946—2010 CSGE100/63×1100-0.1

4.4 结构

4.4.1 数字缸中与缸体连接部分所采用的连接螺钉、螺栓应不低于GB/T 3098.1—2000中规定的8.8级。

4.4.2 数字缸可根据需要设置排气装置。

4.4.3 数字缸应有防腐措施。

4.4.4 焊缝强度应不低于母材的强度。

4.4.5 数字缸中的密封件应能耐高温、耐腐蚀、耐老化、耐水解、密封性能好,既能满足油液的密封,又能满足海洋性空气环境的要求。

4.4.6 数字缸的各密封圈及沟槽的设计制造应符合下列要求:

a) O形橡胶密封圈尺寸及公差应符合GB/T 3452.1的要求;

b) O形橡胶密封圈外观质量应符合GB/T 3452.2的要求;

c) O形橡胶密封圈沟槽尺寸及设计应符合GB/T 3452.3的要求;

d) 数字缸活塞和活塞杆动密封沟槽尺寸和公差应符合GB/T 2879的要求;

e) 数字缸活塞和活塞杆窄断面动密封沟槽尺寸系列和公差应符合GB/T 2880的要求;

f) 数字缸活塞用带支承环密封沟槽型式、尺寸和公差应符合GB/T 6577的要求;

g) 数字缸活塞杆用防尘圈沟槽型式、尺寸和公差应符合GB/T 6578的要求;

h) 其他类型的密封圈及沟槽宜优先采用国家标准,所选密封件的型号应是经鉴定过的产品。

5 要求

5.1 外观

5.1.1 数字缸不应有毛刺、碰伤、划痕、锈蚀等缺陷,镀层应无起皮、空泡。

5.1.2 外露元件应经防锈处理,也可采用镀层或钝化层、漆层等进行防腐。

5.1.3 数字缸外表面在油漆前应除锈或去氧化皮,不应有锈坑。漆层应光滑和顺,不应有疤瘤等缺陷。

5.2 材料

5.2.1 数字缸主要零件材料见表1,也可选用性能不低于表1规定的材料。

表1 主要零件材料

名　称	材　料	标准号
缸　筒	20号无缝钢管	GB/T 8163—2008
柱塞或活塞杆	45	GB/T 699—1999

5.2.2 缸筒进行100%的超声波无损检测,应达到JB/T 4730.3—2005中规定的Ⅰ级。

5.3 环境条件

5.3.1 数字缸在环境温度为−25 ℃～65 ℃范围内应能正常工作。

5.3.2 数字缸在表2规定的倾斜、摇摆条件下应能正常工作。

表2 倾斜、摇摆角

横倾 (°)	纵倾 (°)	横摇 角度(°)	纵摇 角度(°)
±15	±5	±22.5	±7.5

5.3.3 数字缸在振动频率2.0 Hz～10 Hz时,位移振幅值1.0 mm±0.01 mm;或频率10 Hz～100 Hz时加速度幅值为7 m/s^2±0.1 m/s^2 条件下应能正常工作。

5.3.4 数字缸在GB/T 3783规定的盐雾性能条件下,应能正常工作。

5.4 工作介质污染度

数字缸腔体内工作介质的固体颗粒污染度等级应不高于GB/T 14039—2002中规定的-/19/16。

5.5 耐压强度

数字缸在承受1.5倍公称压力下,所有零件不应有破坏或永久性变形现象,焊缝处不应有渗漏。

5.6 密封性

数字缸在1.25倍公称压力下,所有结合面处应无外渗漏。

5.7 最低启动压力

数字缸的最低启动压力为0.5 MPa。

5.8 脉冲当量

数字缸的脉冲当量的实际值与标定值误差应小于5%。

5.9 最低稳定速度

数字缸的最低稳定速度应不大于每秒20个脉冲当量,最低稳定速度的单位是毫米每秒(mm/s)。

5.10 最高速度

数字缸平稳运行的最高速度应不小于每秒2 000个脉冲当量,最高速度的单位是毫米每秒(mm/s)。

5.11 重复定位精度

数字缸的重复定位精度应不超过3个脉冲当量。

5.12 分辨率

数字缸的分辨率应不大于30个脉冲当量。

5.13 死区

数字缸的死区应不超过30个脉冲当量。

5.14 脉冲频率

数字缸在最低脉冲频率为10 Hz,最高脉冲频率为3 000 Hz的范围内应能正常工作。

5.15 耐久性

数字缸在额定工况下使用寿命:往复运动累积行程不低于10^5 m。

5.16 清洁度

5.16.1 数字缸的内部污物重量(行程为1 m时)应低于表3的限值。

表3 液压缸内部污物重量限值

液压缸内径/mm	污物重量/mg
25～32	18
40～63	35
80～100	60
125～160	90
180～280	135
320～500	260
630～800	416

5.16.2 当行程超过1 m时,污染重量按公式(1)计算:

$$G \leqslant 0.5(1+L)G_0 \qquad (1)$$

式中：

G——缸实际污染物重量，单位为毫克(mg)；

L——缸行程的值，单位为米(m)；

G_0——表3中缸行程为1 m时的污染物重量，单位为毫克(mg)。

6 试验方法

6.1 试验原理

数字缸型式检验的液压系统原理图见图2，出厂检验的液压系统原理图见图3。

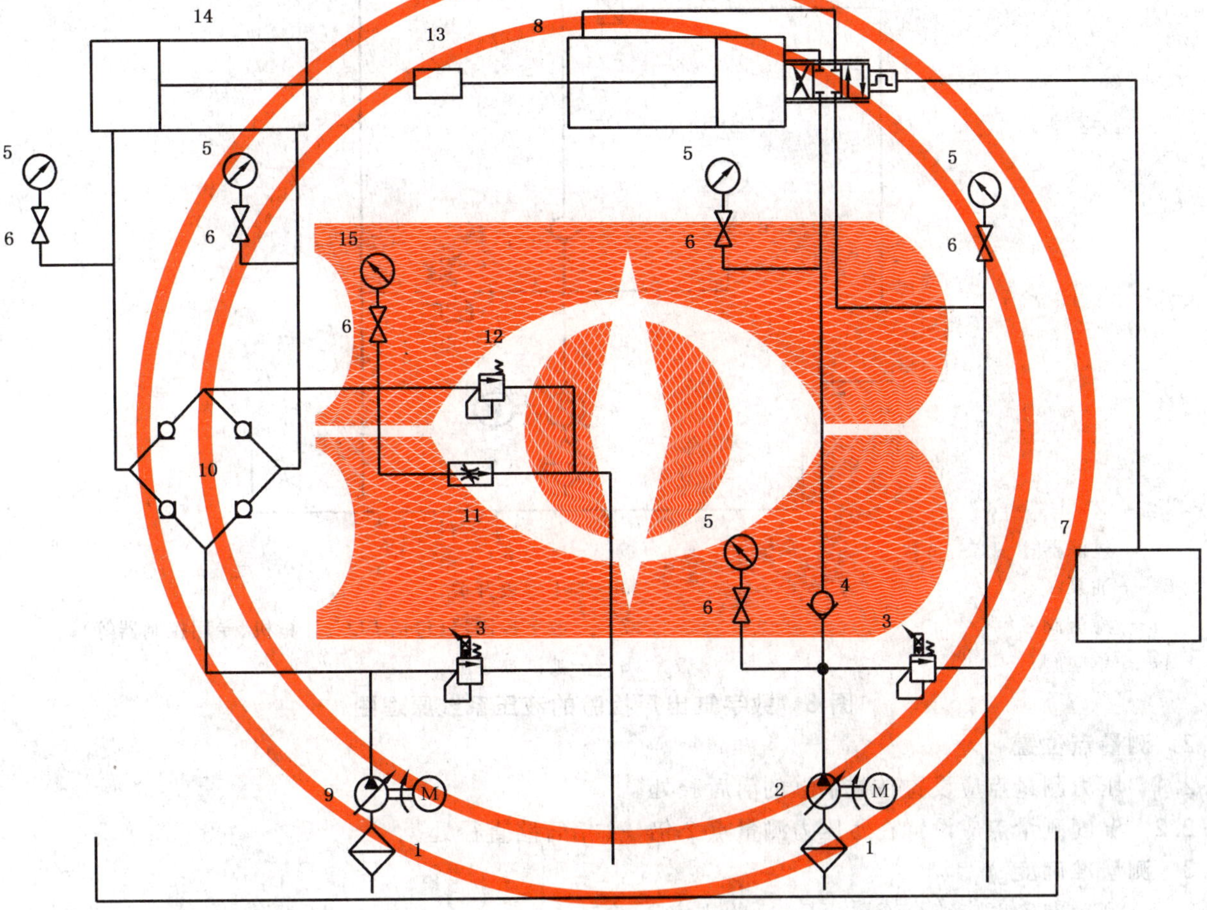

1——过滤器；

2——油泵；

3——溢流阀；

4——单向阀；

5——压力表；

6——压力表开关；

7——数字控制器(包括PLC、计算机、专用控制器等)；

8——被试数字缸；

9——低压供油泵；

10——桥式回路；

11——加载阀；

12——安全阀；

13——传感器；

14——加载缸；

15——加载压力显示。

图2 数字缸型式检验的液压系统原理图

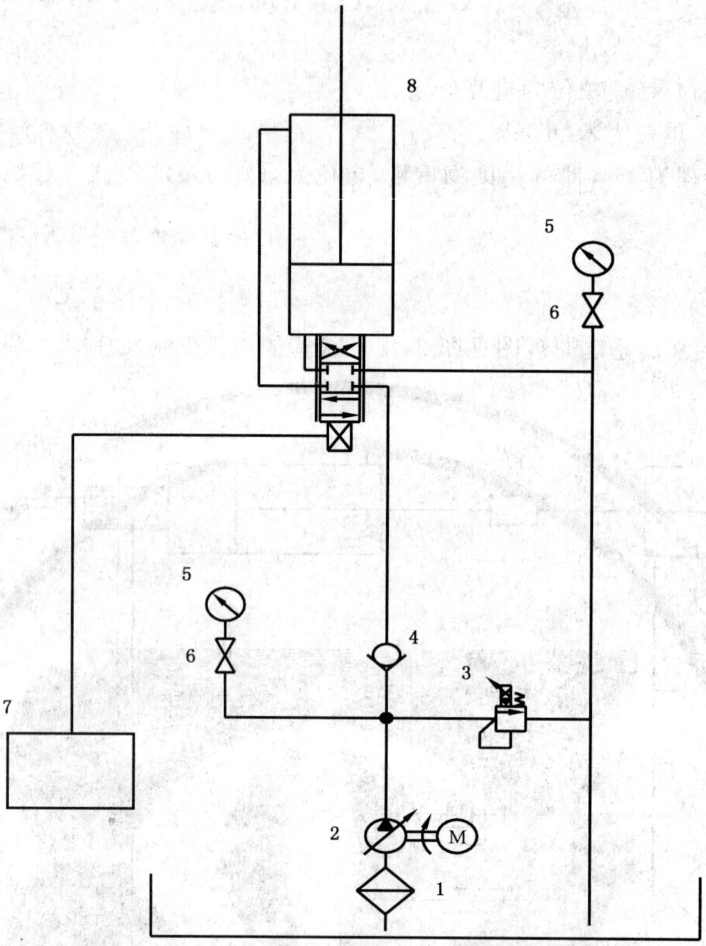

1——过滤器；
2——油泵；
3——溢流阀；
4——单向阀；
5——压力表；
6——压力表开关；
7——数字控制器(包括 PLC、计算机、专用控制器等)；
8——被试数字缸。

图 3 数字缸出厂检验的液压系统原理图

6.2 测量点位置

6.2.1 压力测量点应设置在数字缸的前后腔处。

6.2.2 温度测量点应设置在距压力测量点 2 倍～4 倍管路直径处。

6.3 测量准确度

6.3.1 测量准确度应符合 GB/T 7935 的规定。

6.3.2 测量仪器、仪表应附有合格印封或检定合格证。

6.4 试验项目

6.4.1 外观

用目测法检查数字缸的表面。结果应符合 5.1 的要求。

6.4.2 材料

6.4.2.1 检查并核对所使用材料的牌号和材料质保书。结果应符合 5.2.1 的要求。

6.4.2.2 按 GB/T 5777 规定的方法对缸筒和法兰焊缝进行 100％的探伤。结果应符合 5.2.2 的要求。

6.4.3 温度

6.4.3.1 在环境温度为 65 ℃±5 ℃时，将试验液压液的温度保持在 70 ℃±2 ℃，数字缸以 100 mm/s～120 mm/s 的速度，全行程连续往复运行 1 h。结果应符合 5.3.1 的要求。

6.4.3.2 在环境温度为－25 ℃±2 ℃时，保温 0.5 h，然后供入温度为－15 ℃的液压油，数字缸以 100 mm/s～120 mm/s 的速度，工作 5 min。结果应符合 5.3.1 的要求。

6.4.4 倾斜与摇摆

按 CB 1146.8 规定的方法，对数字缸进行倾斜与摇摆试验。结果应符合 5.3.2 的要求。

6.4.5 振动

按 CB 1146.9 规定的方法，对数字缸进行振动试验。结果应符合 5.3.3 的要求。

6.4.6 盐雾

按 CB 1146.12 规定的方法对数字缸进行盐雾试验。结果应符合 5.3.4 的要求。

6.4.7 工作介质

用颗粒计数法或显微镜法测量油液的固体颗粒污染度等级。结果应符合 5.4 的要求。

6.4.8 耐压强度

将被试数字缸的活塞分别停留在缸的两端(单作用数字缸处于行程极限位置)，分别向工作腔输入 1.5 倍公称压力的油液，保压 5 min。结果应符合 5.5 的要求。

6.4.9 密封性

将被试数字缸的活塞分别停留在缸的两端(单作用数字缸处于行程极限位置)，分别向工作腔输入 1.25 倍的公称压力的油液，保压 5 min。结果应符合 5.6 的要求。

6.4.10 最低启动压力

数字缸在无负载工况下，调整溢流阀，使进油压力逐渐升高，至数字缸启动，测量此时的液压进口压力。结果应符合 5.7 的要求。

6.4.11 脉冲当量

将油缸活塞杆前端固定一个防止活塞杆转动的导轨，给定 1 000 个脉冲，检查油缸的行程，连续往一个方向运行 5 次～10 次，最后用总行程除脉冲总数，得到平均脉冲当量为脉冲当量的实际值。结果应符合 5.8 的要求。

6.4.12 最低稳定速度

在回油背压小于 0.2 MPa、活塞杆无负载的情况下，使数字缸以平稳运行，全行程运行不少于 2 次，测量数字缸运行速度。结果应符合 5.9 的要求。

6.4.13 最高速度

用数字控制器控制数字缸，使速度达到每秒 2 000 个脉冲当量并走满行程。结果应符合 5.10 的要求。

6.4.14 重复定位精度

用数字控制器控制数字缸，在保证液压缸活塞杆无转动的情况下，用百分表或传感器检测重复定位精度，在不同的位置上重复 3 次，求平均值。结果应符合 5.11 的要求。

6.4.15 分辨率

用数字控制器控制数字缸，在保证液压缸活塞杆无转动的情况下，用百分表或传感器检测分辨率。结果应符合 5.12 的要求。

6.4.16 死区

用数字控制器控制数字缸，在保证液压缸活塞杆无转动的情况下，用百分表或传感器检测死区。结果应符合 5.13 的要求。

6.4.17 脉冲频率

6.4.17.1 重复向被试数字缸输入 1 000 个脉冲，脉冲频率从 2 000 Hz 开始，每次增加 100 Hz，直到 3 000 Hz。结果应符合 5.14 的要求。

6.4.17.2 重复向被试数字缸输入 500 个脉冲，脉冲频率从 50 Hz 开始，每次减少 5 Hz，直到 10 Hz。结果应符合 5.14 的要求。

6.4.18 耐久性

在公称压力下，被试数字缸按图2试验回路，以设计的最高速度(误差在±10%之间)连续运行，一次连续运行时间应不小于8 h，试验期间被试数字缸的零件均不应进行调整。结果应符合5.15的要求。

6.4.19 清洁度

按JB/T 7858规定的方法，测量数字缸的清洁度。结果应符合5.16的要求。

7 检验规则

7.1 检验分类

数字缸的检验分为型式检验和出厂检验。

7.2 型式检验

7.2.1 数字缸型式检验项目见表4。

表4 检验项目

序号	检验项目	型式检验	出厂检验	要求的章条号	检验方法的章条号
1	外观	●	●	5.1	6.4.1
2	材料	●	●	5.2	6.4.2
3	温度	●	—	5.3.1	6.4.3
4	倾斜、摇摆	●	—	5.3.2	6.4.4
5	振动	●	—	5.3.3	6.4.5
6	盐雾	●	—	5.3.4	6.4.6
7	工作介质	●	—	5.4	6.4.7
8	耐压强度	●	○	5.5	6.4.8
9	密封性	●	●	5.6	6.4.9
10	最低启动压力	●	●	5.7	6.4.10
11	脉冲当量	●	●	5.8	6.4.11
12	最低稳定速度	●	●	5.9	6.4.12
13	最高速度	●	●	5.10	6.4.13
14	重复定位精度	●	●	5.11	6.4.14
15	分辨率	●	●	5.12	6.4.15
16	死区	●	●	5.13	6.4.16
17	脉冲频率	●	—	5.14	6.4.17
18	耐久性	●	—	5.15	6.4.18
19	清洁度	●	○	5.16	6.4.19

注：●必检项目；○订购方与承制方协商检验项目；—不检项目。

7.2.2 下列情况下，产品应进行型式试验：

a) 研制的新产品(包括老产品转厂)；

b) 产品在设计、工艺或使用的材料上有重大改变时；

c) 正常生产时，每5年进行一次；

d) 长期停产后，恢复生产时；

e) 出厂试验结果与上次型式试验有较大差异时；

f) 用户在订货合同中要求做型式试验，并作为产品验收依据时。

7.2.3 数字缸型式检验的样品数量为一台。

7.2.4 数字缸全部检验符合要求，判定型式检验合格。若有不符合要求的项目，允许加倍取样复验一次，若复验全部项目合格仍判定数字缸型式检验合格；若复验仍有不符合要求的项目，则判定数字缸型式检验不合格。

7.3 出厂检验

7.3.1 数字缸应逐台进行出厂检验。

7.3.2 数字缸出厂检验项目见表4。

7.3.3 数字缸全部检验项目符合要求，判定出厂检验合格。若有不符合要求的项目，允许返修一次，对该项目及相关项目进行复检，符合要求，则仍判定该台数字缸出厂检验合格；若复验仍有不符合要求的项目，则判定该台数字缸为出厂检验不合格。

8 标志、包装、运输和贮存

8.1 标志

8.1.1 数字缸的铭牌宜采用黄铜或不锈钢等耐腐蚀性材料制作。铭牌应标有下列内容：

a) 产品名称；

b) 产品型号；

c) 主要技术参数；

d) 重量；

e) 制造厂名称；

f) 出厂编号；

g) 制造年月。

8.1.2 包装箱外面应注明：制造厂名称、产品名称、型号、件数、重量、外包装尺寸、到站及发货单位，并应注明防潮、防雨、防曝晒、小心轻放等图样或字样。

8.2 包装

8.2.1 数字缸应采用箱装。根据产品外形尺寸，可采用一箱一件或一箱多件。

8.2.2 数字缸装箱前，对进、出油口应采用防尘措施，如防尘盖、防尘塞等；螺纹接头应拧上保护套。

8.2.3 应将各连接件拧紧，各油口、气口加防尘堵头，裸露零件应清洗干净并涂好防锈油。

8.2.4 应先将产品装入带有干燥剂的塑料袋内封存好再装入箱内，并固定。

8.2.5 随机文件应装入密封、内有防潮剂的塑料袋中。随机文件包括：

a) 装箱清单；

b) 使用说明书；

c) 备件清单；

d) 产品合格证；

e) 船检证书(视需要)。

8.2.6 包装箱两端应用钢带坚固好，防止吊装破箱。

8.2.7 数字缸的油封期为6个月，超过期限应重新油封。

8.3 运输与贮存

8.3.1 运输

数字缸运输时，应轻装轻放，不应用抛、滑或其他容易引起碰击的方法进行搬动。

8.3.2 贮存

数字缸贮存时，应水平放置，防止滚动、碰伤。不应曝晒、受潮、雨淋及接触腐蚀性气体。

ICS 47.020.20
U 41

中华人民共和国国家标准

GB/T 24947—2010

船用辅锅炉水质要求

Requirement for water quality of marine auxiliary boiler

2010-08-09 发布 2010-12-01 实施

中华人民共和国国家质量监督检验检疫总局
中国国家标准化管理委员会 发布

前　言

本标准由中国船舶工业集团公司提出。

本标准由全国船用机械标准化技术委员会归口。

本标准起草单位：张家港格林沙洲锅炉有限公司、青岛船用锅炉厂有限公司、中国船舶工业综合技术经济研究院、中国船级社青岛分社、青岛凯能锅炉设备有限公司。

本标准主要起草人：魏华兴、刘国良、邱玉东、车锐、王波、仲崇欣。

船用辅锅炉水质要求

1 范围

本标准规定了船用辅锅炉(以下简称“锅炉”)运行时的水质要求。

本标准适用于设计压力不大于 2.5 MPa,介质为水和饱和蒸汽的燃油锅炉、废气锅炉、燃油废气组合式锅炉,以及介质出口温度不超过 120 ℃的热水锅炉。

2 规范性引用文件

下列文件中的条款通过本标准的引用而成为本标准的条款。凡是注日期的引用文件,其随后所有的修改单(不包括勘误的内容)或修订版均不适用于本标准,然而,鼓励根据本标准达成协议的各方研究是否可使用这些文件的最新版本。凡是不注日期的引用文件,其最新版本适用于本标准。

GB/T 1576 工业锅炉水质

3 术语和定义

下列术语和定义适用于本标准。

3.1

给水 feed water

由给水泵从锅炉入口供给锅炉的补给水、冷凝水等。

3.2

锅水 boiler water

对循环锅炉而言,指锅炉内部的浓缩水。一般是指锅筒内的水。

4 要求

4.1 蒸汽锅炉的给水一般应采用锅外化学水处理。其水质应符合表 1 的规定。

表 1 蒸汽锅炉的水质标准

项 目	给 水			锅 水		
额定压力/MPa	≤1.0	>1.0~1.6	>1.6~2.5	≤1.0	>1.0~1.6	>1.6~2.5
总硬度(以 Ca^{2+}、Mg^{2+} 计)/(mg/L)	<1	<1	<1	—	—	—
总碱度(以 OH^-、CO_3^{2-} 计)/(mg/L)	—	—	—	≤450	≤350	≤350
盐度(Cl^-)/(mg/L)	≤10	≤10	≤10	<600	<500	<400
pH(25 ℃时)	7~9	7~9	7~9	10~12	10~12	10~12
悬浮物/(mg/L)	≤5	≤5	≤5	—	—	—
溶解氧/(mg/L)	≤0.1	≤0.1	≤0.05	—	—	—
溶解固形物/(mg/L)	—	—	—	<4 000	<3 000	<2 500
含油量/(mg/L)	≤2	≤2	≤2	<20	<15	<15
含铁量/(mg/L)	≤0.3	≤0.3	≤0.3	—	—	—
亚硫酸盐(SO_3^{2-})/(mg/L)	—	—	—	10~30	10~30	10~30
磷酸盐(PO_4^{3-})/(mg/L)	—	—	—	10~30	10~30	10~30

4.2 热水锅炉给水应进行锅外化学处理。对于额定热功率不大于2.8 MW的热水锅炉可采用锅内加药处理，但必须对锅炉的结垢、腐蚀和水质加强监督，认真做好加药工作。其水质应符合表2的规定。

表2 热水锅炉的水质标准

项目	锅内加药处理		锅外化学处理	
	给水	锅水	给水	锅水
总硬度(以 Ca^{2+}、Mg^{2+} 计)/(mg/L)	≤192	—	≤19.2	—
pH(25 ℃时)	7～9	10～12	7～9	10～12
悬浮物/(mg/L)	≤20	—	≤5	—
溶解氧/(mg/L)	—	—	≤0.1	—
含油量/(mg/L)	≤2	—	≤2	—

4.3 锅炉水质锅内处理主要采用加碱或磷酸盐的方法。锅外化学处理主要采用钠离子交换法，再根据水质分析结果加适量的磷酸或六偏磷酸钠消除残余硬度，加适量亚硫酸钠除氧。

4.4 额定蒸发量大于2.0 t/h，且额定出口蒸汽压力大于1.0 MPa的锅炉，水质处理应采用锅外处理为主，锅内加药处理为辅的方法。

4.5 当锅炉额定蒸发量不小于6.0 t/h时，应采用化学除氧；额定蒸发量小于6.0 t/h的锅炉，如发现局部腐蚀时，应采用除氧措施。

4.6 水质检验方法按GB/T 1576。

ICS 65.060
T 54

中华人民共和国国家标准

GB/T 24948—2010

三轮汽车和低速货车 词汇

Tri-wheel vehicles and low-speed goods vehicles—Vocabulary

2010-08-09 发布　　2010-12-01 实施

中华人民共和国国家质量监督检验检疫总局
中国国家标准化管理委员会 发布

前　　言

本标准由中国机械工业联合会提出。

本标准由全国低速汽车标准化技术委员会(SAC/TC 234)归口。

本标准起草单位:机械工业拖拉机农用运输车检测中心、江苏大学。

本标准主要起草人:佟静、陈昆山。

三轮汽车和低速货车 词汇

1 范围

本标准规定了三轮汽车和低速货车整车的主要词汇和对应的英文名称。

本标准适用于三轮汽车和低速货车。

2 规范性引用文件

下列文件中的条款通过本标准的引用而成为本标准的条款。凡是注日期的引用文件，其随后所有的修改单(不包括勘误的内容)或修订版均不适用于本标准，然而，鼓励根据本标准达成协议的各方研究是否可使用这些文件的最新版本。凡是不注日期的引用文件，其最新版本适用于本标准。

GB 7258—2004 机动车运行安全技术条件

3 分类

3.1

三轮汽车 tri-wheel vehicle

最高设计车速小于等于 50 km/h 的，具有三个车轮的货车。

[GB 7258—2004，定义 3.2.4.1]

注 1：装在同一个轮毂上的双轮胎仍算一个车轮。

注 2：轴传动三轮汽车后轮可以采用双轮胎。

3.1.1

全封闭驾驶室三轮汽车 complete defilade cab tri-wheel vehicle

具有完整的驾驶室封闭结构，驾驶员及驾驶操作机构非暴露于露天的三轮汽车。

3.1.2

半封闭驾驶室三轮汽车 half defilade cab tri-wheel vehicle

驾驶室没有顶棚部分，驾驶员及驾驶操作机构暴露于露天的三轮汽车。

3.2

低速货车 low-speed goods vehicle

最高设计车速小于 70 km/h 的，具有四个车轮的货车。

[GB 7258—2004，定义 3.2.4.1]

注 1：装在同一个轮毂上的双轮胎仍算一个车轮。

注 2：低速货车后轮可以采用复式轮胎结构。

3.2.1

长头低速货车 normal control cab low-speed goods vehicle

有车前板制件，驾驶室位于发动机后方的低速货车。

3.2.2

平头低速货车 forward control cab low-speed goods vehicle

不需车前板制件，驾驶室位于发动机上方的低速货车。

3.3

低速汽车 low-speed vehicle

三轮汽车和低速货车统称为低速汽车。

3.3.1

自卸式低速汽车 dump low-speed vehicle

装有本车发动机驱动的液压举升机构，能将车厢卸下或使车厢倾斜一定角度，使货物依靠自重而自行卸下的低速汽车。

3.3.2

厢式低速汽车 van low-speed vehicle

具有独立的封闭结构的车厢或与驾驶室联成一体的整体式封闭结构车厢，装有专用设施，用于载运货物或承担专门作业的低速汽车。

3.3.3

罐式低速汽车 tanker low-speed vehicle

装置有罐装容器，并通常带有工作泵，用于运输液体、气体或粉状物质，以及完成特定作业任务的低速汽车。

3.3.4

仓栅式低速汽车 stake low-speed vehicle

具有仓笼式、栅栏式结构的车厢，用于运输散装颗粒食物、畜禽等货物的低速汽车。

3.3.5

冷藏式低速汽车 refrigerated van low-speed vehicle

装备有隔热结构的车厢和制冷装置，用于冷藏运输的低速汽车。

3.3.6

清洁式低速汽车 street flusher low-speed vehicle

装备有水罐、水泵和冲洗嘴，具有清洁功能的低速汽车。

3.3.7

洒水式低速汽车 street sprinkler low-speed vehicle

装备有水罐、水泵和喷嘴，使水流具有一定的压力，能沿管路经喷嘴喷洒在路面上的低速汽车。

3.3.8

起重式低速汽车 lift low-speed vehicle

装置有起重设备或可升降的作业台斗的低速汽车。

3.3.9

其他类型专用低速汽车 other special purpose low-speed vehicle

具备其他专用功能用于承担专门运输任务或专项作业的低速汽车。

4 车辆尺寸

4.1

车辆支承平面(简称 *X* 平面) support plane of vehicle

测量车辆尺寸参数时，用于支承车轮的平坦、坚实的水平面。

4.2

车轮中心平面 plane of wheel center

对于单式车轮，车轮中心平面为与车轮轮辋的两侧内边缘等距的平面。

对于双式车轮，车轮中心平面为与外车轮轮辋内缘和内车轮轮辋外缘等距的平面。

4.3

车轮中心 wheel center

车轮中心平面与车轮回转中心线的交点。

4.4

车辆纵向对称平面(简称 Y 平面) longitudinal plane of symmetry of vehicle

线段 AB 的垂直平分平面。A 和 B 两点为通过同一轴上两端车轮轴线的 X 平面的垂面同车轮中心平面的交线与 X 平面的交点(见图 1)。

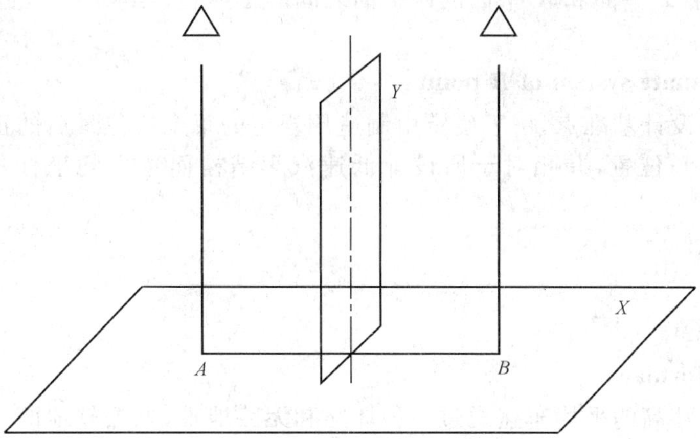

图 1 车辆纵向对称平面示意图

4.5

车长 vehicle length

分别过低速汽车最外端点且垂直于 Y 平面和 X 平面的两平面间的距离。

4.6

车宽 vehicle width

分别过低速汽车两侧固定突出部位(不包括后视镜、侧面标志灯、示位灯、转向指示灯、挠性挡泥板、折叠式踏板、防滑链以及轮胎与地面接触变形部分)最外侧点且平行于 Y 平面的两平面之间的距离。

4.7

车高(无装载质量) vehicle height (unloaden)

在空载状态下,低速汽车最高点至 X 平面的距离。

4.8

货箱拦板内尺寸 dimensions of packing box inner

货箱内部(可忽略其中的轮罩、局部加强筋、挂钩等内部突起)的长、宽和高。

4.9

轴距 wheel base

分别过低速汽车同一侧相邻两车轮的 A 和 B 点(见 4.4)并垂直于 Y 和 X 平面的两平面之间的距离。

4.10

前轮距 front track

测量两前轮胎在低速汽车支承平面上留下轨迹的中心线间距离。

4.11

后轮距 rear track

测量两后轮胎在低速汽车支承平面上留下轨迹的中心线间距离。对于双后轮应测量两个双后轮中心平面间距离。

4.12

前悬 front overhang

分别过低速汽车最前端点(包括前挂钩、车牌及任何固定在低速汽车前部的刚性部件)和前轮中心

且垂直于 Y 平面和 X 平面的两平面之间的距离。

4.13

后悬　rear overhang

分别过低速汽车后轴两轮中心和低速汽车最后端点(包括牵引装置、车牌及固定在低速汽车后部的任何刚性部件)且垂直于 Y 平面和 X 平面的两平面之间的距离。

4.14

"*R*"点坐标　coordinate system of *R* point

低速汽车制造厂的设计基准点,用于确定由制造厂规定的每个座位最后的正常位置,它是模拟人体躯干和大腿的跨关节中心位置,并相对于所设计低速汽车结构而建立的坐标,这一点称为"座位标志点"。

5　通过性

5.1

通过性　cross performance

指低速汽车能以足够高的平均车速通过各种坏路和无路地带,如松软地面、坎坷不平地段和各种障碍(陡坡、壕沟、台阶、灌木丛、水障等)的能力。

5.2

最小离地间隙　minimum ground clearance

低速汽车中间区域内的最低点到 X 平面的距离,中间区域为平行于 Y 平面且与其等距离的两平面之间所包含的部分,两平面之间的距离为同一轴上两端车轮内缘最小距离的80%。

5.3

接近角　approach angle

切于静载前轮轮胎外缘且垂直于 Y 平面的平面与 X 平面之间所夹的最大锐角,前轴前方任何固定在低速汽车上的刚性部件均在此平面的上方。

5.4

离去角　departure angle

X 平面与切于静载低速汽车最后车轮轮胎外缘的平面之间所夹的最大锐角。位于最后车轴后方的任何固定在低速汽车上的刚性部件均在此平面的上方。

5.5

纵向通过角　ramp angle

当分别切于静载车轮前后轮胎外缘且垂直于 Y 平面的两平面交于车体下部较低部位时,车轮外缘两切面之间所夹的最小锐角。该角为低速汽车可以超越的最大角度。

6　质量

6.1

最大设计总质量　maximum design total mass

低速汽车制造厂规定的最大质量。

6.2

整车整备质量　complete vehicle kerb mass

指低速汽车上带有全部装备(包括随车工具、备胎等),加满燃料、水,但没有装货和载人时的整车质量。

6.3

额定装载质量　maximum design pay mass

低速汽车制造厂允许装载货物的最大质量。

6.4

最大允许轴荷　maximum authorized axle load

行政主管部门规定的最大轴荷。

6.5

最大设计轴荷　maximum design axle load

低速汽车制造厂制定的最大轴荷。

6.6

质量利用系数　quality utilization factor

低速汽车质量利用系数是乘员质量加上载货质量与整车整备质量的比值。

7　动力性

7.1

动力性　motive performance

低速汽车在良好路面上直线行驶时由低速汽车受到的纵向外力决定的、所能达到的平均行驶速度。

7.2

设计最高车速　maximum design speed

低速汽车在平地和没有外界不利影响的情况下，考虑低速汽车设计和结构的特殊限制而不应超过的速度。

7.3

最低稳定车速　minimum stabilized speed

发动机在工作时低速汽车能稳定行驶的最小速度。

7.4

起步加速性能　starting acceleration performance

低速汽车从初速度为零加速到指定车速的能力。

7.5

加速时间　time for acceleration

低速汽车从指定初速度到另一指定车速时所需的时间。

7.6

加速区间　acceleration area

低速汽车从指定初速度到另一指定车速时所通过的距离。

7.7

爬坡能力　grad ability

在规定的条件下，低速汽车能够通过的最大坡度。

8　燃油经济性

8.1

燃油经济性　fuel economic

单位燃油消耗量所完成的运输工作量。

8.2

经济车速　economical speed

燃油消耗量为最小时的车速。

8.3

经济油耗　economical consumption of fuel

低速汽车以经济车速行驶时所消耗的燃油量。

8.4

等速行驶燃油消耗量　steady speed fuel consumption

在规定的行驶条件下和规定的距离内，低速汽车按指定的车速作等速行驶时，每百千米的燃油消耗量。

8.5

多工况循环燃油消耗量　cycle for multiple working conditions fuel consumption

在规定的行驶条件下和规定的距离内，低速汽车按指定的工况和程序连续行驶时，每百千米的燃油消耗量。

8.6

测试区　test area

用于进行低速汽车燃油消耗测量的区域。

8.7

测量路段　test road

测试区内用于测量低速汽车燃油消耗量的路段。

9　操纵稳定性

9.1

操纵稳定性　handling stability

指在驾驶者不感到过分紧张、疲劳的条件下，低速汽车能遵循驾驶者通过转向系及转向车轮给定的方向行驶，且当遭遇外界干扰时，低速汽车能抵抗干扰而保持稳定行驶的能力。

9.2

转向圆直径　turning circles diameters

转向盘转到极限位置时，低速汽车内外转向轮接地点在 X 平面上的轨迹圆直径。

9.3

转向通道圆　turning clearance circles

转向盘转到极限位置时，低速汽车所有点在 X 平面上的投影均位于圆外的最大内圆，及包含低速汽车所有点在 X 平面上的投影的最小外圆。低速汽车有左和右转向通道圆。

9.4

前束　toe-in

同一轴两端车轮轮辋内侧轮廓线的水平直径的端点为等腰梯形的顶点，等腰梯形前后底边之差为前束。

9.5

侧倾稳定角　stable roll angle

低速汽车倾斜时，低速汽车车轮支承平面法向力至零以前的侧翻角。

9.6

最大侧倾稳定角　maximum stable roll angle

低速汽车倾斜时，低速汽车一侧车轮支承平面法向力至零时的侧翻角。

10　制动性能

10.1

制动性能　brake performance

指低速汽车行驶时能在短距离内停车且维持行驶方向稳定性和在下长坡时能维持一定车速的能力。

10.2

行车制动性能　brake in driving performance

用以使行驶中的低速汽车减速或停驶的能力。

10.3

应急制动性能　emergency brake performance

在行车制动系失效的情况下，仍能使行驶中的低速汽车减速或停驶的能力。

10.4

驻车制动性能　parking brake performance

停驶的低速汽车(包含坡道停车)以机械作用保持其不动的能力。

10.5

制动稳定性　brake stability

制动时低速汽车不发生跑偏、侧滑以及失去转向能力的性能。

10.6

制动距离　braking distance

低速汽车接受制动信号时的位置与低速汽车停止时的位置间的距离。

10.7

制动初速度　initial speed of braking

由于制动系的作用，低速汽车开始减速时的行驶速度。

10.8

制动减速度　braking deceleration

由于制动系的作用，低速汽车在一定的时间内获得的减速度。

10.9

制动失效　braking failure

制动时，由于制动系统某一零件的损坏或发生故障，使低速汽车速度不减低或不能停驶的现象。

10.10

车轮抱死　wheel lock

制动过程中，车轮由于制动力矩的作用而停止转动的现象。

10.11

制动踏板的自由行程　free pedal travel

踩下制动踏板时，从踏板的原始位置开始，到控制装置(制动阀或主缸)开始起作用时止，踏板所移动的距离。

10.12

侧滑　sideslip

指制动时低速汽车的某一轴或两轴发生横向移动。

11　环境污染

11.1

自由加速工况　free acceleration mode

柴油发动机处于怠速工况(发动机运转，离合器处于接合位置，油门踏板与手油门处于松开位置，变速器处于空挡位置)，将油门踏板迅速踏到底，维持 4 s 后松开。

11.2

自由加速烟度　free acceleration smoke

在自由加速工况下，从发动机排气管中排出的碳烟浓度。

11.3

工况法排气污染物　cycle for multiple working conditions emission pollutants

在规定的条件下，低速汽车装用的柴油机按指定的工况运行时排出的气态污染物和颗粒物。

11.4

驾驶员操作位置处噪声　noise at the operator's position

低速汽车按规定工况行驶时，在驾驶员耳旁规定位置处测得的最大噪声。

11.5

加速行驶车外噪声　noise emitted by accelerating

低速汽车按规定工况加速行驶，在规定位置处测得的最大噪声。

12　起动性能

12.1

起动性能　start ability

在规定的环境温度下，低速汽车从接受起动信号开始到发动机能够连续运转的最短时间。

13　滑行距离

13.1

滑行距离　coasting distance

低速汽车以指定车速行驶时，从切断动力源或离合器脱开到低速汽车停止时所通过的距离。

14　可靠性

14.1

可靠性　reliability

低速汽车在规定条件下和规定时间内，完成规定功能的能力。

14.2

平均故障间隔里程　average mileage between trouble

指低速汽车相邻两次故障（轻度故障除外）之间的平均行驶间隔里程。

14.3

首次故障行驶里程　first time trouble mileage

指低速汽车发生首次故障（轻度故障除外）时的平均行驶里程。

14.4

轻度故障　light trouble

轻度影响正常使用，一般不会导致停驶或性能下降，修理费用低廉，用随车工具就轻易排除的故障，或轻度影响外观的缺陷。

14.5

一般故障　common trouble

明显影响正常使用，或规定的性能超限，不需要更换重要总成或零部件，在较短的有效时间内就可排除的故障，或明显影响外观的缺陷。

14.6

严重故障　serious trouble

影响行驶安全，或导致重要总成，零件损坏，或规定的重要性能超限，应停机修理，且修理费用较高，在较短的有效时间内无法排除（通常需要拆开机体检修才能排除）的故障。

14.7

致命故障　fatal trouble

危及行驶安全或导致人身伤亡，或引起主要总成报废、造成重大经济损失的故障。

15　柴油机

15.1

柴油机　diesel engine

以柴油作燃料的内燃机，即空气在气缸内压缩而产生高温，使喷入的柴油自燃并由燃气膨胀做功，其工作循环是近似定容加热和定压加热的混合循环。

15.2

有效功率　break power

指示功率减去机械损失功率所剩的功率，即输出功率。

15.3

标定功率　rated power

内燃机制造厂标定的有效功率。

15.4

标定转速　rated speed

内燃机发出标定功率时的相应转速。

15.5

最大扭矩　maximum torque

全负荷下的速度特性曲线上的最大扭矩值。

15.6

最大扭矩转速　maximum torque speed

内燃机发出最大扭矩时的转速。

15.7

气缸直径　cylinder bore

气缸的内径，简称缸径。

15.8

气缸工作容积　piston swept volume

在一个工作循环中，活塞在上下止点之间所扫过的容积。

15.9

排量　delivery capacity

一台内燃机全部气缸的排量之和。

15.10

发火次序　ignition order

各气缸轮流着火(点火)的次序。

15.11

行程　stroke

活塞运行在上、下两个止点间的距离，简称行程。

15.12

进气方式　induction mode

指发动机吸气的方式，分为自然进气和涡轮增压两种。

15.13

压缩比　compression ratio

气缸最大容积与最小容积(均包括燃烧室容积)的比值。

中文索引

英文索引

A

B

C

D

E

F

G

H

I

L

M

N

O

P

Q

R

S

T

ICS 47.020.70
U 65

GB

中华人民共和国国家标准

GB/T 24949—2010/ISO 11606:2000

船舶和海上技术 船用电磁罗经

Ships and marine technology—Marine electromagnetic compasses

(ISO 11606:2000,IDT)

2010-08-09 发布 2010-12-01 实施

中华人民共和国国家质量监督检验检疫总局
中国国家标准化管理委员会 发布

前　言

本标准等同采用 ISO 11606:2000《船舶和海上技术　船用电磁罗经》(英文版)。

本标准等同翻译 ISO 11606:2000。

本标准相对于 ISO 11606:2000 做了下列编辑性修改：

——前言和引言部分未纳入；

——"本国际标准"一词，在本标准中改为"本标准"；

——凡现行国家标准中有等同采用国际标准的，均引用国家标准；

——标识小数的","改为"."；

——纳入了国际标准化组织 2005 年对 ISO 11606 的勘误内容；

——表述方式按照 GB/T 1.1—2000 的规定做了编辑性修改。

本标准的附录 A 为资料性附录。

本标准由中国船舶工业集团公司提出。

本标准由全国海洋船标准化技术委员会航海仪器分技术委员会(SAC/TC 12/SC 5)归口。

本标准起草单位：中国船舶工业综合技术经济研究院。

本标准主要起草人：康元、李传明。

船舶和海上技术　船用电磁罗经

1　范围

本标准规定了符合《1974年国际海上人命安全公约》(SOLAS公约)第Ⅴ章和《国际高速船安全规则》(HSC规则)要求，用于操舵和测定方向的船用电磁罗经的结构和性能通用要求、型式试验和单项检验要求。本标准所规定的电磁罗经适用于总长不小于24 m的船舶。电磁罗经是指利用地球磁场获取船舶艏向信息的电子设备，该信息将被传输到用于操舵和测定方向的主罗经、附属于主罗经的复示器及其他需要的导航设备。

注：在本标准中凡引用IMO决议的内容均用斜体印刷。

2　规范性引用文件

下列文件中的条款通过本标准的引用而成为本标准的条款。凡是注日期的引用文件，其随后所有的修改单(不包括勘误的内容)或修订版均不适用于本标准，然而，鼓励根据本标准达成协议的各方研究是否可使用这些文件的最新版本。凡是不注日期的引用文件，其最新版本适用于本标准。

ISO 449:1997　船舶和海上技术　A级磁罗经、罗经柜和方位仪

ISO 1069　航海磁罗经和罗经柜　术语

IEC 60945　海上导航和无线电通信设备及系统　一般要求　测试方法和要求的测试结果

IEC 61162-2　海上导航和无线电通信设备及系统　数字接口　第2部分:单通话器和多受话器高速传输

IMO A.694(17)决议　作为全球海上遇险与安全系统(GMDSS)组成部分的船用无线电设备和电子助航设施的一般要求

IMO A.813(19)决议　所有船用电气和电子设备的电磁兼容性(EMC)的一般要求

IMO MSC.86(70)决议　关于海上发送式磁性航向设备(TMHD's)性能标准的建议案

3　术语和定义

ISO 1069确立的以及下列术语和定义适用于本标准。

3.1

磁性传感器　magnetic sensor

探测地球磁场，并向信息处理器提供与方向有关的适当信息输出的传感器。

3.2

信息处理器　processor

处理磁性传感器输出的信息，提供船舶磁艏向和(或)真艏向的装置。

3.3

主罗经　main compass

将信息处理器的输出信息输出到罗经刻度盘或罗经刻度盘电子图像显示的装置。

3.4

复示器　repeater indicator

附加的方位显示器。也可以用其他型式的罗经刻度盘显示。

4　构成

电磁罗经由磁性传感器、信息处理器、主罗经和其他复示器等设备与装置组成。

5 结构与材料

5.1 要求

电磁罗经应满足下述要求。

5.2 电气布线

直流电源和连接各元件单元的电气布线不应对艏向信息产生明显的误差。

注：因此，推荐使用双绞线。

5.3 非磁性外罩

磁性传感器装置的外罩应是非磁性的。

5.4 艏艉线标志

艏艉线标志应刻在磁性传感器装置及主罗经的罗经柜底部。磁性传感器装置及主罗经的罗经柜应安装在艏艉线上。

艏艉线标志与主罗经纵轴之间的误差应不超过±0.5°。

5.5 刻度

5.5.1 主罗经刻度盘

主罗经应采用罗经刻度盘的形式。应从上面的北(000°)开始顺时针方向以1°为一个刻度共360个刻度。每10°应以三位数字表示度数。在任何方向上的刻度误差应小于0.2°。在四个方向点上，应用大写字母N、S、E和W表示，四角最好也有标记。

另外，北最好以适当的图形符号标记。

5.5.2 复示器的显示

复示器的刻度采用刻度盘形式时，应与主罗经刻度盘相同。当复示器用于操舵时，应使用刻度盘形式。用数字显示时，应用三位数字显示度数。

5.5.3 刻度中心

当主罗经和复示器用于测定方向时，应安装用于测定方向的方位杆座。如没有该座时，应明确标识刻度中心。

5.5.4 罗经方位环刻度

用于方位测定的主罗经和复示器为了测量与船首的相对方位，应在罗经上提供一个刻有刻度的方位环，从上面看，该方位环上的刻度按顺时针方向以1°为一个刻度，共360个刻度。

由船首刻度和船尾刻度共同组成的180°刻度与艏艉线标志的误差应在±0.5°以内。

5.5.5 艏艉线标志精确度

用于方向测定的主罗经和复示器的艏艉线标志相对于通过罗经刻度盘中心和船首标志垂直面的误差应在±0.5°以内。

5.5.6 刻度可读性

具有正常视力的人，在日光和人工光下，在1 m的距离处，应能读出主罗经刻度盘和复示器的指示。

5.5.7 罗经刻度盘水平度

用于方向测定的主罗经刻度盘和复示器刻度盘应在水平±2°内静止。

5.6 船首基线

5.6.1 一般要求

5.6.1.1 主罗经显示器和复示器至少应装有一个用来标识艏向的船首基线。此外，还宜装有标识船尾和左右舷方向的附加标志。

5.6.1.2 船首基线的宽度应不大于刻度盘刻度的0.5°或0.5 mm中的小者。

5.6.1.3 船首基线与刻度盘外缘的距离应不大于1.5 mm。

5.6.2 精确度

船首基线对应罗经方位环 0°与 180°的连线应在±0.5°以内。

附加标志应在±1°以内。

5.7 照明

装置应为调节旋钮和显示器提供适当的照明措施。应设有调节灯光亮度的设备。

5.8 自差和倾斜误差修正

5.8.1 一般要求

应设有可以修正倾斜误差和自差系数 A、B、C、D 及 E 的装置。它应具有下述修正量:

——产生倾斜误差的船舶磁场的垂直分量:±75 μT 以内。

——系数A:±3°及以内;

——系数B:±(720/H)°及以内;

——系数C:±(720/H)°及以内;

——系数D:±7°及以内;

——系数E:±3°及以内。

其中:H 为用微特斯拉(μT)表示的地球磁场磁力线密度(磁感应强度)的水平分量。

系数 A、B、C、D 和 E 的修正装置不应产生超过 1°的自差。倾斜误差修正设备在任何情况下,均不应在船舶磁场的垂直分量上产生超过 1 μT 的变化。

5.8.2 修正值指示

电子修正所用的数值应通过适当的方式予以指示,且这些数值还应被存储,以便在接通电源时数值能自动恢复。

5.8.3 修正装置的保护

为防止意外变化的影响,应对修正装置采取保护措施。

5.9 艏向输出

显示或传送的艏向信息应以易于识别的形式显示。所有艏向的显示和输出最好以真艏向的形式表示。任何修正艏向自差和调整偏差的度数,应能被显示或包含在输出中。

5.10 向其他设备的输出

电磁罗经应设计成可以向其他导航设备(雷达、方位仪、航向保持设备、定位设备等)提供方位信息,传输偏差不大于±0.5°。如这些导航设备具有数字接口,则应符合 IEC 61162 的要求。

5.11 常平架

5.11.1 常平架轴的方向

当设有常平架时,外部常平架轴应是艏艉线方向。

5.11.2 常平架轴之间的角度

当设有常平架时,则内部常平架轴和外部常平架轴之间的角度应为 90°±1°。当外部常平架环的直径小于 150 mm 时,则其角度应为 90°±2°。

5.11.3 主罗经的倾斜自由度

当主罗经设有常平架轴时,应具有绕内部常平架轴在水平位置的 30°范围内自由转动的构造。

5.11.4 主罗经和复示器移位预防

当主罗经和复示器安装在常平架装置上时,应具有倾斜后能回复正常位置,且不因倾斜而移位的构造。

5.12 主罗经安装

在磁性传感器、主罗经和刻度盘式复示器的底部,应设有可在±5°范围内校正与艏艉线指向不一致的调整装置。

5.13 罗经刻度盘高度

主罗经应安装在使罗经刻度盘表面至少高于罗经甲板 1 m 以上的位置，并且具有能够测量天体和其他远方标志物的构造。

5.14 复示器水密性

在露天甲板使用的主罗经及其所有复示器都应具有水密结构。

5.15 方位仪

5.15.1 方位仪配备

至少应配备一台利用天体或其他远方标志物测量方位的方位仪。

5.15.2 方位测定

视野应不少于视线两侧 5°。而且，以水平面为基准，应能测量水平面以下 5°至水平面以上 60°之间的天体及远方标志物的方位。应在水平面以上 5°～50°的范围内满足对于方位测量的精确度要求。

5.16 维护和检修的结构

装置的结构应易于维护和检修。

5.17 电源异常保护

设备应具有防止过电流、过电压和瞬变电流以及电流极性意外逆转影响的保护装置。

6 性能

6.1 必要的温度条件

暴露于大气的设备在 −25 ℃±3 ℃和 70 ℃±3 ℃，有大气防护的设备在 −15 ℃±3 ℃和 55 ℃±3 ℃的温度范围内应符合 6.2～6.6 的要求。

允许使用温度控制设备。

6.2 艏向精确度

6.2.1 静态精确度

艏向静态精确度应在±1.0°以内。

6.2.2 动态精确度

除规定的静态精确度外，艏向指示或输出的动态精确度应在±1.5°以内。在船舶可能会遇到的各种海况和船舶运动条件下，误差的波动周期应不小于 30 s。

6.3 传输系统随动精确度

当传感器以±20°/s 的速率旋转时，传输系统的随动精确度应在±1.5°以内。

6.4 复示器与主罗经的同步精确度

复示器与主罗经之间的读数差应在±0.5°以内。

6.5 自差修正的可能性

应对自差 *A*、*B*、*C*、*D* 和 *E* 进行修正，使各自差的剩余值在±0.5°以内。

6.6 电磁兼容性

电磁罗经的电磁干扰和防护要求，除应符合 IMO A.694(17)决议外，还应符合 IMO A.813(19)决议规定。

7 故障预防措施

7.1 电源

应提供主电源和应急电源。两个电源之间应有自动切换装置。本要求不适用于无应急电源的船舶。

7.2 自差修正信息的备份

应采取措施防止因非预期更改或设备故障而使自差修正信息更改。

7.3 故障报警

应具有可以显示主电源故障的警报装置。

8 标识

每套电磁罗经上应清楚标示下列信息：

a) 制造厂商标识；

b) 装置的类型编号或型式试验时的型号；

c) 制造的序列号；

d) 制造年份(如果年份可以从序列号中读出,则可省略)；

e) 在桥楼上安装的磁罗经安全距离。

9 型式试验和单项检验

9.1 总则

除非另有规定,所有试验均应在 20 ℃±3 ℃的温度条件下进行。

9.2 型式试验

型式试验应在设备投入正常使用前进行。型式试验仅对新型设备进行。

9.3 单项检验

单项检验应在设备上船安装之前进行。此外,单项检验还应在船上定期或设备维修后进行。

进行单项检验时,所有设备在检验时都应处于洁净和可用状态。

10 证书

10.1 试验证书

10.1.1 通过型式试验或单项检验且符合要求的设备,检测机构应以其所用语言和英语出具试验证书。

10.1.2 各种型式试验证书仅对其试验的类型有效。如果由于变更或技术方面的改善使其对符合本标准的状态产生影响,则对变更或改善的型号应予以新的标识编号,并应重新进行型式试验。变更时,应向原检测机构提出申请,并由其决定是否需要全部重新进行型式试验。

10.1.3 需要时,应出具证书副本,副本上应清楚地标注“副本”。

10.1.4 国家之间对型式试验证书和单项检验证书的接受以相互同意为基础。

10.2 制造商或进口商文件

下列要求仅适用于型式试验。

制造商或进口商应书面说明在型式试验中不能确定的要求,该说明应包括以下内容：

——所用元件的详细说明；

——常平架圈的详细说明；

——安装说明；

——实现最优化性能的操作指南；

——支持型式试验申请的图样。

10.3 标志检查

10.3.1 目视检查第 8 章规定的标识内容。

10.3.2 当满足 10.3.1 要求时,第 8 章所列内容应记录在试验证书内。

10.4 抽样检查

为了检查含有 10.2 中所要求的“制造商或进口商文件”,应进行抽样检查。

11 试验

11.1 设备试验

11.1.1 一般要求

应根据IEC 60945规定的分类对下列项目进行检查：

a) 磁性传感器：暴露于大气类；

b) 信息处理器：有大气防护类或用于露天甲板的暴露于大气类；

c) 主罗经显示器：有大气防护类或用于露天甲板的暴露于大气类；

d) 复示器：有大气防护类或用于露天甲板的暴露于大气类。

检查应在经正式机构认可的具有稳定磁场的试验室中进行。

11.1.2 罗经状态检查

对罗经各部件进行目视检查，应无损坏、机械牢固、操作性能良好。

11.1.3 非磁性检查（仅用于型式试验）

应检查磁性传感器部件的外罩（见5.3），确认为非磁性材料。

11.1.4 主罗经刻度盘刻度

目视进行检查。结果应符合5.5.1的要求。

11.1.5 主罗经艏艉线标志

该检查在罗经试验台上进行试验。应使外部常平架轴（未采用常平架的，可以用艏艉线）与通过试验台旋转中心的铅垂校正面相吻合，转动试验台，直到艏艉线标记与铅直校正面相一致，这时，艏艉线标记的角度差与试验台的旋转角应相等。结果应符合5.4的要求。

11.1.6 主罗经方位误差

该检查在罗经试验台上进行。结果应符合5.5.1的要求。

11.1.7 复示器刻度盘刻度

目视进行检查。结果应符合5.5.2的要求。

11.1.8 罗经方位环刻度

目视进行检查。结果应符合5.5.4的要求。

11.1.9 可读性

目视进行检查。结果应符合5.5.6的要求。

11.1.10 罗经刻度盘水平度

当主罗经和刻度盘形式的复示器装有常平架时，应使常平架或顶部的玻璃盖处于水平静止状态。无论是否装有方位仪、其他附件或放大器均应满足这一要求。将适宜灵敏度的水平仪或同类仪器置于罗经方位环或玻璃盖上进行测量。结果应符合5.5.7的要求。

11.1.11 船首基线

11.1.11.1 船首基线和附加标志

对主罗经和罗经复示器上的船首基线和附加标志（如果有的话）进行检查。结果应符合5.6的要求。

11.1.11.2 船首基线宽度与位置

目视进行检查。结果应符合5.6的要求。

11.1.11.3 船首基线误差

该检查通过罗经试验台进行。应使外部常平架轴（未采用常平架的，可以用艏艉线）与通过试验台旋转中心的垂直校正面相吻合，转动试验台，使船首基线到达视野铅直校正面。这时，船首基线角度差与试验台的旋转角相等。结果应符合5.6的要求。

11.1.12 照明与调光器

目视进行检查。结果应符合5.7的要求。

11.1.13 修正值的显示

目视进行自差和倾斜误差修正值显示的符合性检查。结果应符合5.8的要求。

11.1.14 输出检查

11.1.14.1 一般要求

对5.8～5.10要求的符合性检查应采用目视或用电工仪表测量的方法进行。

11.1.14.2 艏向输出

目视检查经自差系数 A、B、C、D、E 和地磁偏差修正后的艏向方位输出是否提供给主罗经、复示器及输出接口。结果应符合5.9的要求。

11.1.15 常平架轴的方位和常平架轴的角度

目视检查外部常平架轴的方位。结果应符合5.11.1的要求。

测量常平架轴的角度可通过试验台的刻度来进行测量。即先测量一个轴再测量另一个轴，使其与通过刻度中心的铅垂面相重合，根据罗经平台的转动角度可以求得。结果应符合5.11.2的要求。该试验仅用于型式试验。

11.1.16 主罗经倾斜自由度

该项检查可通过安装在玻璃顶盖或罗经方位环上的倾斜仪来进行测量。结果应符合5.11.3的要求。该试验仅用于型式试验。

11.1.17 移位预防措施

目视进行检查。结果应符合5.11.4的要求。该试验仅用于型式试验。

11.1.18 主罗经安装

根据制造商的说明转动磁性传感器装置，检查可修正的最大转动角度。结果应符合5.12的要求。

11.1.19 主罗经刻度盘高度

测量主罗经刻度盘的盘面高度。结果应符合5.13的要求。

11.1.20 复示器水密性

用于露天甲板的主罗经和复示器，应符合IEC 60945中"暴露于大气的设备或单元"的要求。

11.1.21 方位角读数装置的规定

用于方位测量的方位仪应符合ISO 449:1997第7章的要求。

11.1.22 方位视野

目视进行检查。结果应符合5.15.2的要求。

11.1.23 维护和检修结构

目视进行检查。结果应符合5.16和IEC 60945的要求。

11.1.24 电源异常保护

应按IEC 60945方法对电源异常保护进行确认，并符合5.17的要求。

11.2 性能测试

11.2.1 罗经倾斜自由度

该试验通过倾斜度可调节的旋转试验台进行。当使罗经柜在任意方向倾斜30°时，主罗经和刻度盘式的复示器应符合5.11.4的要求，并且，主罗经的读数应符合6.2和6.3的要求。

11.2.2 主罗经艏艉线标志精确度

该试验通过罗经试验台进行。通过罗经刻度盘的中心与罗经方位环艏艉基线的垂直面应在5.5.5的规定值范围内，并应通过主罗经罗经柜的艏艉线标志。

11.2.3 船首标志精确度

该试验通过罗经试验台进行。通过主罗经或刻度盘式复示器的船首标志中心的铅垂线应符合5.6.2的要求。

11.2.4 罗经精确度

试验在20 ℃±3 ℃的温度条件下进行。转动旋转试验台,使磁性传感器的艏艉线与旋转试验台的地磁子午线吻合后,从地磁方位0°开始,至少读取16个方位(每22.5°)的主罗经刻度值,读数应符合6.2的要求。

11.2.5 水平面的方位精确度

试验在20 ℃±3 ℃的温度条件下进行。至少读取16个方位(每22.5°)的主罗经和复示器刻度值,读数应符合6.2的要求。

11.2.6 船舶运动影响下的方位精确度

将磁性传感器置于试验台上,对试验台施以10 s为周期、幅度为±22.5°的摆动,持续10 min,读取主罗经的方位,应符合6.2的要求。

11.2.7 传输系统的随动精确度

将磁性传感器置于试验台上,使试验台以20°/s的转速旋转,读取主罗经的读数,应符合6.3的要求。

11.2.8 复示器和主罗经间的同步精确度

复示器和主罗经间的同步精确度应符合6.4的要求。

11.2.9 环境条件

按IEC 60945的要求进行下列试验:

——干热试验;

——湿热试验;

——低温试验。

结果应符合第6章的要求。

11.2.10 自差修正能力检查

将磁性传感器放置于罗经试验台的旋转中心。在这个位置同传感器一起,分别按5.8的规定值产生船舶垂直磁场分量和自差系数 A、B、C、D 及 E。接通罗经电流,由自差修正设备尽可能的精确实施自差修正。然后,转动罗经试验台,并至少每隔22.5°读取主罗经的残余自差,读数应满足6.5的要求。另外,其他干扰误差不应大于5.8的规定值。

在试验中各修正系统应独立、分别地产生,并实施修正。

11.3 电磁兼容试验

罗经应按IEC 60945的要求进行电磁兼容检验。结果应符合6.6的要求。

11.4 振动试验

振动试验应按IEC 60945的要求进行,在全振动频率范围内不应有共振点。

11.5 维护和检修结构

罗经维护和检修结构应符合IEC 60945的要求。

11.6 故障预防措施的检查

该检查应在实际试验中进行。结果应符合7.1~7.3的要求。

12 标识

符合本标准要求的电磁罗经,应按下列项目顺序标识:

——本标准编号;

——以毫米表示的主罗经显示刻度盘的直径。

例如:刻度盘直径为165 mm的电磁罗经应标识为:

GB/T 24949—165

附　录　A
（资料性附录）
本标准条文与IMO决议条文对照

本标准的条目	IMO MSC.86(70)决议附件2或IMO A.694(17)决议的条目
5.4	IMO MSC.86(70)决议附件2的4.1、4.1.1、4.1.2
5.8	IMO MSC.86(70)决议附件2的4.3
5.8.2	IMO MSC.86(70)决议附件2的4.3.1
5.8.3	IMO MSC.86(70)决议附件2的4.3.2
5.9	IMO MSC.86(70)决议附件2的4.4
5.10	IMO MSC.86(70)决议附件2的4.5
5.12	IMO MSC.86(70)决议附件2的4.2.1
5.17	IMO A.694(17)决议的4.2
6.2	IMO MSC.86(70)决议附件2的5.1
6.2.1	IMO MSC.86(70)决议附件2的5.1.1
6.2.2	IMO MSC.86(70)决议附件2的5.1.2
6.3	IMO MSC.86(70)决议附件2的5.2
6.6	IMO MSC.86(70)决议附件2的6
7.3	IMO MSC.86(70)决议附件2的7

参 考 文 献

[1] ISO 613:2000 船舶和海上技术 B级磁罗经、罗经柜和方位读数仪.

[2] GB/T 3100—1993 国际单位制及其应用(eqv ISO 1000:1992).

[3] CB/T 3973—2005 船舶与海上技术 磁罗经在船上的定位(ISO 694:2000,IDT).

[4] ISO 2269:1992 造船 A级磁罗经 方位读数装置和罗经柜 试验和验证.

[5] ISO 10316:1990 造船 B级磁罗经 试验和验证.

[6] IEC 60092-504:1994 船舶电气设备 第504部分:专辑 控制和测量仪表.

[7] GB/T 10250—2007 船舶电气与电子设备的电磁兼容性(IEC 60533:1999,IDT).

[8] IMO A.382决议 磁罗经的配置和性能标准.

ICS 47.020.50
U 63

中华人民共和国国家标准

GB/T 24950—2010/ISO 17899:2004

船舶和海上技术　船用电动雨刷

Ships and marine technology—Marine electric window wipers

(ISO 17899:2004,IDT)

2010-08-09 发布　　2010-12-01 实施

中华人民共和国国家质量监督检验检疫总局
中国国家标准化管理委员会　发布

前　言

本标准等同采用 ISO 17899:2004《船舶和海上技术　船用电动雨刷》(英文版)。

本标准等同翻译 ISO 17899:2004。

本标准相对于 ISO 17899 做了下列编辑性修改:

——前言和引言部分未纳入;

——"本国际标准"一词,在本标准中改为"本标准";

——凡现行国家标准中有等同采用国际标准的,均引用国家标准;

——标识小数的","改为".";

——表述方式按照 GB/T 1.1—2000 的规定做了编辑性修改。

本标准由中国船舶工业集团公司提出。

本标准由全国海洋船标准化技术委员会航海仪器分技术委员会(SAC/TC 12/SC 5)归口。

本标准起草单位:中国船舶工业综合技术经济研究院。

本标准主要起草人:康元。

船舶和海上技术 船用电动雨刷

1 范围

本标准规定了船用电动雨刷的特性、功能、结构、材料和电气装置等要求。

本标准适用于设置在海船桥楼上可以进行周期性维护，并且功能、材料和电气装置符合 ISO 8468 规定的雨刷装置。

2 规范性引用文件

下列文件中的条款通过本标准的引用而成为本标准的条款。凡是注日期的引用文件，其随后所有的修改单(不包括勘误的内容)或修订版均不适用于本标准，然而，鼓励根据本标准达成协议的各方研究是否可使用这些文件的最新版本。凡是不注日期的引用文件，其最新版本适用于本标准。

GB 4208 外壳防护等级(IP 代码)(GB 4208—2008,IEC 60529:2001,IDT)

ISO 6361(所有部分) 加工铝和铝合金薄板、带、厚板

ISO 6362(所有部分) 加工铝和铝合金挤压棒/条材、管材和型材

ISO 6363(所有部分) 加工铝和铝合金冷拔棒/条材和管材

ISO 8468:1990 船舶桥楼相关设备布置 要求和规则

ISO/TR 15510 不锈钢 化学成分

IEC 60945:2002 海上导航和无线电通信设备及系统 一般要求 测试方法和要求的测试结果

3 术语和定义

下列术语和定义适用于本标准。

3.1

雨刷 wiper

由电动机及传动机构、雨刷臂、擦拭刮片组成的装置。

3.2

雨刷系统 wiper system

由雨刷和其控制系统组成的系统。

4 要求

电动雨刷应在任何天气和海况条件下，应确保船舶在最高航速航行中有足够清晰的视野。

5 擦拭面积

应通过雨刷类型、尺寸和规格的选择确保擦拭面积最大，见第 19 章。

6 设计和结构

根据驱动电机安装在桥楼内或外，雨刷分为内置式和外置式两种类型。第 19 章给出了各种类型雨刷的示例。各类雨刷的典型布置形式见图 1。

7 擦拭速度

雨刷系统应至少每分钟刮扫视窗中央部分区域 50 周，即刮扫 100 次/分。对于直线型雨刷，刮片的

线速度应不小于 68 m/min。

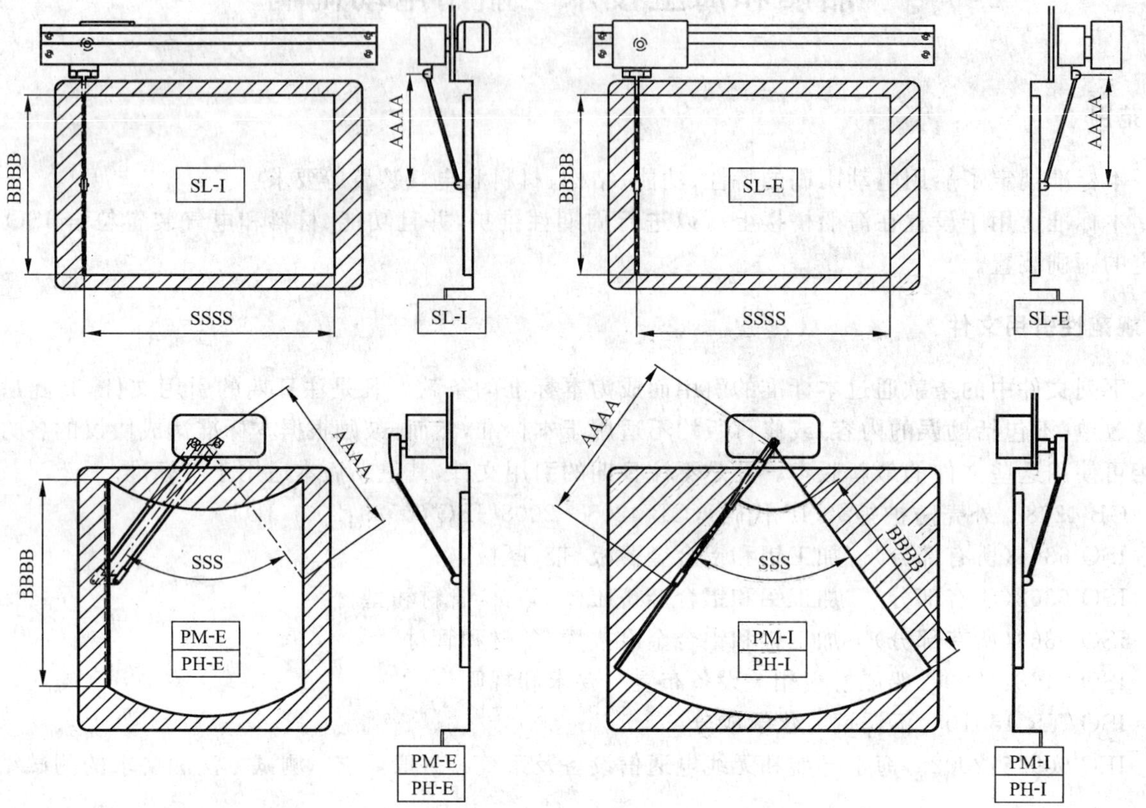

注：关键尺寸的解释，见第 19 章。

图 1　刮水器典型驱动布置示意

8　擦拭质量

雨刷的刮片应贴紧视窗玻璃进行无渍刮水清理，并且不应损伤玻璃。应施加足够的压力于刮片，以保证即使在严酷的气候条件和(或)船舶高速航行中，刮片在全长和清扫区域的整个范围内均与玻璃保持接触。

9　材料

9.1　雨刷系统除安装在驾驶室内的部件外，其他的金属部件应按下列标准选用耐腐蚀的材料：

——至少应采用 ISO 6361、ISO 6362 和 ISO 6363 规定的耐腐蚀高强度铝合金；

——采用 ISO/TR 15510 规定的含有铬、镍、钼成分的耐腐蚀钢。

9.2　作为替换，也可以使用不污染空气和抗紫外线的工程塑料。

9.3　不应使用易损坏、易破碎和易老化的防腐蚀涂层。

10　电气设备

10.1　低电压安全性

电气设备的低电压安全性应符合 IEC 60945:2002 中 4.6 的要求。

10.2　电磁兼容性

电磁兼容性应符合 IEC 60945:2002 中 4.5.1 的要求。

11 除冰装置

11.1 一般要求

对于设计在低温环境中运营的船舶，雨刷应安装可在−25 ℃寒冷条件下运行的除冰设备，雨刷的机械部件、摇臂和刮片不应被冰冻结。出于安全的考虑，如果使用电加热可运动部件，如摇臂和刮片，则使用的最高电压为24 V。

11.2 直线型雨刷

考虑到船舶最低运营温度和强风高寒因素，加热输出应采用合适的防护包覆，该包覆应保护雨刷持续运行。

11.3 扇型和摆型雨刷

对于扇型和摆型雨刷，加热器应安装在摇臂中或摇臂的驱动轴中，或在驱动轴周围的包覆中，它们能使得雨刷即使在船舶最低运营温度和强风高寒条件下保持运行。

12 耐久性试验

12.1 当整个系统进行耐久性检验时，雨刷系统应在加速寿命试验之后保持(正常)运行。该试验是在干燥窗户且机械部件无水状态下连续3 000 h的运行。由于在试验过程中极可能对标准雨刷刮片形成磨损，因此，雨刷刮片可以使用加强型刮片或者在刮片上加装使刮片臂具有同等摩擦力的附件，以使刮片臂所受的摩擦力保持正常工作时的状态。

12.2 进行雨刷刮片耐久性检验时，忽略视窗的情况或视窗已经变干的状态下，在总计100 h的试验过程中，雨刷系统应在干燥视窗上以1 h为周期运行10个周期，擦拭质量不应降低。在进行其余时间试验时，视窗应处于雨或海水溅湿的正常仿真状态。

12.3 在1年中，雨刷系统需承受在正常状态(湿的视窗)下至少3 000 h的总工作时间而不需要进行维修和更换任何部件，因此，雨刷系统的维修周期至少应达到1年。

13 盐雾试验

雨刷系统安装在桥楼外的部分，应满足IEC 60945:2002中8.12规定的盐雾试验的要求。

14 温度试验

雨刷系统应能24 h不间断运行，否则，应满足IEC 60945:2002中8.2、8.3和8.4规定的温度试验的要求。

15 海水试验

雨刷系统的所有电气部分应封闭以防海水进入。当雨刷系统遭受海水时，应能够在正常环境温度下连续3 000 h不间断运行。系统的防护等级应按GB 4208的规定达到以下要求：

a) 应达到IP67的水密和气密防护等级；

b) 控制系统密闭防护至少应达到IP30的防护等级。

16 耐[机械]冲击

雨刷系统应能在以下机械冲击条件下无故障：

在三维直角坐标轴系中，各轴沿两个方向各施以10次强度为10*g*(11 ms，1/2个正弦波)的机械冲击，总计60次。

17 振动

雨刷系统满足IEC 60945:2002中8.7规定的振动要求。

18 罗经安全距离

雨刷系统的电机应满足 IEC 60945:2002 中 11.2 规定的要求,并标识与罗经的安全距离。

19 标识

雨刷系统的标识规定如下:

类型规格:TT-L-SSS(S)-AAAA-BBBB-VVV-TTN-FF

其中:

TT	类型	SL 表示直线型;PH 表示扇型;PM 表示摆型。
L	电机位置	I 表示内置电机驱动;E 表示外置电机驱动。
SSS 或	行程	对于扇型和摆型雨刷,表示刮片臂的摆动角,单位为度(°),如:060。
SSSS		对于直线型雨刷,表示擦拭的长度,单位为毫米(mm),如:0915。
AAAA	雨刷臂	表示雨刷臂的长度,单位为毫米(mm),如:0900。
BBBB	刮片	表示刮片长度,单位为毫米(mm),如:0850。
VVV	电压	表示电源电压(标称),如:024、100、115、220/230、380 和 440。
TTN-FF	电源	对于直流:TTN-FF 表示为 DC。 对于交流:TT 表示为 AC; N 表示相数,1:相对中性线,2:相对相,3:三相; FF 表示频率,单位为赫兹(Hz),如:50、60 或 50/60。

示例:

内置电机驱动直线型,行程 1 050 mm,臂长 800 mm,刮片长 900 mm,使用 220 V 三相 60 Hz 交流电动雨刷标识为:SL-I-1050-0800-0900-230-AC3-60。

外置电机驱动扇型刷,扇面角 90°,臂长 650 mm,刮片长 500 mm,使用 115 V 相对中性线 50/60 Hz 交流电动雨刷标识为:PH-E-090-0650-0500-115-AC1-50/60。

参 考 文 献

[1] IEC 60092-504 船舶电气装置 第504部分:专辑 控制和测量仪表.
[2] ISO 3904:1990 造船及海上结构物 旋转视窗.

ICS 47.020.70
U 68

中华人民共和国国家标准

GB/T 24951—2010/ISO 8729:1997

船舶和海上技术　船用雷达反射器

Ships and marine technology—Marine radar reflectors

(ISO 8729:1997,IDT)

2010-08-09 发布　　2010-12-01 实施

中华人民共和国国家质量监督检验检疫总局
中国国家标准化管理委员会　发布

前　言

本标准等同采用 ISO 8729:1997《船舶和海上技术　船用雷达反射器》(英文版)。

本标准等同翻译 ISO 8729:1997。

本标准相对于 ISO 8729 做了下列编辑性修改:

——前言和引言部分未纳入;

——“本国际标准”一词,在本标准中改为“本标准”;

——引用标准根据国家标准进行了对应的调整;

——标识小数的“,”改为“.”;

——表述方式按照 GB/T 1.1—2000 的规定做了编辑性修改。

本标准的附录 A 为规范性附录。

本标准由中国船舶工业集团公司提出。

本标准由全国海洋船标准化技术委员会航海仪器分技术委员会(SAC/TC 12/SC 5)归口。

本标准起草单位:中国船舶工业综合技术经济研究院。

本标准主要起草人:康元。

船舶和海上技术　船用雷达反射器

1　范围

本标准规定了符合IMO A.384(X)决议要求的拟用于增强小型船舶雷达回波的雷达反射器的最低要求。

本标准适用于雷达反射器的结构、性能、安装、试验和检验的技术要求。

2　规范性引用文件

下列文件中的条款通过本标准的引用而成为本标准的条款。凡是注日期的引用文件，其随后所有的修改单(不包括勘误的内容)或修订版均不适用于本标准，然而，鼓励根据本标准达成协议的各方研究是否可使用这些文件的最新版本。凡是不注日期的引用文件，其最新版本适用于本标准。

GB/T 15868—1995　全球海上遇险与安全系统(GMDSS)　船用无线电设备和海上导航设备通用要求、测试方法和要求的测试结果(idt IEC 60945:1994)

IMO A.384(X)决议　雷达反射器性能标准

3　定义

下列术语和定义适用于本标准。

3.1

雷达反射器　radar reflector

为增强小型目标的雷达回波所设计的无源装置。

3.2

回波面积　echoing area

面积大小是在规定方向上散射的每单位立体角的功率与从规定方向入射到散射体上的每单位面积平面波功率之比的 4π 倍。

注：回波面积取决于雷达的工作频率及反射器的三维取向。发射机和回波的极化影响反射器的有效回波面积。

在自由空间传播的情况下，回波面积 $\sigma(m^2)$ 可以按下式进行计算：

$$\sigma = \frac{(4\pi)^3 \times S \times R^4}{P \times G^2 \times \lambda^2}$$

式中：

S——接收功率的数值，单位为瓦(W)；

R——雷达和目标之间的距离的数值，单位为米(m)；

P——发射峰值功率的数值，单位为瓦(W)；

G——天线增益的数值；

λ——波长的数值，单位为米(m)。

3.3

水平面极座标方向性图　azimuthal polar diagram

反射器回波面积与环绕其垂直轴的方位角关系的极座标图。

3.4

楞勃反射器 Luneberg reflector

利用具有若干不等折射率的同心球面,能够将入射能量聚焦到反射表面上的反射器。该能量沿着入射路径再反射(见图1)。

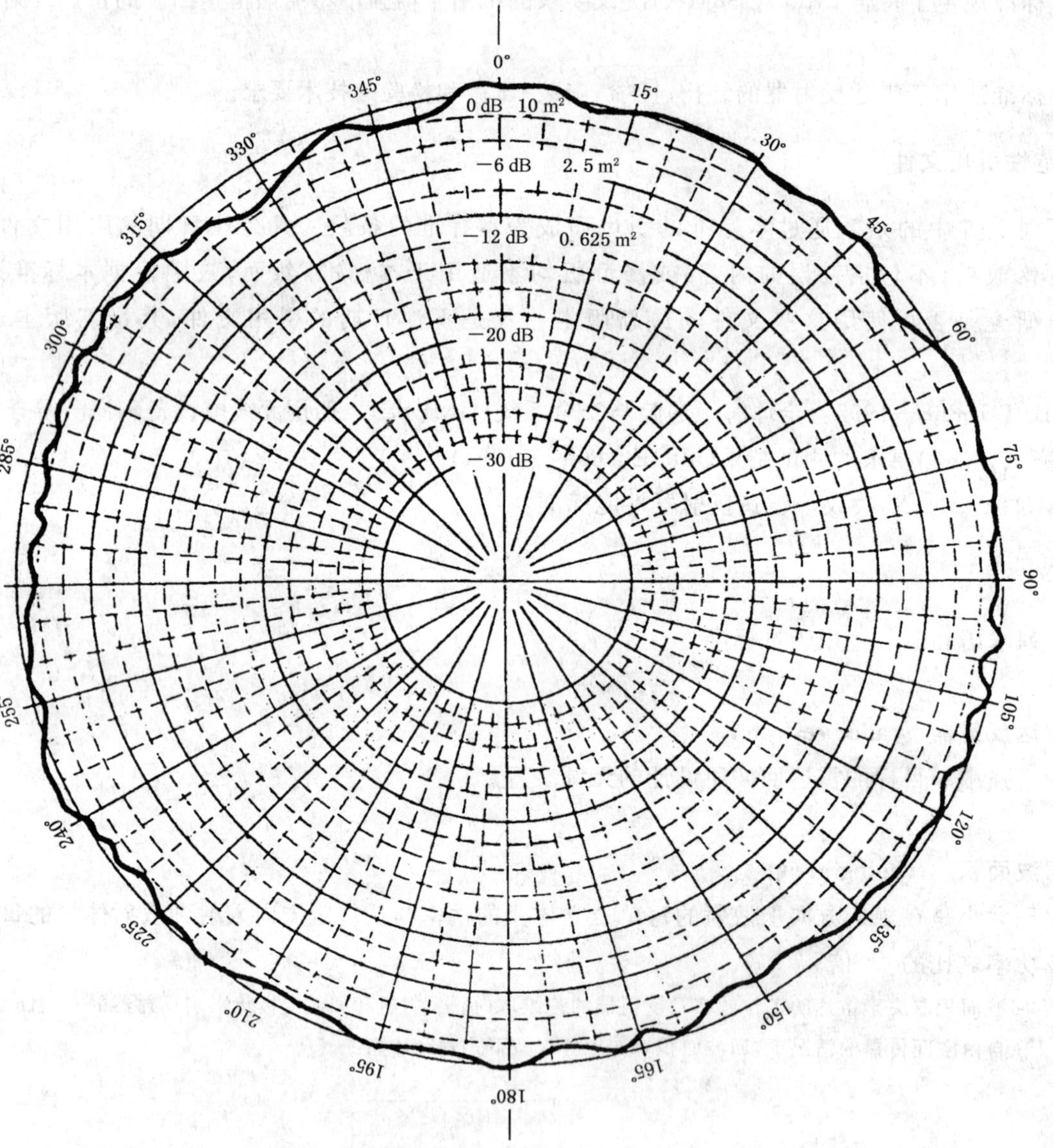

图1 楞勃反射器方向性图例

3.5

角形反射器 corner reflector

由相互正交的三个连接平面组成的反射器。它能反射大部分平行于其入射方向的入射波(见图2)。

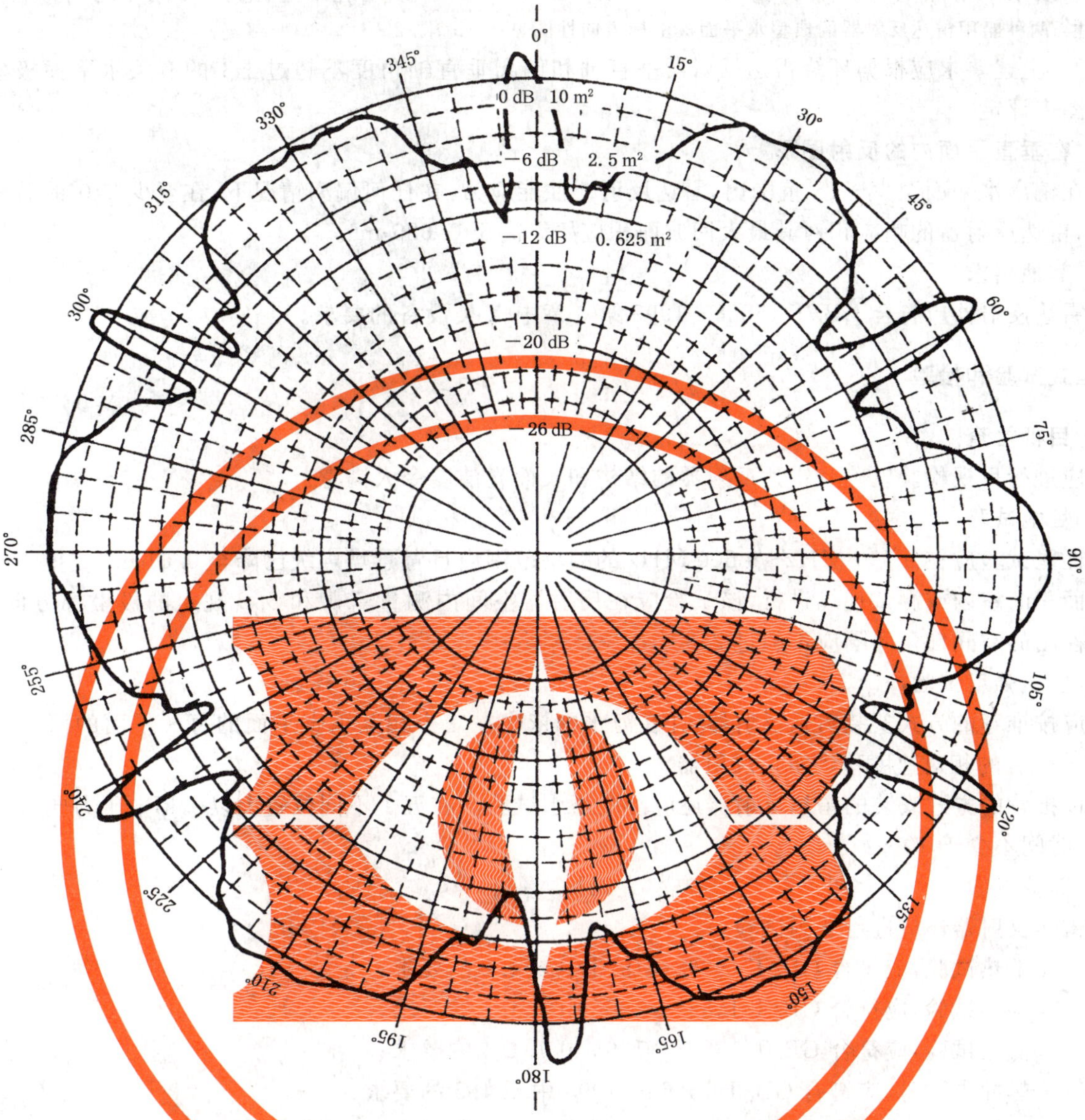

图 2 角形反射器组水平面方向性图例

4 构造

4.1 结构和材料

用于雷达反射的材料应具有足够的强度和良好的质量，以使雷达反射器在 6.2 和 6.3 规定的海况、振动、湿度和温度变化等海洋环境条件下，能够保持反射性能。雷达反射器不应使用铁质金属。

4.2 颜色

安装在船舶上的雷达反射器应涂成显著可见的颜色，不应涂成黑色。

5 性能要求

雷达反射器在 9 320 MHz～9 500 MHz 的频率范围内应符合下列最低要求。

5.1 水平面方向性图

5.1.1 雷达反射器的最大回波面积至少应为 10 m²。

5.1.2 雷达反射器的水平面极坐标方向性图应为：雷达反射器在 240°的总角度范围内的响应相对于

最大回波面积不低于 2.5 m^2。在大于 10°的任何单个角度内，该响应不应保持在低于该水平。

注：两种船用雷达反射器的典型水平面极坐标方向性图见图 1 和图 2。

5.1.3 上述要求应根据环绕雷达反射器垂直轴和偏离垂直轴角度不超过±3°的有关水平面极坐标方向性图来评定。

5.2 在垂直平面内的反射图形

在偏离水平面至少±15°范围内，雷达反射器性能应为：在任何偏离情况下，在至少 240°的总角度范围内，雷达反射器的响应相对其最大回波面积应始终高于 0.625 m^2。

5.3 其他要求

雷达反射器应符合 GB/T 15868—1995 第 3 章中 X 类设备的要求。

6 型式试验和检验

6.1 目视检查

应进行目视检验以确认雷达反射器的结构和表面光洁度令人满意。

6.2 性能试验

性能试验应在 9 320 MHz～9 500 MHz 的频率范围内且背景噪声级已降至 0.01 m^2 或更小的等效回波面积的室内或测试现场进行，该试验应在反射器空间内测量 5.1 和 5.2 规定的极坐标方向性图。方向性图的空间仰角间隔应不超过 2.5°。

6.3 机械强度试验

应按推荐的方式安装雷达反射器，并在海水中依次在三个相互垂直平面的每一平面的两个方向上以 1.3 m/s 的相对速度移动雷达反射器。

以推荐的方式安装的雷达反射器还应经受喷水试验。在五个不同位置上以 1 kPa 压力向每一表面喷水，时间不少于 10 s。

6.4 其他试验

雷达反射器还应进行下列试验：

——干热试验，应符合 GB/T 15868—1995 中 4.4.2 的要求；

——湿热试验，应符合 GB/T 15868—1995 中 4.4.3 的要求；

——低温试验，应符合 GB/T 15868—1995 中 4.4.4 的要求；

——热冲击试验，应符合 GB/T 15868—1995 中 4.4.5 的要求；

——跌落试验，应符合 GB/T 15868—1995 中 4.4.6 的要求；

——振动试验，应符合 GB/T 15868—1995 中 4.4.7 的要求；

——腐蚀试验，应符合 GB/T 15868—1995 中 4.4.11 的要求。

7 标识

每台雷达反射器都应有标识。标识应固定安装在对雷达反射器性能影响不大的反射器表面，其内容如下：

a) 制造厂商；

b) 标识或型号；

c) 制造年份；

d) 建议的安装高度(见 8.3 和附录 A)；

e) 雷达反射器的重量；

f) 雷达反射器的最大回波面积；

g) 罗经安全距离(如适用)；

h) 推荐的安装方位。

8 安装

8.1 方法

应按照制造厂商推荐的方法安装雷达反射器。

应提供定位装置以便使雷达反射器以刚性固定或吊装的方式安装在正确的方位上。

8.2 定位

雷达反射器应安装在能避免扇形盲区的最佳位置。

8.3 安装高度

雷达反射器的安装高度应高于附录 A 规定的高度。

附 录 A
（规范性附录）
雷达反射器安装高度

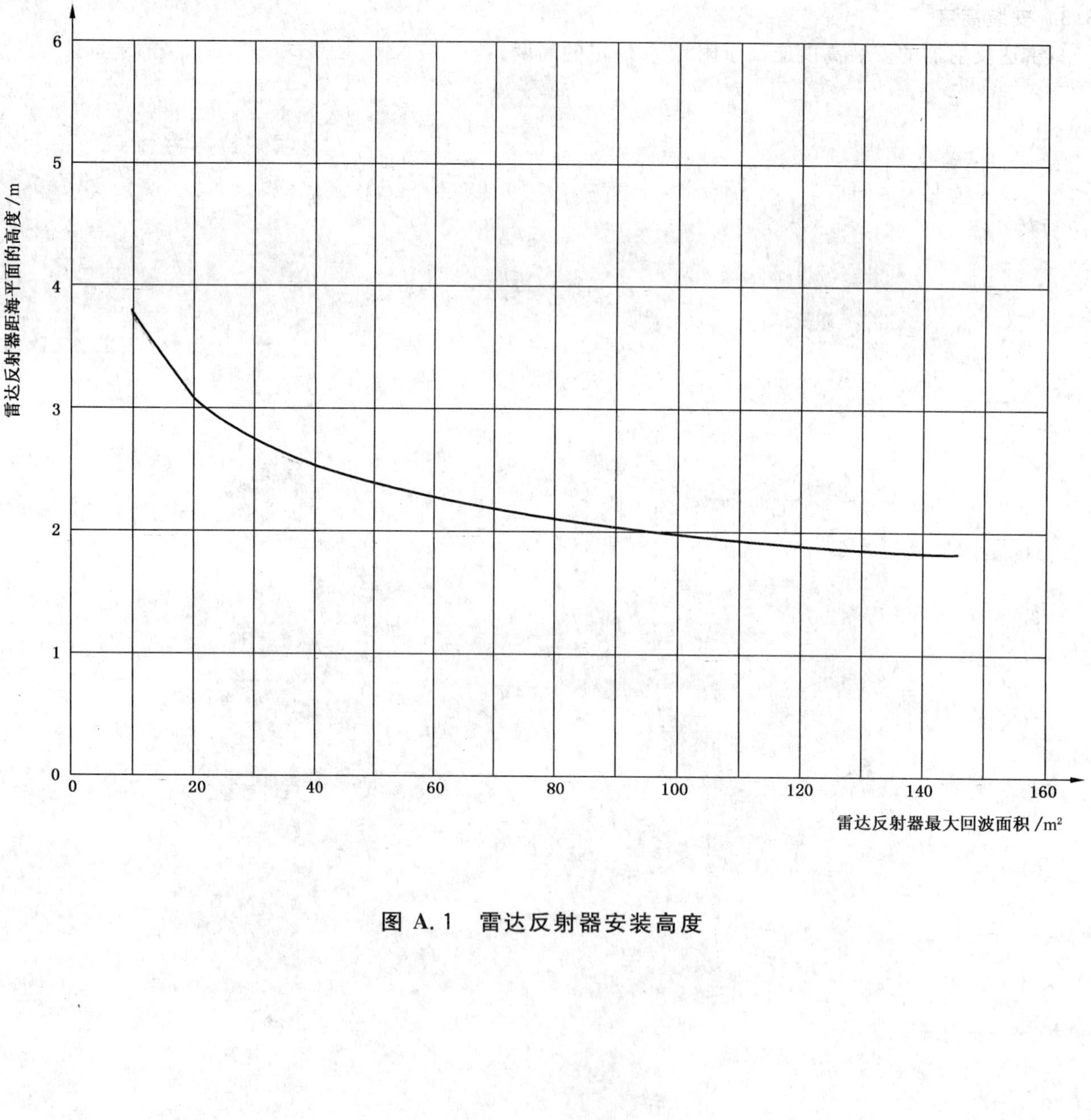

图 A.1 雷达反射器安装高度

参考文献

[1] IMO A.477(Ⅻ)决议 雷达设备性能标准.

ICS 47.020.70
U 60

中华人民共和国国家标准

GB/T 24952—2010/ISO 16329:2003

船舶和海上技术 高速船艏向控制装置

Ships and marine technology—Heading control systems for high-speed craft

(ISO 16329:2003,IDT)

2010-08-09 发布 2010-12-01 实施

中华人民共和国国家质量监督检验检疫总局
中国国家标准化管理委员会 发布

前 言

本标准等同采用国际标准ISO 16329:2003《船舶和海上技术 高速船艏向控制装置》(英文版)。

本标准等同翻译ISO 16329:2003。

本标准相对于ISO 16329:2003做了下列编辑性修改:

——删除国际标准的前言;

——"本国际标准"一词改为"本标准";

——引用标准根据国家标准进行了对应的调整;

——用小数点"."代替作为小数点的逗号",";

——表述方式按照GB/T 1.1—2000的规定做了编辑性修改。

本标准的附录A、附录B为规范性附录,附录C、附录D为资料性附录。

本标准由中国船舶工业集团公司提出。

本标准由全国海洋船标准化技术委员会航海仪器分技术委员会(SAC/TC 12/SC 5)归口。

本标准起草单位:中国船舶工业综合技术经济研究院。

本标准主要起草人:康元。

船舶和海上技术　高速船艏向控制装置

1　范围

本标准规定了在下列条件下工作的高速船艏向控制装置的结构、性能、检验及试验要求：

a）*速度大于 30 kn 且不大于 70 kn；*

b）*最大回转速度为 20°/s；*

c）*按《国际高速船安全规则》(HSC 规则)第 13 章要求，在 70°N～70°S 的正常工作范围内应符合本标准规定的最低性能要求。*

本标准适用于根据获得的艏向信息，在与船舶操纵性相关的限制范围内以最小的舵机动作保持预设艏向的艏向控制装置。

本标准假定采用常规方案。如采用其他方案，本标准适用的要求仍旧有效；必须修改要求时，应充分说明理由。

当速度低于 30 kn 时，*艏向控制装置应符合 IMO A.342(Ⅸ)决议的要求，当速度在 30 kn～70 kn 时，应符合 IMO A.822(19)决议要求。*

注 1：在本标准中凡引用 IMO 决议[IMO A.822(19)决议、IMO A.694(17)决议和 IMO A.342(Ⅸ)决议]的内容均用斜体印刷。

注 2：艏向控制装置以前被称为"自动操舵仪(自动驾驶仪)"。

注 3：IMO A.342(Ⅸ)决议指经 IMO MSC.64(67)决议附件 3 修改的 IMO A.342(Ⅸ)决议。

2　规范性引用文件

下列文件中的条款通过本标准的引用而成为本标准的条款。凡是注日期的引用文件，其随后所有的修改单(不包括勘误的内容)或修订版均不适用于本标准，然而，鼓励根据本标准达成协议的各方研究是否可使用这些文件的最新版本。凡是不注日期的引用文件，其最新版本适用于本标准。

CB/T 3973—2005　船舶与海上技术　磁罗经在船上的定位(ISO 694:2000，IDT)

IEC 60945　海上导航和无线电通信设备及系统　一般要求　测试方法和要求的测试结果

IEC 61162(所有部分)　海上导航和无线电通信设备及系统　数字接口

IMO A.694(17)决议　作为全球海上遇险与安全系统(GMDSS)组成部分的船用无线电设备和电子助航设施的一般要求

IMO A.822(19)决议　高速船自动操舵仪(自动驾驶仪)性能标准建议书

IMO MSC.64(67)决议附件 3　艏向控制装置性能标准

3　术语和定义

下列术语和定义适用于本标准。

3.1

艏向　heading

高速船在某时刻船首在水平面上的实时方位。该方位用与基准方位的偏转角度表示，通常基准方位为 0°。以基准方位为 000°顺时针旋转 360°来表示，360°与 000°重合。

3.2

预设艏向　preset heading

高速船航行设定的将要驶向的水平面上的方位。预设艏向是对于北(真北或磁北)的方位角，用

000°顺时针转360°表示,360°与000°重合。

3.3

手动操舵　manual steering

手动控制操舵装置的方法。

例如:使用舵轮操舵。

3.4

自动操舵　automatic steering

对从艏向信息源处获取的艏向信息进行处理,并自动地控制舵机保持船预设艏向的措施。艏向信息源可以是磁罗经或陀螺罗经。

3.5

转换装置　change-over device

自动操舵和手动操舵相互转换的装置。

3.6

自动操舵装置　automatic-steering device

进行自动操舵的装置。

3.7

比例舵角调节　proportional rudder adjustment

调整舵角指令,以对预设艏向与实际艏向偏差的瞬时值进行比例控制的一种舵角调节方法。

3.8

微分舵角调节(稳舵调节)　derivative rudder adjustment

调节舵角指令,以控制船舶回转角速度的一种舵角调节方法。

3.9

积分舵角调节　integral rudder adjustment

调节舵角指令,以对艏向偏差的积分值进行比例控制的一种舵角调节方法。

3.10

天气调节　weather adjustment

将因波浪、涌和风所产生的偏航而进行的不必要操舵减至最小所进行的调节。

3.11

调整器　adjustment control

进行比例舵角调节、微分舵角调节、积分舵角调节及天气调节的自动控制装置。

3.12

操作器　operational device

为操作艏向控制装置而使用的开关、按键、旋钮等的通称。

3.13

艏向信号处理器　heading-signal processor

处理由陀螺螺经、磁罗经等测出的艏向信号,供艏向控制装置使用的装置。所有艏向信号均需该装置处理才可以被艏向控制装置使用。

3.14

越控功能　override function

主动地快速从自动控制转换至临时手动控制的功能。

3.15

操作位置　conning position

具有良好的驾驶视野,并提供必要的信息和设备给驾驶者来实现各种控制功能的桥楼上的位置。

3.16

回转角速度控制 turn-rate control

根据预设的回转角速度操舵，以控制船舶回转的方法。

3.17

回转半径控制 turning radius control

使船舶以预设的半径转弯的控制方法。

4 性能

4.1 一般要求

4.1.1 *艏向控制装置应具有在各种航速、天气及装载状态下，手动或自动地适应船舶不同操纵特性的能力，且在正常环境及正常操船状态下可靠地工作。*

4.1.2 在配有陀螺罗经时，艏向控制装置应当与陀螺罗经相连。否则应与磁罗经有电气连接。

4.1.3 *制造商应向使用人提供对高航速、加速、航向改变、海况等引起的艏向控制装置误差以及其他导航设备的相应误差的定性说明。*

4.1.4 艏向控制装置应满足 IEC 60945 所规定的设备类环境条件。

4.2 构成

艏向控制装置至少应由下列设备构成(见图 1)：

a) 艏向信号处理器(含艏向指示器)；

b) 预设艏向控制器；

c) 调整器；

d) 自动操舵装置；

e) 不要求与艏向控制装置集成在一起的转换装置(含操舵模式指示器)；

f) 符合本标准要求的报警信号装置；

g) 当前的操舵模式和使用的艏向信号源指示器。

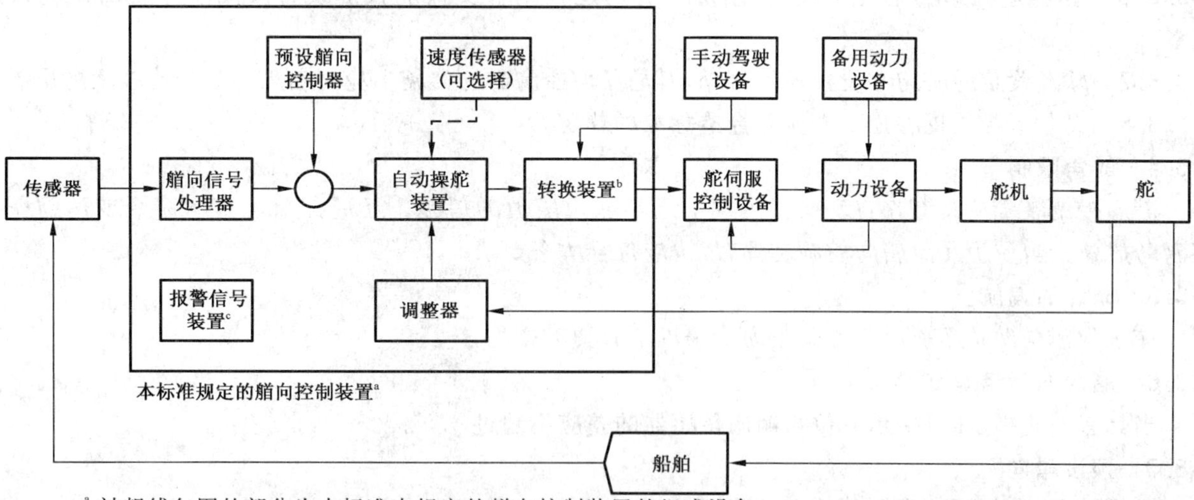

[a] 被粗线包围的部分为本标准中规定的艏向控制装置的组成设备；

[b] 转换装置可以不集成在艏向控制装置中；

[c] 报警信号装置可为外部单元。

图 1 典型的艏向控制装置方框图

4.3 功能要求

4.3.1 说明

下列各条要求应予以满足。

4.3.2 自动操作与手动操作的相互转换

4.3.2.1 自动操舵与手动操舵的相互转换应能在任何舵位上均可进行,且应能用一个操作器在3 s内手动操作完成。

4.3.2.2 从自动操舵向手动操舵转换时,应能在任何条件下完成,包括艏向控制装置出现故障的情况。

4.3.2.3 当从手动操作转换到自动操作时,艏向控制装置应将实际艏向转为预设艏向。

4.3.2.4 在船员无意操作的情况下,不应发生由手动操舵的越控功能引起的向自动操舵的转换。

4.3.2.5 转换装置应彼此靠近并紧靠设备的正常操作位置。

4.3.2.6 应有适当的指示,以表明正在工作的是手动或自动操作状态。该指示器应紧靠转换装置设置。

4.3.2.7 装置应包括具有越控功能的手动操舵。

4.3.3 操作控制(包括调节控制)

4.3.3.1 所有的操作器均应在正常操作位置便于调节操作和识别。正常操作所不需要的调节器及操作器应不易被触及。

4.3.3.2 艏向控制装置应配有自动和手动操作器,根据天气变化的影响调节该装置以适应船舶的操纵性能。艏向控制装置可配有自动或手动操作器,根据航速和装载变化的情况调节该装置以适应船舶的操纵性能。

4.3.3.3 在装置内或船舱内,应提供可以在任何时候均能识别调节器、操作器、指示器的适度照明。当妨碍驾驶时,应可以调整照度。

4.3.3.4 艏向控制装置应设计成:当预设艏向变为向右时,应顺时针转动艏向预设器或将手柄扳向右侧;当预设艏向变为向左时,应逆时针转动艏向预设器或将手柄扳向左侧。正常变更艏向应只需一次调整艏向预设器就可完成。艏向预设器的设计和结构应避免意外变更艏向。

4.3.3.5 在变更艏向时,应通过艏向预设器的顺时针向右或逆时针向左调整来确定船的回转方向。

4.3.3.6 在有遥控站的情况下,主控站应设有向遥控站移交操舵权的设备及无条件收回操舵权的设备。

4.3.3.7 除预设定的艏向和设置控制器外,其他任何控制器的实施不应对船舶的航向有较大的影响。

4.3.3.8 其他遥控位置的控制器应符合本标准的规定。

4.3.4 舵角限制

艏向控制装置应具有在自动操舵模式下调整舵角限值的措施。还应提供可指示命令或达到舵角限制的措施。当使用其他艏向控制装置时,也应符合本条要求。

4.3.5 允许的偏航

应采取措施防止船舶因正常偏摆而带来的不必要的操舵。

4.3.6 艏向显示精确度

当具有艏向指示时,指示方位与艏向传感器的差应不超过0.5°。

4.3.7 预设艏向

除非船员主动操作,预设艏向不应发生变更。

4.3.8 转向

4.3.8.1 一般要求

艏向控制装置应能根据预设回转半径或预设回转速率在船转向能力内实施转向。

4.3.8.2 预设回转角速度

当艏向控制装置具有按照预设回转角速度进行回转的功能时,在船舶装载量正常、并航行在足够宽阔平静海面时,且转向速度稳定后,回转角速度误差应在设定值的±10%或±3°/min范围内,取大者。

注：由于天气、海况、操纵性等因素影响，会出现以最大操舵角回转也不能按预设回转角速度回转的情况。

4.3.8.3　预设回转半径

当艏向控制装置具有按照预设的回转半径进行回转的功能时，在进入匀速回转状态后，回转半径精确度应按照4.3.8.2的数据进行计算。

注：由于天气、海况、操纵性等因素影响，会出现以最大操舵角回转也不能按预设回转半径回转的情况。

4.3.9　过冲限制

艏向控制装置应具有改变预设艏向的稳舵调节功能或同等的功能，应在无太大过冲的情况下改变到预设艏向。

4.3.10　电源

4.3.10.1　艏向控制装置应在IEC 60945规定的电源变化范围内正常工作。

4.3.10.2　*当配备一个以上的电源供电时，应能快速的由一个电源向另一个电源转换。该电源转换设备可以不集成在艏向控制装置内。在转换电源期间，应具有保持当前艏向的措施。*

4.3.11　报警及信号设备

4.3.11.1　一般要求

报警信号设备应设置在靠近操作位置并易于接近。

4.3.11.2　电源故障或电压过低

*应提供具备听觉和视觉报警设备，显示可能影响设备安全操作的艏向控制装置或艏向监测装置电源供应故障或降低情况。*报警设备可以不集成在艏向控制装置内。

4.3.11.3　系统故障

艏向控制装置应具有可静音的听觉和视觉报警功能，当系统发生影响设备安全操作的功能故障时，可发出报警。

注：与本条要求相应的"艏向控制装置"范围见图1。

4.3.11.4　偏航报警

*艏向控制装置应具有可静音的听觉和视觉报警功能，当艏向方位超过预设艏向的预设限值范围时，发出偏航报警。*预设限值范围应在5°～15°。

注1：偏航是船已偏离了预设艏向的状态。

注2：本条中的"预设限值"系指发出报警的阈值。

4.3.11.5　艏向监视装置

*对需安装两台独立罗经的船舶，则该船应提供一个艏向监测仪，由独立的艏向信息源监测实际艏向，艏向监测仪可不集成在艏向控制装置内。应提供具有可静音的听觉和视觉报警器，当正在使用中的艏向信息偏离第二艏向信息源并超过预设限值范围时发出报警。*预设限值最小范围应在5°～15°。

注：本条中的"预设限值"系指发出报警的阈值。

4.3.11.6　艏向信息源显示

应清晰显示使用中的艏向信息的来源。

4.3.11.7　传感器状况

艏向控制装置应对失去外部传感器输入信息的状况予以显示。艏向控制装置还应重复有关来自外部传感器输入数据质量状态信息的报警。

4.3.12　传输误差

提供给艏向控制装置的艏向信息与传感器的艏向信息的误差不应大于0.5°。

4.3.13　艏向稳定性

在无外界干扰，同时在高速船操纵能力的限度范围内，*艏向控制装置和艏向源信息共同作用下，应使船保持在预设航向±2°的范围内。*

艏向稳定性应在附录A规定的扰动条件下，实际艏向与预设艏向之间的平均偏差在±3°以内，且实际艏向与预设艏向差的最大幅度在4°以内。

注：该偏差值通过模拟试验获得(见5.5.4)。

4.3.14 对磁罗经的干扰

当启动和使用磁性传感器时，对磁罗经的干扰不应超过0.5°。打开电源开关，不论艏向控制装置是否使用，在任何艏向上均应满足此要求。

4.3.15 接口

4.3.15.1 *艏向控制装置应与适用的艏向信息源相连接。*

4.3.15.2 *艏向控制装置在具有回转半径控制或控制参数自动适应航速功能的情况下，应与适用的航速信息源相连接。*

4.3.15.3 *艏向控制装置应提供符合相关国际标准的接口。*数字接口应符合IEC 61162的规定。

4.4 安全措施

艏向控制装置的安全措施应符合IEC 60945的规定。

5 型式试验

5.1 试验及要求的结果

试验应按5.2～5.5的顺序进行。所有试验均应采用船舶运动模拟器进行，相关内容应符合附录B的规定。

5.2 磁罗经安全距离试验

磁罗经安全距离应符合CB/T 3973的要求。应考虑系统所有部件和它们之间的连接。

5.3 电磁兼容性(EMC)及环境试验

电磁兼容性及环境试验应按IEC 60945的要求进行。

5.4 自动操舵向手动操舵转换试验

从自动操舵向手动操舵转换试验应按下列顺序进行：

a) 在自动操舵模式下，转动舵轮使舵角指令为0°；

b) 设定舵角限制器为最大值，并设定预设艏向使舵角达到最大值；

c) 从自动操舵向手动操舵转换；

d) 测量从完成操舵方式转换至发出正舵指令信号的时间，其结果应符合4.3.2.1的要求。

5.5 控制特性试验

5.5.1 一般要求

下述试验应采用船舶运动模拟器进行。附录B所述模拟器是进行下述试验的标准模拟器。

5.5.2 艏向信号变换精确度

将模拟器的艏向设定为八个方位，且将它们与艏向控制装置所指示的艏向进行比较。该试验应右转和左转各分别进行2次。结果应符合4.3.12的规定。

5.5.3 200°转向

5.5.3.1 本试验应按附录B规定的船舶运动模拟器在l/v设为2情况下进行。本试验在无预设回转角速度或预设回转半径功能下做自动转向。

根据4.3.3.4和4.3.3.5规定应由艏向预设器进行右转和左转200°航向变更，按下列要求进行试验：

a) 将艏向预设器设定为顺时针向右转时，船舶应向右转向；将其设为逆时针向左转时，船舶应向左转向(任何情况下，艏向变化都依据艏向预设器确定的回转方向)。

b) 进行艏向变更后，舵角限制功能应起作用。

5.5.3.2 本试验应按附录B规定的船舶运动模拟器在l/v设为2情况下进行。且舵角限制值在最大的条件下进行。应使艏向预设器向右或向左转，做200°的艏向变更。试验应符合5.5.3.1a)的规定，且回转角速度或回转半径应满足 4.3.8.2 和 4.3.8.3 规定的要求。预设回转半径试验时，按公式(1)计算船舶艏向回转角速度：

$$\dot{\psi}_i = \frac{180}{\pi} \times \frac{v}{r} \qquad \cdots\cdots(1)$$

式中：

$\dot{\psi}_i$——预设回转角速度，单位为度每秒(°/s)；

r ——预设回转半径的数值，单位为米(m)；

v ——航速的数值，单位为米每秒(m/s)。

本试验应用预设的回转半径或预设回转角速度最大值、中间值及最小值，在左右方向各进行 6 次。

注 1：水平加速度 a 不超过 2.0 m/s^2。

注 2：本试验中应通过回转角速度或回转半径选择，保证水平加速度不超过 2.0 m/s^2。

5.5.4 艏向稳定性

艏向稳定性试验应按附录 B 规定的船舶运动模拟器在 l/v 设为 2 的情况下进行。且分别按附录 A 规定的有扰动和无扰动的条件下进行，艏向控制装置转向 10 min 后，应符合 4.3.13 的要求。

5.5.5 过冲试验

过冲试验应按附录 B 规定的船舶运动模拟器在 l/v 设为 2 的情况下进行。以艏向为准，预设艏向向右和向左变更 20°，过冲不超过 2°。

6 应急功能

当艏向传感器或艏向控制装置出现故障时，应保持故障前的方位；当使用中的自动速度输入出现错误时，应按出现错误前的速度值控制。并按 4.3.11 的规定发出警报。

7 识别标志

在艏向控制装置的组成设备上应标识下列内容：

——制造厂商标识；

——艏向控制装置型号；

——产品序列号；

——与磁罗经的安全距离(对于设置在桥楼的艏向控制装置)。

8 信息

为了正确地操作和维护艏向控制装置，应提供足够的信息，包括：

a) 当设计成可在元件级进行故障诊断和修理的装置时，应配备完整的线路图、元件布置图及元件一览表。

b) 当装置包含有复杂模块且未设计成在元件级进行故障诊断及修理时，应提供足够的信息，保证故障的复杂模块能被定位、识别和替换，对除此之外的模块和非模块构成元件应符合 a)款要求。

c) 对于具有回转角速度和回转半径控制功能的艏向控制装置，应说明由于天气、海况、航速、装载、吃水及纵倾等特殊条件下，可能会出现不能达到预设值的情况。且应说明不正确的航速输入会导致不正确回转半径控制的情况。

附 录 A
（规范性附录）
扰动条件下的艏向稳定性试验

本附录规定了“艏向稳定性测试”的扰动条件。采用的扰动是与舵角等效的矩形波，振幅应符合表 A.1的规定。

表 A.1 振幅

时间/s	0～60	60～120	120～180	180～240	240～360	360～380	380～410	410～440	440～460	460～600
振幅/(°)	0.0	+2.0	0.0	−2.0	0.0	+3.0	0.0	−3.0	0.0	+3.0

附 录 B
（规范性附录）
船舶运动模拟器

下述内容规定了船舶运动模拟器的标准。船舶操纵性模拟计算用 K-T 模型(传递函数)表示，见公式(B.1)：

$$\frac{\dot{\psi}}{\delta}=\frac{K}{TS+1} \quad \cdots\cdots(B.1)$$

式中：

$\dot{\psi}$——船舶的回转角速度，单位为度每秒(°/s)；

δ——实际舵角的数值，单位为度(°)；

K——船舶的回转性能常数，单位为每秒(1/s)；

T——船舶的时间常数，单位为秒(s)；

S——拉普拉斯算子。

K 和 T 由 K' 和 T' 根据公式(B.2)和公式(B.3)变换：

$$K=\frac{K'}{l/v} \quad \cdots\cdots(B.2)$$

$$T=T'\times\frac{l}{v} \quad \cdots\cdots(B.3)$$

式中：

K'——船舶的无量纲回转系数，$K'=0.6$；

T'——船舶的无量纲艏向稳定性系数，$T'=0.1$；

l——配备艏向控制装置的艇的长度，单位为米(m)；

v——配备艏向控制装置的船舶的速度，单位为米每秒(m/s)。

注：l/v 示例见表 B.1。

舵机模型基于公式(B.4)：

$$\frac{\delta}{\delta^*}=\frac{1}{T_E S+1} \quad \cdots\cdots(B.4)$$

式中：

δ——实际舵角的数值，单位为度(°)；

δ^*——指令舵角的数值，单位为度(°)；

T_E——舵机时间常数，单位为秒(s)；

S——拉普拉斯算子。

在这种情况下，舵的转动角速度($d\delta/dt$)应不大于 15°/s，T_E应等于 0.1 s。

方位精度和舵机模型的灵敏度应达到以下要求：

——方位分辨率应不大于 0.1°；

——舵机模型灵敏度应不大于 0.2°。

表 B.1 L/v_2示例

船　型	L_{PP}/m	V_1/kn	V_2/(m/s)	L/v_2
A	24.5	36	18.52	1.32
B	35.0	32	16.46	2.13
C	26.5[a]	36	18.52	1.43
D	46.0[a]	35	18.0	2.56

[a] 该值不是垂线间长(L_{PP})，是总长。

附 录 C
（资料性附录）
扰动条件下艏向稳定性试验示例

本附录显示了在假设扰动作用下艏向稳定性模拟试验的结果。模拟试验的艇体响应模型采用附录B规定的 K-T 模型和式(C.1)艏向控制装置传递函数模型：

$$\frac{\delta(S)}{e(S)}=K_{p}+T_{d}S+\frac{1}{T_{i}S} \quad \cdots\cdots\cdots\cdots\cdots\cdots\cdots(C.1)$$

式中：

$\delta(S)$——转舵角；

$e(S)$——方位误差；

K_{p}、T_{d}、T_{i}——艏向控制装置参数；

S——拉普拉斯算子。

模拟试验的程序框图表示对船舶方位扰动的传递函数如图C.1所示。船体响应和艏向控制装置模拟试验参数如表C.1，结果如图C.2。

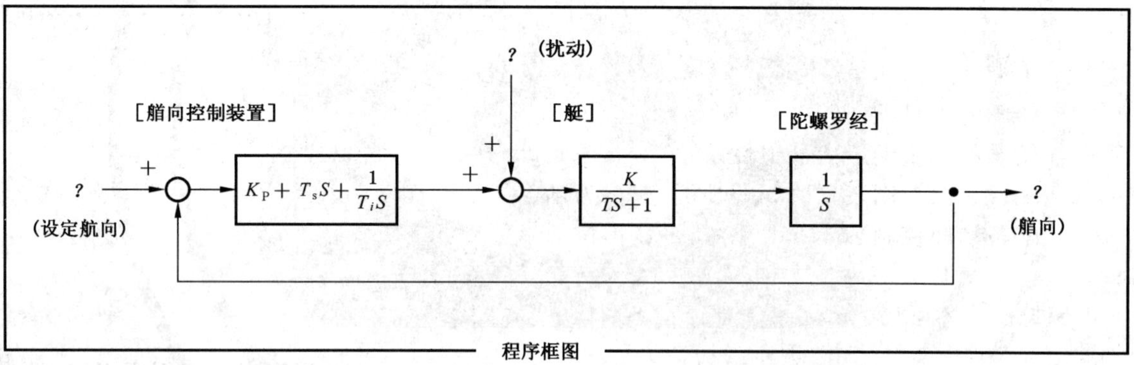

传递函数

$$\frac{\psi(S)}{\omega(S)}=\frac{S}{(T/K)S^{3}+(1/K+T_{d})S^{2}+K_{P}S+1/T_{i}}$$

图 C.1 程序框图和传递函数

表 C.1 船体响应和艏向控制装置参数

参数	l/v	K'	T'	K_{P}	T_{d}	T_{i}
数值	2.0	0.6	0.1	1.0	0.194	2.0

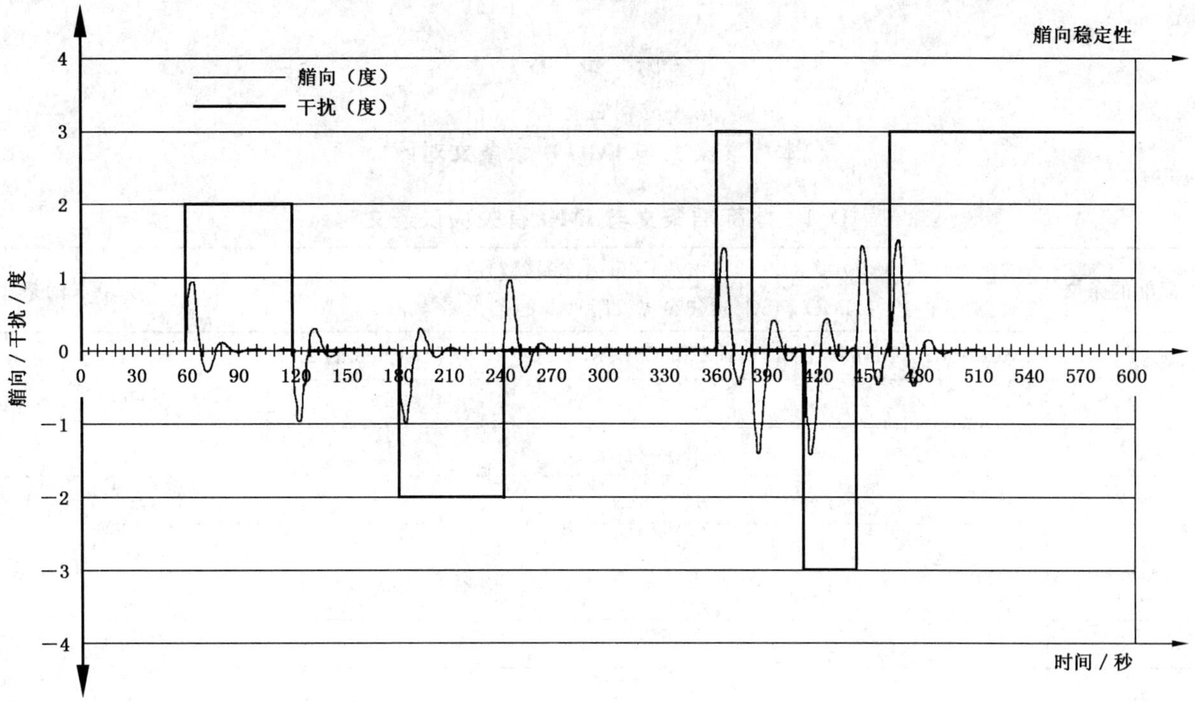

$l/v=2.0$

$K'=0.6$

$T'=0.1$

$K=0.3$

$T=0.2$

$K_P=1.0$

$T_d=0.194$

$T_i=2.0$

图 C.2　模拟试验结果

附 录 D
（资料性附录）
本标准条文与IMO决议条文对照

表 D.1 本标准条文与IMO有关决议条文对照

本标准的条文	IMO A.822(19)决议、IMO A.694(17)决议、IMO MSC.64(67)决议附件3的条文	ISO 11674:2000的条文
1	IMO A.822(19)决议的1.1、1.2和IMO MSC.64(67)决议附件3的2.1	1[a]
2	—	2[a]
3.1	—	3.6[a]
3.2	—	3.11[a]
3.3	—	3.9
3.4	—	3.2[a]
3.5	—	3.4
3.6	—	3.3
3.7	—	3.12
3.8	—	3.5
3.9	—	3.8
3.10	—	3.15
3.11	—	3.1[a]
3.12	—	3.10
3.13	—	3.7
3.16	—	3.14
3.17	—	3.13[a]
4.1.1	IMO A.822(19)决议的2.2[a]和IMO MSC.64(67)附件3的3.1	4.1.1
4.1.2	IMO A.822(19)决议的2.3	—
4.1.3	IMO A.822(19)决议的2.4	—
4.1.4	—	4.1.2
4.2	—	4.2
4.3.2.1	IMO A.822(19)决议的3.1[a]和IMO MSC.64(67)附件3的4.1	4.3.1.1
4.3.2.2	IMO A.822(19)决议的3.2和IMO MSC.64(67)附件3的4.2	4.3.1.2
4.3.2.3	IMO A.822(19)决议的3.3[a]和IMO MSC.64(67)附件3的4.3	4.3.1.3[a]
4.3.2.5	IMO A.822(19)决议的3.4	—
4.3.2.6	IMO A.822(19)决议的3.5和IMO MSC.64(67)附件3的4.5	4.3.1.5[a]
4.3.2.7	IMO A.822(19)决议的3.6	—
4.3.3.1	IMO A.822(19)决议的3.2	4.3.2.1
4.3.3.2	IMO A.822(19)决议的5.1[a]	—

表 D.1（续）

本标准的条文	IMO A.822(19)决议、IMO A.694(17)决议、IMO MSC.64(67)决议附件 3 的条文	ISO 11674:2000 的条文
4.3.3.3	IMO A.822(19)决议的 3.3	4.3.2.3
4.3.3.4	IMO A.822(19)决议的 5.2[a] 和 IMO MSC.64(67)附件 3 的 7.3	4.3.2.5
4.3.3.5	—	4.3.2.6[a]
4.3.3.6	IMO MSC.64(67)决议附件 3 的 7.4	4.3.2.7
4.3.3.7	IMO A.822(19)决议的 5.3[a] 和 IMO MSC.64(67)决议附件 3 的 7.5	4.3.2.8[a]
4.3.3.8	IMO A.822(19)决议的 5.4 和 IMO MSC.64(67)决议附件 3 的 7.6[a]	4.3.2.9
4.3.4	IMO A.822(19)决议的 6 和 IMO MSC.64(67)决议附件 3 的 3.3	4.3.3
4.3.5	IMO A.822(19)决议的 7 和 IMO MSC.64(67)决议附件 3 的 3.4	4.3.4
4.3.6	—	4.3.5
4.3.7	IMO A.822(19)决议的 3.3[a] 和 IMO MSC.64(67)决议附件 3 的 3.5	4.3.6
4.3.8.1	IMO A.822(19)决议的 5.5[a] 和 IMO MSC.64(67)决议附件 3 的 3.2	—
4.3.8.2	—	4.3.7[a]
4.3.8.3	—	4.3.8[a]
4.3.9	IMO MSC.64(67)决议附件 3 的 3.6	4.3.9
4.3.10.1	—	4.3.10.1
4.3.10.2	IMO A.822(19)决议的 4.3	4.3.10.2
4.3.11.1	IMO A.822(19)决议的 4.5	4.3.11.1
4.3.11.2	IMO A.822(19)决议的 4.1[a] 和 IMO MSC.64(67)决议附件 3 的 6.1	4.3.11.2
4.3.11.3	—	4.3.11.3[a]
4.3.11.4	IMO A.822(19)决议的 4.2[a] 和 IMO MSC.64(67)决议附件 3 的 6.2	4.3.11.4
4.3.11.5	IMO A.822(19)决议的 4.3[a] 和 IMO MSC.64(67)决议附件 3 的 6.3	4.3.11.5
4.3.11.6	IMO MSC.64(67)决议附件 3 的 6.4	4.3.11.6
4.3.11.7	IMO A.822(19)决议的 4.4[a] 和 IMO MSC.64(67)决议附件 3 的 6.5	4.3.11.7
4.3.12	—	4.3.12[a]
4.3.13	IMO A.822(19)决议的 2.1	4.3.13[a]
4.3.14	—	4.3.13[a]
4.3.15.1	IMO MSC.64(67)决议附件 3 的 8.1	4.3.15.1
4.3.15.2	IMO MSC.64(67)决议附件 3 的 8.2	4.3.15.2
4.3.15.3	IMO A.822(19)决议的 8 和 IMO MSC.64(67)决议附件 3 的 8.3[a]	4.3.15.3[a]
4.4	—	4.4
5.1	—	5.1[a]
5.2	—	5.2[a]
5.3	—	5.3
5.4	—	5.4

表 D.1（续）

本标准的条文	IMO A.822(19)决议、IMO A.694(17)决议、IMO MSC.64(67)决议附件 3 的条文	ISO 11674:2000 的条文
5.5.1	—	5.5.1[a]
5.5.2	—	5.5.2
5.5.3.1	—	5.5.3.1[a]
5.5.3.2	—	5.5.3.2[a]
5.5.4	—	5.5.4[a]
5.5.5	—	5.5.5[a]
7	IMO A.694(17)决议的 9	6
8 a)	IMO A.694(17)决议的 8.3.1	7 a)
8 b)	IMO A.694(17)决议的 8.3.2	7 b)
8 c)	—	7 c)
[a] 与原文有微小差别。		

参 考 文 献

[1] IMO A.210(Ⅶ)决议 关于大船操舵装置的建议案.
[2] 1974年国际海上人命安全公约(SOLAS公约) 第Ⅱ-1章第29和30条.
[3] 1974年国际海上人命安全公约(SOLAS公约) 1981年修正案第Ⅴ章第19条.
[4] ISO 2412:1982 造船 指示灯的颜色.
[5] ISO 8468:1990 船舶桥楼布置相关设备 要求和规则.
[6] ISO 11674:2000 船舶和海上技术 艏向控制装置.
[7] IEC 60092-204:1987 船舶电气装置 第204部分:系统设计 电动和电动液压操舵装置.
[8] IEC 60092-504:2001 船舶电气装置 第504部分:专辑 控制和测量仪表.

ICS 47.020.70
U 65

GB

中华人民共和国国家标准

GB/T 24953—2010/ISO 16328:2001

船舶和海上技术　高速船陀螺罗经

Ships and marine technology—Gyro-compasses for high-speed craft

(ISO 16328:2001,IDT)

2010-08-09 发布　　2010-12-01 实施

中华人民共和国国家质量监督检验检疫总局
中国国家标准化管理委员会　发布

前　言

本标准等同采用ISO 16328:2001《船舶和海上技术　高速船陀螺罗经》(英文版)。

本标准等同翻译ISO 16328:2001。

本标准相对于ISO 16328:2001做了下列编辑性修改:

——前言和引言部分未纳入;

——"本国际标准"一词,在本标准中改为"本标准";

——引用标准根据国家标准进行了对应的调整;

——标识小数的","改为".";

——表述方式按照GB/T 1.1—2000的规定做了编辑性修改。

本标准的附录A为规范性附录,附录B、附录C为资料性附录。

本标准由中国船舶工业集团公司提出。

本标准由全国海洋船标准化技术委员会航海仪器分技术委员会(SAC/TC 12/SC 5)归口。

本标准起草单位:中国船舶工业综合技术经济研究院。

本标准主要起草人:康元。

船舶和海上技术　高速船陀螺罗经

1　范围

本标准规定了符合经修正的《1974年国际海上人命安全公约》(SOLAS公约)第Ⅹ章要求的高速船陀螺罗经的结构、性能要求和试验方法。

注：在本标准中凡引用IMO A.821(19)决议和IMO A.694(17)决议的内容均用斜体印刷。

2　规范性引用文件

下列文件中的条款通过本标准的引用而成为本标准的条款。凡是注日期的引用文件，其随后所有的修改单(不包括勘误的内容)或修订版均不适用于本标准，然而，鼓励根据本标准达成协议的各方研究是否可使用这些文件的最新版本。凡是不注日期的引用文件，其最新版本适用于本标准。

CB/T 3973—2005　船舶与海上技术　磁罗经在船上的定位(ISO 694:2000,IDT)

IEC 60945　海上导航和无线电通信设备及系统　一般要求　测试方法和要求的测试结果

IEC 61162(所有部分)　海上导航和无线电通信设备及系统　数字接口

IMO A.424(Ⅺ)决议　陀螺罗经性能标准

IMO A.694(17)决议　作为全球海上遇险与安全系统(GMDSS)组成部分的船用无线电设备和电子助航设施的一般要求

IMO A.821(19)决议　高速船陀螺罗经性能标准

HSC　国际高速船安全规则

3　术语和定义

下列术语和定义适用于本标准。

3.1

陀螺罗经　gyro-compass

包括成套设计的所有基本元件的完整罗经设备。*包括以陀螺罗经作为艏向传感器和组合艏向信号传输系统两种。*

3.2

真艏向　true heading

通过真子午线的垂直平面与通过船舶首尾基准线的垂直平面之间的水平夹角。

注1：它是由真北(000°)起按顺时针方向旋转360°来测量。

注2：当陀螺罗经在试验台上进行试验时，此"真艏向"被认为是罗经基准线的"真艏向"。在陀螺罗经装有采用移动罗经基准线来校正的装置时，按当地的纬度进行校正。

3.3

稳定　settled

罗经在水平和静止状态下，每隔30 min所读取的任意3个读数的差均在0.7°范围内的稳定状态。

注：稳定时间是指在初始艏向误差时启动到记录第3个稳定读取之间经过的时间。

3.4

稳定点艏向　settle point heading

罗经稳定(3.3)后，每隔20 min读取的10个读数的平均值。

3.5

稳定点误差　settle point error

稳定点艏向(3.4)与真艏向之间的差值。

3.6

误差　error

观察到的数值与稳定点艏向(3.4)之间的差值。

3.7

分罗经　repeater compass

在远距离的位置重现主罗经刻度盘的装置。

3.8

方位分罗经　bearing repeater compass

为得到方位信息而重现主罗经刻度盘的装置。

3.9

罗经刻度盘　compass card

指示所测子午线方向的罗经的标度盘。

3.10

纬度误差　latitude error

某些陀螺罗经产生的一种误差。其大小和符号取决于当地的纬度。

3.11

速度误差　speed error

陀螺罗经产生的一种误差。其大小和符号取决于船速和所处的纬度。

3.12

船首基线　lubber line

位于罗经罩上作为读取罗经艏向基准的标志线。

3.13

主罗经　master compass

向各分罗经和其他导航设备提供艏向信息的主要的罗经装置。

3.14

摇摆台　scorsby table

台面能绕三座标系轴自由摇摆的试验设备。用来模拟船舶的运动。

4　结构

4.1　陀螺罗经设备[1)]

陀螺罗经设备应包含罗经刻度盘或用于驾驶的分罗经和提供方位的设备。

4.2　持续工作

设备应在6.10规定的振动、潮湿、温度变化和各种电源条件下持续工作。

4.3　方位分罗经[1)]

对于要求安装方位分罗经的船舶，方位分罗经的结构应符合下列要求：

a)　方位分罗经应设计成能安装一台方位读取仪；

b)　应设置常平架机构，使得方位分罗经刻度盘能在船舶运动中保持水平。

4.4　刻度与数字显示

罗经刻度盘应采用1°或者小于1°的相等单位间隔分度，分度误差应在±0.2°以内，从000°开始顺时

---

1)　关于在甲板上安装时对验船师的建议见附录A(规范性附录)。

针方向至360°,至少每隔10°标注度数数字。

可采用数字显示。当采用数字显示时,艏向应当用3位数字显示,可以选择外加第四位表示0.1°。当陀螺罗经使用数字显示时,应配有一个转向指示器。

4.5 照明

应提供足够的照明以保证在任何时候始终能看清整个罗经刻度盘的读数,同时应提供调光装置。

4.6 罗经基准线

使用罗经刻度盘的设备都应标有指示船舶艏向的罗经基准线。

4.7 船舶艏艉线标志

如果技术上需要,为使罗经基准线位于船舶艏艉线所在的垂直面内或与之平行,罗经上应标上便于安装的标志或标记。如果陀螺罗经具有利用调整罗经基准线来进行校准的功能,安装时应将修正值设为0。

如果这些标志或标记与未经修正的罗经基准线不在同一垂直平面内,则在制造商的安装说明中应清楚地表明它们之间的水平角度关系。

4.8 安装

主罗经应安装或调整为与船舶艏艉线相平行,或与船舶艏艉线夹角在±0.5°以内。罗经基准线应在通过罗经刻度盘中心的垂直平面内,且要精确校准。

4.9 速度误差修正

应提供校正由速度和纬度引起的误差的方法。应在自动速度误差校正中使用经核准的精确速度源。

4.10 艏向信息

陀螺罗经应设计成可以向其他导航设备提供艏向信息。

4.11 状态信号

应提供状态信号以显示陀螺罗经准备就绪可以使用。

4.12 警报信号

应提供警报信号以显示陀螺罗经的外部电源故障或内部系统功能错误,这些错误将导致艏向信息无效。

4.13 艏向信息

系统应设计成可将艏向信息提供给其他导航设备,如雷达、ARPA、无线电方向查询和艏向控制系统[2)]。这些导航设备的精度不允许降级,并且应符合它们各自的标准要求。

4.14 电源

陀螺罗经设有不间断电源或使其连接到其他不间断电源。

4.15 接口

当陀螺罗经通过接口与其他设备连接时,应提供符合5.1.6精确度要求的艏向信息输出。

5 性能要求

5.1 在纬度70°以内的精确度

5.1.1 稳定时间

罗经按制造商的说明启动后,应在6 h内稳定。

5.1.2 稳定点误差

5.1.2.1 *稳定点误差在任何艏向上均应在±0.75°×secϕ以内。各艏向指示值与平均值之差的均方根*

2) 根据最新的IMO决议,术语"自动驾驶仪"已被"艏向控制装置"替代[IMO MSC.64(67)决议附件3《自动驾驶仪性能标准IMO A.342(Ⅸ)决议修正案》]。

值(RMS)应在±0.25°×secϕ以内。

注：ϕ为纬度，下同。

5.1.2.2 *稳定点误差重复性应在±0.25°×secϕ以内。*

5.1.3 **工作状态下的稳定时间**

在横摇和纵摇简谐运动周期为6 s～15 s、最大角度为5°、最大水平加速度为0.22 m/s^2的条件下，罗经按制造商说明书启动后，应在6 h内稳定。

5.1.4 **工作状态下的稳定点误差**

在安装罗经的船舶可能遇到的磁场变化条件下，主罗经稳定点误差的重复性应在±1°×secϕ以内。

5.1.5 **工作状态的性能**

5.1.5.1 *工作环境为南纬或北纬70°以下，且纬度变化在10°以内。*

5.1.5.2 应通过模拟的方法检查5.1.5.3的要求。如果需要，5.1.5.4和5.1.5.5的要求也应通过模拟的方法和车辆试验(海上或陆上)进行检查。只有在有迹象表明存在物理问题时才进行车辆试验(参考信息见附录B)。车辆试验必须在真实行驶条件下进行，且试验中的最大加速度应在1 m/s^2～2 m/s^2范围内。

5.1.5.3 *在速度为70 kn时，校正速度和航向影响后，残余稳态误差应在±0.25°×secϕ以内。*

5.1.5.4 *在速度为70 kn时，由速度的快速变化所引起的误差最大值应控制在最小，且在±2°以内，水平加速度应不超过2.0 m/s^2。*

5.1.5.5 *在任何航向，速度小于70 kn、以最大转向速度20°/s快速转向180°所引起的误差应在±3°以内，水平加速度应不超过2.0 m/s^2。*

5.1.5.6 *在任何航向，尤其是45°、90°、315°，在周期6 s～15 s、最大角度分别为20°、10°、5°，水平加速度不超过1 m/s^2，横摇、纵摇、偏航所引起的瞬时或稳态误差均应在±1°×secϕ以内。*

5.1.6 **主罗经和分罗经的同步**

5.1.6.1 当纬度和速度误差均校正为零时，分罗经与主罗经同步后，在任何工作条件下，主罗经与分罗经之间的读数最大偏差应在±0.5°以内。

5.1.6.2 *传输系统的连续传输速率应至少为20°/s。*

5.2 **其他要求**

5.2.1 *陀螺罗经应准确显示高速船舶(HSC)船首相对于地理(真)北的方向。*

5.2.2 *除IMO A.694(17)决议的要求外，船用陀螺罗经应可在下列条件下工作：*

a) 速度大于30 kn、小于70 kn；

b) 最大转向速度为20°/s；且

c) 在70°N～70°S之间，应符合HSC规则第13章的有关常规操舵角度的最低性能要求。

5.2.3 *当速度小于30 kn时，陀螺罗经应符合IMO决议A.424(Ⅺ)的要求。当速度在30 kn～70 kn时，陀螺罗经应符合本标准的要求。*

5.2.4 其他要求应符合IEC 60945的要求。

6 型式试验

6.1 结构

陀螺罗经的结构应符合第4章的要求。

6.2 稳定时间试验

将主罗经牢固地固定在水平和静止的基座上，接通额定电源，在初始艏向偏离30°或更大(相对于东)的情况下，按制造商的说明书启动。

稳定(见3.3)时间应符合5.1.1的要求。

6.3 稳定点误差试验

主罗经稳定(见3.3)后,稳定点误差(3.5)应符合5.1.2.1的要求。

6.4 稳定点艏向重复性试验

6.4.1 在初始艏向偏离30°或更大(相对于东)的情况下,按制造商的说明书启动主罗经并使之达到稳定。

6.4.2 按3.4的定义测定稳定点艏向,关闭主罗经12 h～7 d,然后从初始艏向偏离30°或更多(相对于东)重新启动,并重新测定稳定点艏向。

6.4.3 再次关闭主罗经12 h～7 d,然后从初始艏向偏离30°或更多(相对于东)重新开启,并再次测定稳定点艏向。记录所获得的3个稳定点艏向值,其中任意两个值之间的差不应超过0.25°×secϕ。

注:如果此项试验是接着6.3试验之后进行,则在6.3中获得的"稳定值"可以作为本试验的第一个值,重复性试验的第二次"稳定值"应在主罗经关机12 h～7 d后获得。

6.5 摇摆台上的稳定时间

6.5.1 将主罗经安装在摇摆台上,并保证主罗经的艏艉线与摇摆台的一个轴平行,则该轴被指定为横倾轴。

6.5.2 与横倾轴成直角的另一水平轴则被指定为纵倾轴。

6.5.3 然后按制造商的说明启动罗经,同时摇摆台作如下简谐运动:

——横倾轴:峰值幅度为5°±1°,周期15 s±1 s;

——纵倾轴:峰值幅度为5°±1°,周期6 s±1 s。

6.5.4 测量罗经从启动到稳定(见3.3)的稳定时间,应符合5.1.3的要求。

注:用于决定稳定条件的罗经读数是在摇摆台处于静止和水平,且在其重新开始规定运动之前的最短延迟时读取罗经读数。

6.6 摇摆试验

6.6.1 主罗经应固定在静止和水平的摇摆台上,摇摆台的横倾轴与子午线对准,偏差应在±1°以内。

6.6.2 罗经基准线与摇摆台的横倾轴对准,偏差应在±1°以内。在摇摆台的三个轴上按下述要求施以简谐运动25 min:

——横倾轴:峰值幅度为25°±2°,周期6 s±1 s;

——纵倾轴:峰值幅度为15°±2°,周期10 s±1 s;

——偏航轴:峰值幅度为5°±1°,周期15 s±1 s。

在25 min结束时,摇摆台的运动应停止,摇摆台回复到初始位置,立即记录罗经的艏向。

6.6.3 再将摇摆台横倾轴对准045°±1°、090°±1°和315°±1°,重复进行上述试验。在每个艏向上,摇摆台运动开始前,确定罗经的稳定点,比较运动开始前的稳定点艏向和运动结束后的艏向变化,作为因运动而产生的误差记录下来。

6.6.4 在上述4次试验中,由运动而产生的误差应小于±1°×secϕ。

6.6.5 试验中水平加速度均应不大于1 m/s^2。

6.7 隅点运动试验

6.7.1 将主罗经牢固地安装在具有水平最大加速度(1.0±0.1)m/s^{2}的简谐运动装置上。该装置在水平面上的运动方向应为隅点方向,误差在±3°以内。

6.7.2 安装后,在罗经稳定(3.3)且装置水平静止时,测出稳定点艏向(3.4)。然后启动装置进行上述运动,其最大加速度(1.0±0.1)m/s^2、周期不小于3 s,持续2 h,运动过程中记录罗经艏向,与运动开始前的稳定点艏向之差则是由运动产生的,该误差不应超过1°×secϕ。

6.7.3 主罗经在运动过程中记录的艏向信息应忽略在频率等于或大于实际运动固有频率上的调制。

6.8 分罗经精度试验

6.8.1 该试验仅适用于带有分罗经的罗经设备。假设罗经的纬度和速度误差经校正后为零。主罗经应固定在水平转台上，分罗经与其相连，将水平转台和主罗经以不大于20°/s的速率旋转，转台每旋转30°停止，记录罗经的艏向和分罗经的艏向，罗经和分罗经至少每30°同时记录一次。向相反方向重复这一试验过程，主罗经与分罗经之间的最大读数偏差应满足5.1.6的要求。

注：因试验的目的是比较主罗经与分罗经的艏向显示，因此，在记录读数时转台的真正角度并不重要。

6.8.2 如果进行试验的分罗经拟用于露天甲板，则应在－20 ℃±3 ℃和60 ℃±3 ℃的温度下分别进行试验，并且应在试验前将其暴露于试验温度条件下2 h。在本试验中可以接通作为分罗经设备组成部分的任何温控系统。

6.9 速度误差校正试验

6.9.1 将主罗经安装在水平且静止的基座上，罗经基准线与北对准，稳定主罗经并记录稳定点艏向。

6.9.2 向主罗经发出一个70 kn的速度信号，且使其重新稳定。

6.9.3 此时获得的稳定点艏向值和初始记录值之间的差，与理论计算值应小于0.25°×secϕ。

6.9.4 纬度与速度的校正应与艏向信号传输系统配合使用，本试验的艏向读数应由艏向传输系统产生的输出信号中获得。

6.10 一般要求试验

6.10.1 通则

对于通用要求试验，测量稳定点变化的读数值是在非特殊环境条件下获得的稳定点艏向。此时，包含分罗经的陀螺罗经在整个环境试验过程中，至少应有一个分罗经处在工作状态且与主罗经相连。其余向分罗经的输出应与额定负载相连，或与制造商提供的代替额定负载的电阻连接。

6.10.2 电压变化试验

将电压调至高于额定值10%，持续3 h，在此期间，每隔20 min记录一次罗经艏向，再将电压调至低于额定值10%，持续3 h，同样每隔20 min记录一次罗经艏向。所有记录值与初始数据的差值均不应大于1°×secϕ。

6.10.3 频率变化试验

在交流电源情况下，将电源频率调至高于额定值5%，持续3 h，在此期间，每隔20 min记录一次罗经艏向，再将电源频率调至低于额定值5%，持续3 h，在此期间，每隔20 min记录一次罗经艏向。所有的记录值与初始数据的差值均不应大于1°×secϕ。

6.10.4 振动试验

6.10.4.1 主罗经振动试验

6.10.4.1.1 在整个试验过程中，主罗经的罗经基准线方向相对于子午线角度应为＋30°±1°。主罗经应经历下述的振动过程，按照下述振动方向分别进行3个试验：

a) 与经线成＋30°±1°且水平；

b) 与经线成－60°±1°且水平；

c) 垂直方向。

6.10.4.1.2 在各试验条件下，应使罗经初始稳定，从最低振动频率和相应振幅开始，持续振动25 min，在一个周期结束后，将频率和振幅调至表1所列的下一栏值，持续25 min，直到所有频率段均完成，试验结束。

表1 频率与振幅

<table>
<tr><th>频率/Hz</th><th>振幅/mm</th></tr>
<tr><td>5</td><td rowspan="3">±0.71</td></tr>
<tr><td>7</td></tr>
<tr><td>10</td></tr>
</table>

表 1（续）

频率/Hz	振幅/mm
14	±0.63
20	±0.31
28	±0.16
40	±0.08

6.10.4.1.3 每个 25 min 振动周期结束时均应记录艏向读数，所有读数与初始稳定点艏向读数的差值均不应大于 $1^\circ \times \sec\phi$。

注：可以采取措施消除或减少由于振动设备产生的电磁场所引起的设备性能的降低。

6.10.4.2 除主罗经以外的其他罗经设备振动试验

6.10.4.2.1 将带有冲击减震器的设备固定在振动台上，按正常电气线路与主罗经连接。然后按制造商的说明书启动主罗经并确定和记录稳定点艏向。

6.10.4.2.2 对振动台上的设备按下列频率区间的所有频率进行垂直振动：

a) 5 Hz～13.2 Hz，振幅 1.0 mm；

b) 13.2 Hz～40 Hz，最大加速度 $0.7 \times 9.8\ m/s^2$。

6.10.4.2.3 在各频率区间至少振动 25 min，同时覆盖区间内所有频率。

6.10.4.2.4 设备在水平面内两个相互垂直的方向振动，重复上述试验。在试验过程中，不应出现电气和机械故障。

6.10.4.2.5 在各阶段结束时，均记录显示的艏向值，所有记录值与稳定点的初始记录之间的差值不应大于 $1^\circ \times \sec\phi$。

6.10.5 温度试验

6.10.5.1 将陀螺罗经置于试验箱内，在常温下启动并使其稳定，读取并记录稳定点艏向。然后将试验箱内温度提高到 45 ℃±2 ℃并保持 3 h，结束时，记录罗经显示的艏向。然后再将试验箱内温度降至 0 ℃±2 ℃，并保持 3 h，结束时，再次记录罗经显示的艏向。两次记录值与初始稳定点艏向的差值均不应大于 $1^\circ \times \sec\phi$。

6.10.5.2 改变试验箱温度时，温度变化率不应大于 45 ℃/h。

6.10.6 湿热试验

6.10.6.1 将陀螺罗经置于试验箱内，在常温和正常湿度条件下启动并使其稳定。读取并记录稳定点艏向。然后在 3 h±0.5 h 内将试验箱的温度提高到 40 ℃±2 ℃、相对湿度提高到 93%±3%，并保持 3 h±0.5 h。

6.10.6.2 过程结束时，罗经艏向读数与初始稳定点艏向的差值应不大于 $1^\circ \times \sec\phi$。

6.10.7 其他试验

6.10.7.1 陀螺罗经应能承受 IEC 60945 规定的下列试验：

a) 淋雨试验；

注：该试验仅对室外设备。

b) 感应干扰试验；

c) 辐射干扰试验；

d) 机械噪声试验。

6.10.7.2 在机械噪声试验中，测量不应在陀螺罗经刚启动时进行。而且仅测量安装在操舵室和桥楼侧翼的设备。

6.11 接口

6.11.1 陀螺罗经应提供接口设备。该接口应选择符合 IEC 61162 系列标准的国际通用的船用接口。

6.11.2 如果使用数字接口，则陀螺罗经应提供最小传输速率为每秒40次读数的输出；如果使用模拟接口，则应符合6.8的要求。

7 标识

每套陀螺罗经应标明下列标识：

——*制造商标识；*

——*设备型号；*

——*序列号。*

每套设备上均应标明它距标准磁罗经或驾驶磁罗经的安装安全距离。安全距离应按CB/T 3973的规定测量。

8 信息

8.1 应将有效操作和维护设备的信息提供给相关船员。

8.2 *应向使用者提供以下信息：由于高速、加速度、航向变化、海况等引起的误差所产生结果的定性说明；其他导航设备引起的相应误差的定性说明。*

附　录　A
（规范性附录）
关于在甲板上安装陀螺罗经和分罗经时对验船师的建议

为了保证在实际操作中有关5.1.5.4中所述的由运动引起的误差不超标，需要特别注意主罗经的安装位置。

用于测量方位的主罗经和（或）分罗经在安装时，通过罗经刻度盘中心且包含罗经基准线的垂直面与通过船舶首尾基准线的垂直面之间的水平夹角应在±0.5°以内。

附　录　B
（资料性附录）
车 辆 试 验

只有当有迹象或出现物理问题时才进行车辆试验，例如：

a）机械限制；

b）数据通信；

c）长时间行驶条件下的稳定性。

典型的试验应按下述条件进行：

将设备安装在车辆上，在长几公里的直线道路上，车辆缓慢加速到 70 kn 左右或政府有关道路交通管理规定限制的最大车速。在转弯开始前，车速降到一个较小值（10 kn～20 kn 或根据车辆、交通、环境的规定）。180°转弯之后，车辆再加速到 70 kn 左右或政府有关道路交通管理规定限制的最大车速。在直线测试道路的终点停车。转弯后记录的艏向应当在±3°范围内。应将由于转弯过程或其他交通环境条件下因数据通信带来的干扰降低到最小。

附 录 C
（资料性附录）
本标准条文与 IMO 决议条文对照

本标准的条文	IMO A. 821(19)决议或 IMO A. 694(17)决议的条文
5.2	A. 821(19) 1.1,1.2 和 1.3
3	A. 821(19) 2
3.1	A. 821(19) 2.1
3.2	A. 821(19) 2.2
3.3[a]	A. 821(19) 2.3
3.4	A. 821(19) 2.4
3.5[a]	A. 821(19) 2.5
3.6	A. 821(19) 2.6
4.1	A. 821(19) 3
4.4	A. 821(19) 3
4.8	A. 821(19) 6.1
4.9	A. 821(19) 6.2
4.11	A. 821(19) 6.3
4.12	A. 821(19) 6.4
4.13	A. 821(19) 6.5
4.14	A. 821(19) 5
4.15	A. 821(19) 7
5.1.1[a]	A. 821(19) 4.1.1
5.1.2.2	A. 821(19) 4.1.2
5.1.3	A. 821(19) 4.1.3
5.1.4	A. 821(19) 4.2.1
5.1.5	A. 821(19) 4.2.2
5.1.5.1	A. 821(19) 4.2.3.1
5.1.5.2	A. 821(19) 4.2.3.2
5.1.5.3	A. 821(19) 4.2.3.3
5.1.5.4	A. 821(19) 4.2.3.4
5.1.6.1	A. 821(19) 4.2.5
5.1.6.2	A. 821(19) 4.2.6
6.10[a]	A. 821(19) 4.2.4
6.10.1[a]	A. 821(19) 4.2.4

本标准的条文	IMO A. 821(19)决议或 IMO A. 694(17)决议的条文
6.10.2[a]	A.821(19) 4.2.4
6.10.3[a]	A.821(19) 4.2.4
6.10.4[a]	A.821(19) 4.2.4
6.10.5[a]	A.821(19) 4.2.4
6.10.6[a]	A.821(19) 4.2.4
7	A.694(17) 9.1,9.2 和 9.3
8.2	A.821(19) 1.4

[a] 与原文有微小差别。

参 考 文 献

[1] IMO MSC.64(67)决议 通过新的和经修订的性能标准.
[2] IMO A.342(Ⅸ)决议 自动操舵仪性能标准.
[3] 1974年国际海上人命安全公约(SOLAS公约)修正案.

ICS 47.020.70;47.040
U 63

中华人民共和国国家标准

GB/T 24954—2010/ISO 17884:2004

船舶和海上技术 高速船用探照灯

Ships and marine technology—Searchlights for high-speed craft

(ISO 17884:2004,IDT)

2010-08-09 发布 2010-12-01 实施

中华人民共和国国家质量监督检验检疫总局
中国国家标准化管理委员会 发布

前　　言

本标准等同采用 ISO 17884:2004《船舶和海上技术　高速船用探照灯》(英文版)。

本标准等同翻译 ISO 17884:2004。

本标准相对于 ISO 17884 做了下列编辑性修改:

——前言和引言部分未纳入;

——“本国际标准”一词,在本标准中改为“本标准”;

——引用标准根据等同采用的现行国家标准进行了对应的调整;

——标识小数的“,”改为“.”;

——对分段表述多于二段的条,将段按下一级条编号;

——表述方式按照 GB/T 1.1—2000 的规定做了编辑性修改。

本标准由中国船舶工业集团公司提出。

本标准由全国海洋船标准化技术委员会航海仪器分技术委员会(SAC/TC 12/SC 5)归口。

本标准起草单位:中国船舶工业综合技术经济研究院。

本标准主要起草人:康元。

船舶和海上技术 高速船用探照灯

1 范围

本标准适用于按《国际高速船安全规则》(HSC 规则)[IMO MSC.36(63)决议第 13 章]要求安装在高速船上的探照灯。

安装在高速船上的探照灯有助于发现其他船舶、海上结构物、航行障碍物、浮动物体和生物、海岸线及固定航标和浮标。在航行中为驾驶者提供航行安全、避碰以及搜寻救助遇难者等必要的帮助。

2 规范性引用文件

下列文件中的条款通过本标准的引用而成为本标准的条款。凡是注日期的引用文件,其随后所有的修改单(不包括勘误的内容)或修订版均不适用于本标准,然而,鼓励根据本标准达成协议的各方研究是否可使用这些文件的最新版本。凡是不注日期的引用文件,其最新版本适用于本标准。

GB/T 2423.5 电工电子产品环境试验 第 2 部分:试验方法 试验 Ea 和导则:冲击(GB/T 2423.5—1995,idt IEC 60068-2-27:1987)

GB 4208 外壳防护等级(IP 代码)(GB 4208—2008,IEC 60529:2001,IDT)

GB/T 6582 玻璃在 98 ℃耐水性的颗粒试验方法和分级(GB/T 6582—1997,eqv ISO 719:1985)

GB/T 6994 船舶电气设备 定义和一般规定(GB/T 6994—2006,IEC 60092-101:2002,IDT)

GB 7000.1 灯具 第 1 部分:一般要求与试验(GB 7000.1—2007,IEC 60598-1:2003,IDT)

GB 7000.7 投光灯具安全要求(GB 7000.7—2005,IEC 60598-2-5:1998,IDT)

GB/T 7358 船舶电气设备 系统设计 总则(GB/T 7358-1998,idt IEC 60092-201:1994)

GB/T 19022 测量管理体系 测量过程和测量设备的要求(GB/T 19022—2003,ISO 10012:2003,IDT)

ISO/CIE 10527 CIE 标准色度观测器

CIE No.15.2 出版物 比色法

CIE No.70 出版物 绝对光强分类测量方法

IEC 60945 海上导航和无线电通信设备及系统 一般要求 测试方法和要求的测试结果

IMO A.694(17)决议 作为全球海上遇险与安全系统(GMDSS)组成部分的船用无线电设备和电子助航设施的一般要求

IMO A.813(19)决议 所有船用电气和电子设备的电磁兼容性(EMC)的一般要求

HSC 国际高速船安全规则

3 术语和定义

下列术语和定义适用于本标准。

3.1

探照灯 searchlights

光线受固定焦点约束具有方向性传播的灯具。

3.2

高速船 high-speed craft,HSC

符合《国际高速船安全规则》第 1 章定义的所有船。

3.3

光轴零位　zero position of the optical light axis

光源的发光轴与探照灯指向水面正前方的光轴平行的位置。

3.4

开灯时间　switch-on time

探照灯打开后到达95%要求发光强度所需的时间。

3.5

半峰值发散角　half-peak divergence, α_h

指定平面发光强度的分布曲线所有矢径大于50%最大值的角度范围。

3.6

十分之一峰值发散角　tenth-peak divergence, α_t

指定平面发光强度的分布曲线所有矢径大于10%最大值的角度范围。

4　要求

4.1　必需的功能

探照灯应能在夜间距本船有足够距离范围内搜索物体。探照灯应能依靠本船提供的电、液压、气动等能源实现在水平面或俯仰面遥控转动。

4.2　连续运行和寿命周期

探照灯应能连续运行。当按5.3的要求试验时，光源的寿命时间至少应达到100 h。

4.3　发光强度

4.3.1　发光强度在探照灯焦点位置至少应为2×10^6 cd。这相当于大气的传播特性为0.8时，在600 m处等于5.6 lx的照度。

4.3.2　探照灯的发光强度应在发光区域的中心具有最大值。可调焦范围内，应保证具有相同的光强分布，即在中央区域大于最大光强的80%，其他区域不少于最大光强的80%。

4.3.3　半峰值发散角α_h应为3°～8°，十分之一峰值发散角α_t应不超过14°。如能进行调焦操作，则半峰值发散角α_h应小于3°。

4.3.4　如果是非圆形的光柱，则光柱的长轴应确定在水平方向。

4.4　光的色度

探照灯发出的光的色度应在国际照明委员会(CIE)色度图的坐标范围内，见表1。

表1　探照灯光的色度范围

色度范围(坐标值)	x	0.452	0.310	0.310	0.443
	y	0.440	0.348	0.283	0.382

4.5　开灯时间

4.5.1　探照灯的开灯时间最长不应超过30 s。

4.5.2　打开探照灯3 s后，应至少达到70%的发光强度。

4.5.3　上述要求可从待机状态实现，相关的要求应包含在文件中，见第7章。

4.6　水平和俯仰照射范围

探照灯的水平照射范围至少为175°；俯仰照射范围以水平面为准向下30°、向上最小30°。

4.7　水平和俯仰照射速度

在水平和俯仰范围内至少应设5档不同的扫动照射速度：

——在水平范围内的最小水平扫动照射速度应不大于5°/s，且最大水平扫动照射速度应不小于10°/s；

——在俯仰范围内的最小扫动照射速度应不大于 0.5°/s,且最大扫动照射速度应不小于 5°/s。

4.8 故障、警告和警告标识

4.8.1 探照灯的控制装备应配备有操作状态指示和探照灯失效警告标识。遥控装置应能显示下列探照灯状态:

——待机,可用;

——开启;

——故障。

4.8.2 通过安装在遥控装置或电源箱处的灯应能显示探照灯出现故障的部位(例如:灯体、电源、遥控装置)。

4.9 人机工学和操作控制

4.9.1 在驾驶部位应易于对探照灯进行操作控制。

4.9.2 应通过最少的操作步骤实现对探照灯的有效操作。

4.9.3 应避免双重功能的操作控制,采用联合操纵杆的情况除外。

4.9.4 所有的系列操作和控制应只能操作一盏探照灯。

4.9.5 当操作人员停止对探照灯的操作控制时,探照灯应保持在最后停止操作的位置而不应从该位置移动,例如:受风、船的运动或其他外力震动的影响而改变。

4.9.6 应清楚地标示每个操作控制功能。

4.9.7 应能在黑暗中清楚地识别操作控制。如采用照明方式,则亮度应可调节。

4.9.8 探照灯的操作控制应符合 IMO A.694 (17)决议和 IEC 60945 的规定。

4.10 耐久性和环境适应性

4.10.1 探照灯的结构和尺寸应符合 GB 7000.1 的相关规定,在操作和维护时,不应对人员形成危险。探照灯的构造应符合下列要求:

——如适用时,内部应易于清洁;

——尽可能在可分拆部位使用不易破碎的可重复利用的垫圈;

——至少应达到 GB 4208 规定的 IP56 防护等级;

——应避免内部形成可引发危险的积水;

——在使用人造硅酸盐玻璃作为探照灯透射玻璃时,至少应使用 GB/T 6582 中规定的Ⅳ级耐水解性玻璃。

4.10.2 灯座应设计并制造成仅能安装相对应的光源,且易于光源的更换。光源在探照灯内的安装不允许出现任何位置上的错误。光源应安全地装配在探照灯中。

4.10.3 探照灯应与为该型探照灯设计并与该型探照灯一起进行型式试验的光源一同使用。

4.10.4 在额定电压下,探照灯光源的平均寿命不少于 100 h。

4.10.5 光源的发光强度应不受任何调节装置控制。

4.10.6 探照灯的构造应确保无干扰散光或折射光的产生和非有意的有色光产生。

4.10.7 探照灯及所有部件例如供电装置、控制装置等,应满足其各自标准的磁性安全距离规定。

4.10.8 所使用的材料应能抵抗在操作过程中产生的外力。有关探照灯的耐久性和环境适应性应符合 IMO A.694(17)决议和 GB/T 6994 以及 IEC 60945 规定,并应符合 IEC 60945 规定的振动试验要求,其试验参数的范围应符合 5.4 的规定,冲击试验应符合 5.5 的规定。

4.11 玻璃的牢固性和基本性能(发光区域)

牢固性应符合 GB/T 6582 的规定。

探照灯玻璃的基本性能应符合 GB 7000.7 的规定。

4.12 电磁兼容性(EMC)

探照灯的电磁兼容性应符合 IMO A.694(17)决议和 IMO A.813(19)决议以及 IEC 60945 的规定。

4.13 供电

探照灯的供电应符合 IMO A.694(17)决议和 GB/T 7358 的规定。

4.14 安装

4.14.1 探照灯的安装应符合下列要求：

——探照灯的发光部件应位于光轴位置，以保证光线无遮挡地射出；

——探照灯在水平面内到任意一舷的 112.5°的扇形区域中，不得有可产生超过 3°遮蔽区的障碍物；

——双芯阴影区域的无遮挡区域的视线范围至少 30°以上；

——在从 112.5°到最小 175°和从最小 185°至 247.5°的扇形区域中，遮蔽区应保持在最小范围；当无法避免的遮蔽区超过 15°范围时，应清楚地在操作控制装置上标出；

——垂直面角度可调节的探照灯，向前的照射盲区不应超过 2 倍船长或 500 m 中较小的值。

4.14.2 有关探照灯的安装应符合 IMO A.694(17)决议和 GB 7000.1 的规定。

4.14.3 探照灯应设计并安装成在风速高达 100 kn 的风和横摇和(或)纵摇高达±10°的情况下，其操作功能不受损害。

4.14.4 探照灯的发光不应受船舶正常操作时产生的振动影响。

4.15 维护

探照灯应符合 IMO A.694(17)决议和 GB 7000.1 有关维护的规定。探照灯应可以使维护操作人员从安全的位置接近并在戴有厚的工作手套情况下打开。

4.16 备用和后备光源

每个探照灯应至少配备一个经型式认可的备用光源，与该类型的探照灯一致。

4.17 安全防护

探照灯的安全特征应符合 IMO A.694(17)决议和 GB 7000.1 的相关规定。

5 型式试验

5.1 发光强度试验

5.1.1 一般要求

5.1.1.1 进行发光强度和色度试验的电压应为额定电压，波动在±0.1%以内。当光源可互换时，应更换光源 3 次，此时，发光强度试验应重复 3 次。

5.1.1.2 如果探照灯允许使用多种类型的光源，则应对每一种类型的光源进行完整的型式试验。

5.1.1.3 如果探照灯是可以调焦的，则应在 5 个焦距段测量发光强度。调焦应调整至焦点位置、最大散焦位置和其间 3 个均匀分布位置。

5.1.2 调整

探照灯应采用制造商提供的专用卡子定位在测角光度计上，按该方法安装的探照灯应能无遮挡地向周围照射。探照灯应以光轴为旋转点，按专门的规定一步步地在水平面转动和垂直面降低，用光度计和色度计进行测量。

5.1.3 角度测量法

采用角度测量法时，应在光感测量仪和样品之间提供在探照灯垂直轴 360°的测量范围，探照灯应能自水平轴最大倾斜至 25°，两者在水平和垂直角度范围内可以±0.1°进行测量并精确到±0.1°。

5.1.4 光度计

5.1.4.1 应采用适宜的光度计，根据光谱的发光效率对方向光进行测量并进行精细的调整，以达到使人适应的明视觉(V_λ 曲线)。它应配有与接受范围相配的屏蔽管接受反射光线，而接受直射光线。光度计探头应具有温度稳定性以避免周围温度的影响。应使用中性校正滤光器对光度计从大约 0.01 lx～10 000 lx(如果是更高和更强的光源)进行校正。光度计和滤光器的校正、使用方法标准应按政府规定的检测标准执行。无关的光线不应对光度计的测量结果产生大的影响,如需要,应采取必要的措施避免这种影响(见 CIE No.70 出版物)。

5.1.4.2 光度计测量发光强度的误差应在 3%以内。

5.1.4.3 探照灯光学系统的部件应无损坏、划痕或对光学部件有不利影响的瑕疵。必要时,在试验开始之前,应对光学部件进行小心仔细的清洁。

5.1.5 距离

探照灯的光源和光度计之间的距离应符合光度计规定的测量距离,并且应符合 CIE No.70 出版物超过限制的光度计的距离。

5.1.6 程序

5.1.6.1 用于色度和发光强度试验的探照灯应是按标准常规生产的,且具有代表性的灯,但不一定是批量生产。

5.1.6.2 所有测量计量单位应符合 GB/T 19022 的规定。

5.1.6.3 光度计的试验应符合 CIE No.70 的规定。

5.1.6.4 为了确保只有被测探照灯直接发出的光被光度计或色度计记录,光度测试和色度测试应在具有低反射中间色彩的墙壁、地板和天花板的暗室中进行,尤其是在布置探照灯的附近区域。

5.1.6.5 应在光度计和色度计的检测接受区域配置可减少内部光反射的黑色管,在管的内壁和头部应布有黑色天鹅绒或相似的减少反射光的吸光材料,该管子的孔径应略大于检测接受区域,以防止因反射光和光的颜色改变而产生的测量误差。光度计和色度计的检测头应具有温度稳定功能,以避免环境温度的影响。

5.1.6.6 进行试验的探照灯光源应是探照灯制造商指定类型的光源,应经过适当使用,以保证探照灯测量数据的稳定性。在开始试验之前,被试验的探照灯光源应按 GB/T 7358 规定,在可能的最高电压下使用不小于 0.5 h。

5.1.6.7 由制造商确定的该电压(点燃电压)应在靠近光源处测得。为此,探照灯制造商应提供另外的光源,用于测试的光源应与探照灯制造商指定的光源一致。

5.1.6.8 上述测试应在连续生产的每一个类型的第一个探照灯上一并进行。

5.1.7 角度

5.1.7.1 发光强度应不间断地连续测量并记录,在探照灯绕其光轴旋转 360°时,探照灯的光轴应与光度计的光轴在同一直线上,在探照灯绕其光轴旋转 360°的同时,使探照灯的光轴与光度计的光轴形成 1°倾斜,并测量光强。然后,以 1°为分度重复试验,直至与光度计的光轴倾斜 10°为止。

5.1.7.2 此外,应以探照灯的光轴为对称轴,做出横穿整个光束的 3 个线性测量面,相互之间成 120°,从−30°倾斜穿过轴线至+30°倾斜。

5.1.7.3 如果探照灯不能按上述的方式旋转,则只能取发光强度的线性面。在使光度计和探照灯的光轴对中后进行测量。探照灯应绕其垂直轴线向两侧旋转最大达 10°。然后,探照灯应倾斜 1°并且记录一个线性面。本步骤应在相对于探照灯光轴的垂直和水平四个方向上从 0°到 10°以 1°为分度重复进行测量。

5.1.8 发光强度的测量

应不间断地连续测量并记录发光强度。

5.2 色度试验

5.2.1 调整

见 5.1.2。

5.2.2 角度测量法

见 5.1.3。

5.2.3 色度计

5.2.3.1 对光线色彩的测量应采用适宜的色度计对探照灯发出光线的色彩进行测量。色度计应具有下列的特性：

——色度计应通过精确调整、经由附件过滤或类似的方法，得到符合 ISO/CIE 10527 要求的 2°视场 CIE 颜色匹配函数 $\bar{x}(\lambda)$、$\bar{y}(\lambda)$和 $\bar{z}(\lambda)$。当需要时，应提供避免无关杂光射入的措施。

——色度计最低灵敏度为 1 lx。

5.2.3.2 色度测量系统应在试验前由经标准光源(2 856 K)和红、绿、蓝滤光器颜色坐标校正过的色度计校准。

5.2.3.3 光线色度的测试应模拟探照灯运行的情况，使用高精度色度计用三元色法进行完整的测量，具体应符合 CIE No. 15.2 出版物的规定。

5.2.3.4 色度计和滤光器的校正、使用方法标准应按国家规定的检测标准执行。

5.2.3.5 探照灯光学系统的部件应无损坏、划痕或对光学部件有不利影响的瑕疵。如需要，在试验开始之前，应对光学部件进行小心仔细地清洁。

5.2.4 几何

测定探照灯光源和色度计探头之间距离，应按 ISO/CIE 10527 规定在 2°视野范围内调整。

5.2.5 试验程序

见 5.1.6。

5.2.6 色度测量

用色度计在被照明区域里的不同位置至少测量 10 次。

5.3 寿命试验(见 4.2)

探照灯应在下列条件下长时间运行：

——额定电压，波动±0.1%；

——15 ℃～35 ℃的环境温度；

——无空气流动。

试验应使用相同类型的另一个光源重复进行。

5.4 振动试验

5.4.1 一般要求

振动试验应符合 IEC 60945 的规定，采用表 2 中所列的参数。

表 2 振动试验参数

频率范围	位　移	加速度
2^{+3}_{-0} Hz～15 Hz	±2.5 mm	—
15 Hz～100 Hz	—	2.3g
扫频速度	最大 0.5 倍频程/分	

5.4.2 准备和试验

进行试验的探照灯应包括所有组成部分，如遥控装置、分离的供电装置或终端盒，并采用与制造商安装说明相一致的方法，以正常状态牢固地安装。试验应在 3 个互相垂直轴(X、Y、Z)上进行。试验中应检查探照灯的相关功能。试验之前应确定在各轴的共振点。

——如果在试验过程中确定了探照灯的共振点，且共振点的放大因数 $Q<2$，则试验时各轴应以 30 Hz 频率持续 90 min。

——如果在试验过程中确定了探照灯的共振点，且共振点的放大因数 $Q\geqslant 2$，则试验时应以共振频率持续 90 min。

当发现多个互相临近的共振频率时，应进行扫描试验，扫描试验的时间为 120 min。

5.4.3 要求的结果

探照灯应无损坏，且规定的功能得到验证。

5.5 冲击试验

5.5.1 一般要求

5.5.1.1 冲击试验应符合 GB/T 2423.5 的规定，采用表 3 所列的参数。

5.5.1.2 试验应在 3 个互相垂直轴（X、Y、Z）的各轴双方向上进行，共 6 个方向施以冲击。

表 3 冲击试验参数

最大加速度 a	$15g$（相当于 150 m/s²）
持续时间周期 T	11 ms
波形	1/2 正弦波

5.5.2 准备和试验

进行试验的探照灯应包括所有组成部分，如遥控装置、分离的供电装置或终端盒，并采用与制造商安装说明相一致的方法，以正常的状态牢固地安装。试验中应使用探照灯的相关功能。

5.5.3 要求的结果

探照灯应无损坏，且规定的功能得到验证。

6 试验报告

试验报告至少包括下列内容：

a) 执行本标准；

b) 提供试验的探照灯的规格；

c) 提供试验光源的规格；

d) 探照灯的序号（如适用）；

e) 所有的必需的试验项目结果（例如：最高电压、发光强度分布图、色度坐标图、环境试验、要求的试验结果）；

f) 试验日期；

g) 试验机构；

h) 试验责任部门和人员签字、盖章。

7 随机文件

技术随机文件应与探照灯一起交付。随机文件应包括下列内容：

a) 安全使用指南；

b) 故障修理、维护和服务：

——替换光源的说明，对于高压光源应有安全防护的详细说明；

——所需的特制工具、维护材料和备件清单（例如：备用光源、保险丝和反光镜）；

——设备维护和保养说明；

——可获得的售后服务说明。

c) 相关数据：

——制造商；

——类型；

——设备一般介绍；

——安全注意事项；

——设备的补充说明和介绍；

——相关审批、核准文件的副本。

d） 安装指南：

——电气安装说明；

——所用电源的参数(电压、耗电量等)。

e） 设备操作指南：

——启动过程说明；

——高速船在黑暗中航行且未使用探照灯的情况下，探照灯处于待机状态的说明，见4.5。

探照灯的随机文件还应符合IEC 60945的规定。

8 标识

8.1 探照灯上应清楚和牢固地标识下列信息：

——制造商标识；

——产品序号；

——类型；

——类型审批标识；

——经核准的光源的标准编号；

——安全使用说明。

8.2 关于其他危险情况的警告，如紫外线灯、强光灯和高压灯所引起的危险情况说明应牢固地标识在探照灯上。

8.3 在光源上应有制造商的标识和经核准型号规格标识。对于卤素光源，应另外清楚和牢固地标明电压和耗电量，该标识应不影响光源的发光。

8.4 探照灯的标识应符合IMO A.694(17)决议和IEC 60945的规定。

ICS 47.020.70
U 65

中华人民共和国国家标准

GB/T 24955.1—2010/ISO 22090-1:2002

船舶和海上技术　艏向发送设备(THDs)　第1部分:陀螺罗经

Ships and marine technology—Transmitting heading devices(THDs)—Part 1: Gyro-compasses

(ISO 22090-1:2002,IDT)

2010-08-09 发布　　2010-12-01 实施

中华人民共和国国家质量监督检验检疫总局
中国国家标准化管理委员会　发布

前　　言

GB/T 24955《船舶和海上技术　艏向发送设备(THDs)》由三部分组成:

——第1部分:陀螺罗经;

——第2部分:地磁原理;

——第3部分:GNSS原理。

本部分是GB/T 24955《船舶和海上技术　艏向发送设备(THDs)》的第1部分。

本部分等同采用ISO 22090-1:2002《船舶和海上技术　艏向发送设备(THDs)　第1部分:陀螺罗经》(英文版)。

本部分等同翻译ISO 22090-1:2002。

本部分相对于ISO 22090-1:2002做了下列编辑性修改:

——前言和引言部分未纳入;

——"本国际标准"一词,在本部分中改为"本部分";

——引用标准根据国家标准进行了对应的调整;

——标识小数的","改为".";

——纳入了国际标准化组织2005年对ISO 22090-1:2002的勘误内容;

——表述方式按照GB/T 1.1—2000的规定做了编辑性修改。

本部分的附录A为资料性附录。

本部分由中国船舶工业集团公司提出。

本部分由全国海洋船标准化技术委员会航海仪器分技术委员会(SAC/TC 12/SC 5)归口。

本部分起草单位:中国船舶工业综合技术经济研究院。

本部分主要起草人:康元、李传明。

船舶和海上技术　艏向发送设备(THDs)　第1部分:陀螺罗经

1　范围

GB/T 24955的本部分规定了符合经修正的《1974年国际海上人命安全公约》(SOLAS公约)第Ⅴ章要求的,用于艏向信息传输设备的陀螺罗经的结构、性能和试验。

艏向发送设备(THD)是提供船舶真艏向信息的电子设备。

除应符合IEC 60945和IMO A.694(17)决议规定的一般要求和使用的传感器部件的相关标准外,THD应符合下列最低要求。

如果适用于传感器部件的IMO性能标准没有规定运营的地理区域,则THD的工作范围为:

a)　最大回转速度20°/s;

b)　至少70°N~70°S。

符合SOLAS公约第Ⅴ章要求用于发送艏向信息的THD应符合本部分的规定。但是,对于速度在30 kn~70 kn的船舶,应符合IMO A.821(19)决议的规定。

此外,THD应符合《国际高速船安全规则》(HSC规则)第13章要求配备的适用于提供航向信息的装置的动态要求。

注1:艏向信息检测与发送可采用多种技术。将艏向检测与发送分别标准化是不合理的。因此,本系列标准的各部分分别对应不同技术,本部分仅适用于陀螺罗经技术,其他技术对应本系列标准的其他部分。

注2:在本部分中凡引用IMO MSC.116(73)决议的内容均用斜体印刷。

2　规范性引用文件

下列文件中的条款通过GB/T 24955的本部分的引用而成为本部分的条款。凡是注日期的引用文件,其随后所有的修改单(不包括勘误的内容)或修订版均不适用于本部分,然而,鼓励根据本部分达成协议的各方研究是否可使用这些文件的最新版本。凡是不注日期的引用文件,其最新版本适用于本部分。

CB/T 3973—2005　船舶与海上技术　磁罗经在船上的定位(ISO 694:2000,IDT)

IEC 60945　海上导航和无线电通信设备及系统　一般要求　测试方法和要求的测试结果

IEC 61162-1　海上导航和无线电通信设备及系统　数字接口　第1部分:单通话器和多受话器

IEC 61162-2　海上导航和无线电通信设备及系统　数字接口　第2部分:单通话器和多受话器高速传输

IMO A.424(Ⅺ)决议　陀螺罗经性能标准

IMO A.694(17)决议　作为全球海上遇险与安全系统(GMDSS)组成部分的船用无线电设备和电子助航设施的一般要求

IMO A.813(19)决议　所有船用电气和电子设备电磁兼容性(EMC)的一般要求

IMO A.821(19)决议　高速船陀螺罗经性能标准

HSC　国际高速船安全规则

3　术语和定义

下列术语和定义适用于GB/T 24955的本部分。

3.1

陀螺罗经　gyro-compass

包括作为艏向传感器的陀螺仪和相关艏向信号传输系统等所有基本元件的整套设备。

3.2

艏向　heading

指任何要输入给 THD 的船舶艏向。

注：由船舶纵向线垂直投影到水平面上的投影线的方向定义。当其以真北、磁北和罗北为方位基准测量时，则分别定义为真艏向、磁艏向和罗艏向。通常用三位数字来表示，单位为度(°)。从北开始，顺时针环绕罗经刻度盘。

3.3

传感器部件　sensing part

与发送部件相连，具有探测功能，用来测定艏向信息的设备。

3.4

发送部件　transmitting part

从传感器部件接收艏向信息并转换为要求的精确信号的装置。

3.5

真艏向　true heading

通过真子午线的垂直平面与船舶艏艉基准线的垂直平面之间的水平夹角。它是由真北(000°)开始，按顺时针测量，共 360°。

3.6

发送和分辨率误差　transmission and resolution error

由于发送原始信息至接受装置所采用的方法而导致的误差。

注：*这种方法可能只具有有限的能力对信息任何可能数值进行编码，例如：带有(1/6)°的步进输出。该误差是由于使用在 THD 内部的方法和在对信息编码输出时产生。*

3.7

静态误差　static error

指系统工作期间由于任何因素而产生的并且数值保持不变的误差。该误差应在静态条件下测量。

注：该误差与 3.12 定义的误差相同。

3.8

动态误差　dynamic error

指由作用在系统上的动态因素，例如振动、横倾、纵倾或线性加速度而导致的误差。

注：*该误差可以具有一个幅度以及一个通常与环境影响和系统本身参数有关的频率。该误差与 3.13 定义的误差相同。*

3.9

随动误差　follow-up error

指由于从需要探测的数值存在到系统输出可用的相应信号或数据流之间的延迟而产生的误差。例如，转向船舶的真艏向与系统输出的可用信号之间的误差。

注：*当系统处于静态条件时，随动误差消失。*

3.10

稳定　settled

罗经在水平和静止状态下，每隔 30 min 所读取的任意 3 个读数差均在 0.7°偏差带内的稳定状态。

注：稳定时间是指在初始艏向误差时启动到记录第 3 个稳定读数之间经过的时间。

3.11

稳定点艏向　settle point heading

罗经稳定(3.10)后,每隔 20 min 读取的 10 个读数的平均值。

3.12

稳定点误差　settle point error

稳定点艏向(3.11)与真艏向之间的差值。见 3.7。

3.13

误差　error

观测值与稳定点艏向(3.11)之间的差值。见 3.8。

3.14

纬度误差　latitude error

陀螺罗经产生的大小和符号取决于当地纬度的误差。

3.15

速度误差　speed error

陀螺罗经产生的大小和符号取决于船舶的速度、航向和所处纬度的误差。

3.16

主罗经　master compass

向发送部件或其他导航设备提供艏向信息的主要的罗经装置。

3.17

摇摆台　scorsby table

台面能独立地围绕三座标系轴自由摇摆的试验设备,用于模拟船舶的运动。

3.18

隅点运动　intercardinal motion

代表船舶的整体运动。用于在动态模拟试验中进行误差试验。

4　性能要求

4.1　功能

4.1.1　在本部分中规定了 THD 陀螺罗经的功能。

4.1.2　*THD 产生艏向信息,并产生适当的输出信号给其他设备。*

4.1.3　*THD 可以包含 3.3 所定义的任何传感器。*

4.1.4　*所有关于设备或参数校正的装置均应有保护措施以防误操作。*

4.1.5　*用于电子修正的手工设定值应以适当的方式显示。*

4.1.6　陀螺罗经设备应符合 4.2～4.8 的要求。

4.2　持续工作

在 6.10 规定的振动、湿度、温度变化及电源波动条件下,设备应能连续工作。

4.3　信息

4.3.1　*除传感器的显示外,所有艏向显示和输出应显示真艏向。*

4.3.2　显示器的读数应显示到 0.1°。

4.4　艏艉线标志

罗经上应标有便于罗经在船上安装的艏艉线标志。

4.5　速度误差修正

应提供校正由速度和纬度引起的误差的方法。在自动速度误差修正中,应使用经核准的精确速度信息源。

4.6 艏向信息

4.6.1 THD应向其他导航设备提供真艏向信息。

4.6.2 供输出的艏向信息应符合第5章规定的精确度。

4.6.3 *至少应有一个输出接口符合 IEC 61162-1 和 IEC 61162-2 接口标准的要求。*

4.7 状态指示

应有陀螺罗经准备就绪可以使用的状态显示。

4.8 报警信号

应提供报警以显示 THD 失效或电源故障。

5 精确度

5.1 一般要求

在 IMO A.424(Ⅺ)决议或 A.821(19)决议规定的海况条件下,THD 在其输出端口应满足下述精确度要求。

5.2 数据传输精确度

包含有分辨率误差的发送误差应小于±0.2°。

5.3 静态条件下的精确度

5.3.1 静态条件下的稳定时间

罗经按制造商的说明启动后,应在6 h内稳定。

5.3.2 静态误差(稳定点误差)

5.3.2.1 按3.7(3.12)定义的静态误差(稳定点误差),在任何艏向上不应超过±1°×secϕ,而且单次测量的艏向与平均值之差的均方根值(RMS)应当小于0.35°×secϕ。

注:ϕ为纬度角,以下同。

5.3.2.2 每次启动之间稳定点误差的重复性应在0.35°×secϕ之内。

5.4 动态条件下的精确度

5.4.1 动态条件下的稳定时间

罗经按制造商的说明启动后,在横倾和纵倾简谐运动周期为6 s~15 s、最大角度为5°、最大水平加速度为0.22 m/s^{2}的条件下,应在6 h内稳定。

5.4.2 动态误差

动态误差幅度应小于±1.5°×secϕ。*当动态误差范围大于±0.5°时,则动态误差的频率应小于0.033 Hz,相当于不短于30 s的周期。*

5.4.3 工作条件下的性能

船舶工作在70°N~70°S,且纬度变化在10°以内:

——在速度为30 kn时,校正速度和航向影响后,残余稳态误差应不超过±0.35°×secϕ;

——在30 kn时,速度快速变化,由速度的快速变化所引起误差最大值应尽量最小,且不应超过±3°,水平加速度应不超过2.0 m/s^2;

——速度达到30 kn时,以最大回转速度20°/s快速转向180°所引起误差应小于±4.5°,水平加速度应不超过2.0 m/s^2。

5.4.4 随动误差

不同回转速度下,随动误差应为:

——回转速度小于10°/s时,应在±0.5°范围内;

——回转速度在10°/s~20°/s时,应在±1.5°范围内。

6 型式试验

6.1 一般要求

6.1.1 当主罗经包含分罗经时，整个环境试验过程中应至少有一个分罗经工作并且与主罗经相连对准，其余分罗经输出应与标准负载相连或与制造商提供的代表标准负载的阻抗器相连。相关的分罗经不需要进行试验。

6.1.2 *THD及其连接的传感器部件应进行精确度试验。如果传感器部件包含在发送部件中，则设备应与所有部件一起进行试验。*

6.2 稳定时间试验

6.2.1 将主罗经牢固地固定在水平静止的基座上，接通额定电源，在初始艏向偏离30°或更大(偏东)的情况下，按制造商的说明书启动主罗经。

6.2.2 稳定(见3.10)时间应符合5.3.1的要求。

6.3 静态误差(稳定点误差)试验

主罗经稳定(3.10)后，静态误差(3.7)应符合5.3.2.1的要求。

6.4 稳定点艏向重复性试验

6.4.1 在初始艏向偏离30°或更大(偏东)的情况下，按制造商的说明书启动主罗经并使之达到稳定。

6.4.2 按3.11的定义测定稳定点艏向，关闭主罗经0.5 d～7 d，然后从初始艏向偏离30°或更多(偏西)重新启动，并重新测定稳定点艏向。

6.4.3 再次关闭主罗经0.5 d～7 d，然后从初始艏向偏离30°或更多(偏东)重新开启，并再次测定稳定点艏向。记录所获得的3个稳定点艏向值，其中任意两个值之间的差不应超过0.35°×secϕ。

注：如果此项试验是接着6.3试验之后进行，则在6.3中获得的“稳定值”可以作为本试验的第一个值，重复性试验的第二次“稳定值”应在主罗经关机12 h～7 d后获得。

6.5 摇摆台上的稳定时间

6.5.1 将主罗经安装在摇摆台上，并保证主罗经的艏艉线与摇摆台的一个轴平行，则该轴被指定为横倾轴。

6.5.2 与横倾轴成直角的另一水平轴则被指定为纵倾轴。

6.5.3 然后按制造商的说明启动罗经，同时摇摆台作如下简谐运动：

——横倾轴：峰值幅度为5°±1°，周期15 s±1 s；

——纵倾轴：峰值幅度为5°±1°，周期6 s±1 s。

6.5.4 测量罗经从启动到稳定(见3.10)的稳定时间，应符合5.4.1的要求。

注：稳定条件的THD读数可在摇摆台处于静止和标称水平位置下立即读取，并且尽快恢复规定运动。

6.6 摇摆试验

6.6.1 主罗经应固定在静止和水平的摇摆台上，摇摆台的横倾轴与子午线对准，偏差应在±1°以内。

6.6.2 罗经基准线与摇摆台的横倾轴对准，偏差应在±1°以内。在摇摆台的3个轴上同时按下述要求施以简谐运动25 min：

——横倾轴：峰值幅度为20°±2°，周期10 s±1 s；

——纵倾轴：峰值幅度为10°±2°，周期6 s±1 s；

——偏航轴：峰值幅度为5°±1°，周期15 s±1 s。

6.6.3 在25 min结束时，摇摆台的运动应停止，摇摆台回复到初始位置，立即记录THD艏向。

6.6.4 再将摇摆台横倾轴对准045°±1°、090°±1°和315°±1°，重复进行上述试验。在每个艏向上，摇摆台运动开始前，确定罗经的稳定点，比较运动开始前的稳定点艏向和运动结束后的艏向变化，作为因运动而产生的误差记录下来。

6.6.5 在上述 4 次试验中，由运动而产生的误差应小于±1.5°×secφ。

6.6.6 试验中水平加速度均应不大于 1 m/s²。

6.7 隅点运动试验

6.7.1 将主罗经牢固地安装在具有水平最大加速度(1.0±0.1)m/s²的简谐运动装置上。该装置在水平面上的运动方向应为隅点方向，误差在±3°以内。

6.7.2 安装后，在罗经稳定(3.10)且装置水平静止时，测出稳定点艏向(3.11)。然后启动装置进行上述运动，其最大加速度为(1.0±0.1)m/s²、周期不小于 3 s，持续 2 h，运动过程中记录 THD 艏向，与运动开始前的稳定点艏向之差则是由运动产生的，该误差不应超过 1.5°×secφ。

注：THD 在运动过程记录的艏向信息中应忽略等于或大于实际运动频率的调制。

6.8 输出精确度试验

6.8.1 将水平转台上的主罗经以不大于 10°/s 的速度旋转，至少每隔 5°读取 1 次 THD 输出数据和转台角度。

最大随动误差应符合 5.4.4 的要求。

6.8.2 将水平转台上的主罗经以不大于 20°/s 的速度旋转，至少每隔 5°读取 1 次 THD 输出数据和转台角度。

最大随动误差应符合 5.4.4 的要求。

6.9 速度误差修正试验

6.9.1 将主罗经安装在水平且静止的基座上，罗经基准线与北对准，稳定主罗经并记录稳定点艏向。

6.9.2 向陀螺罗经发出一个 30 kn 的速度信号，且使其重新稳定。

6.9.3 此时获得的稳定点艏向值和初始记录值之间的差，与理论计算值之差应小于 0.35°×secφ。

6.10 通用试验

6.10.1 一般要求

对于通用试验，测量稳定点变化的基准值是在非特殊环境条件下获得的稳定点艏向。

6.10.2 电压变化试验

将电压调至高于额定值 10%，持续 3 h，在此期间，每隔 20 min 记录 1 次 THD 艏向，再将电压调至低于额定值 10%，持续 3 h，同样每隔 20 min 记录 1 次 THD 艏向。所有记录值与初始数据的差值均不应大于 1.5°×secφ。

6.10.3 频率变化试验

在交流电源情况下，将电源频率调至高于额定值 5%，持续 3 h，在此期间，每隔 20 min 记录 1 次 THD 艏向，再将电源频率调至低于额定值 5%，持续 3 h，在此期间，每隔 20 min 记录 1 次 THD 艏向。所有的记录值与初始数据的差值均不应大于 1.5°×secφ。

6.10.4 振动试验

6.10.4.1 主罗经振动试验

6.10.4.1.1 在整个试验过程中，主罗经的罗经基准线方向相对于子午线角度应为+30°±1°。主罗经应经历下述振动过程，并按下述振动方向分别进行 3 个试验：

a) 与子午线成+30°±1°且水平；

b) 与子午线成−60°±1°且水平；

c) 垂直方向。

6.10.4.1.2 在各试验条件下，应使罗经初始稳定，从最低振动频率和相应振幅开始，持续振动25 min，在一个周期结束后，按表 1 将频率和振幅调至下一行值，持续振动 25 min，直到所有频率段均完成，试验结束。

表 1 振动频率与振幅

频率/Hz	振幅/mm
5	±0.71
7	
10	
14	±0.63
20	±0.31
28	±0.16
40	±0.08

6.10.4.1.3 每个 25 min 振动周期结束时均应记录艏向读数，所有读数与初始稳定点艏向读数的差值均不应大于 1.5°×secϕ。

注：可以采取措施消除或减少由于振动设备产生的电磁场所引起的设备性能的降低。

6.10.4.2 除主罗经以外的其他设备振动试验

6.10.4.2.1 将带有冲击减震器的设备按正常安装方式固定在振动台上，将设备的电气线路与主罗经连接对准。然后按制造商的说明书启动主罗经并确定和记录稳定点艏向。

6.10.4.2.2 对振动台上的设备按下列频率区间的所有频率进行垂直振动：

a) 5 Hz～13.2 Hz，振幅 1.0 mm；

b) 13.2 Hz～40 Hz，最大加速度 0.7×9.8 m/s^2。

6.10.4.2.3 在各频率区间至少振动 25 min，同时覆盖区间内所有频率。

6.10.4.2.4 设备在水平面内两个相互垂直的方向振动，重复上述试验。在试验过程中，不应出现电气和机械故障。

6.10.4.2.5 在各阶段结束时，均记录显示的艏向值，所有记录值与稳定点的初始记录之间的差值不应大于 1.5°×secϕ。

6.10.5 温度试验

将设备置于常温的箱内启动并使其稳定，读取并记录稳定点艏向数据。然后将箱内温度提高到 45 ℃±2 ℃并保持 3 h，结束时，记录 THD 显示的艏向数据。然后再将试验箱内温度降至 0 ℃±2 ℃，并保持 3 h，结束时，再次记录 THD 显示的艏向数据。两次记录值与初始稳定点艏向的差值均不应大于 1.5°×secϕ。

注：改变室内温度时，温度变化率不应大于 45 ℃/h。

6.10.6 湿热试验

6.10.6.1 将设备置于常温和正常湿度条件的室内，启动并使其稳定。读取并记录稳定点艏向数据。然后在 3 h±0.5 h 内将室内温度提高到 40 ℃±2 ℃、相对湿度提高到 93%±3%，并保持 3 h±0.5 h。

6.10.6.2 过程结束时，THD 艏向读数与初始稳定点艏向的差值应不大于 1.5°×secϕ。

6.11 电磁兼容性试验

设备的电磁干扰和抗扰性，除符合 IMO A.694(17)决议要求外，还应符合 IMO A.813(19)决议的要求。

7 标识

设备的每个部件都应标明它距标准磁罗经和操舵罗经的最小安全距离。安全距离应按 CB/T 3973 的规定测量。

附 录 A
（资料性附录）
本部分条文与 IMO 决议条文对照

本部分的条文	IMO MSC.116(73)决议的条文
1 范围	1.1,1.2,1.3,2.1,2.2
2 规范性引用文件	—
3 术语和定义	—
3.2 艏向	3.1
3.3 传感器部件	3.2
3.4 发送部件	3.3
3.5 真艏向	3.4
3.6 发送和分辨率误差	3.5
3.7 静态误差	3.6
3.8 动态误差	3.7
3.9 随动误差	3.8
4 性能要求	—
4.1 功能	4.1.1,4.1.2,4.1.3,4.2.2
4.3 信息	4.2.1
4.6 艏向信息	4.4
4.8 警报信号	6
5 精确度	4.3.2
5.2 数据传输精确度	4.3.2.1
5.3.2 静态误差(稳定点误差)	4.3.2.2
5.4.2 动态误差	4.3.2.3
5.4.4 随动误差	4.3.2.4
6 型式试验	—
6.1 一般要求	4.3.1
6.11 电磁兼容性试验	5

参 考 文 献

[1] GB/T 4300—2007 船舶与海上技术 船用陀螺罗经(ISO 8728:1997,IDT).
[2] GB/T 24953—2010 船舶和海上技术 高速船陀螺罗经(ISO 16328:2001,IDT).
[3] 1974年国际海上人命安全公约(SOLAS公约)修正案.
[4] IMO MSC.116(73)决议 船用THDs性能标准.

ICS 47.020.70
U 65

中华人民共和国国家标准

GB/T 24955.2—2010/ISO 22090-2:2004

船舶和海上技术　艏向发送设备(THDs)
第2部分:地磁原理

**Ships and marine technology—Transmitting heading devices (THDs)—
Part 2:Geomagnetic principles**

(ISO 22090-2:2004,IDT)

2010-08-09 发布　　2010-12-01 实施

中华人民共和国国家质量监督检验检疫总局
中国国家标准化管理委员会　发布

前 言

GB/T 24955《船舶和海上技术　艏向发送设备(THDs)》由三部分组成：

——第1部分：陀螺罗经；

——第2部分：地磁原理；

——第3部分：GNSS原理。

本部分是GB/T 24955《船舶和海上技术　艏向发送设备(THDs)》的第2部分。

本部分等同采用ISO 22090-2:2004《船舶和海上技术　艏向发送设备(THDs)　第2部分：地磁原理》(英文版)。

本部分等同翻译ISO 22090-2:2004。

本部分相对于ISO 22090-2做了下列编辑性修改：

——前言和引言部分未纳入；

——"本国际标准"一词，在本部分中改为"本部分"；

——引用标准根据国家标准进行了对应的调整；

——标识小数的","改为"."；

——纳入了国际标准化组织2005年对ISO 22090-2:2004的勘误内容；

——表述方式按照GB/T 1.1—2000的规定做了编辑性修改。

本部分的附录A为资料性附录。

本部分由中国船舶工业集团公司提出。

本部分由全国海洋船标准化技术委员会航海仪器分技术委员会(SAC/TC 12/SC 5)归口。

本部分起草单位：中国船舶工业综合技术经济研究院。

本部分主要起草人：康元、李传明。

船舶和海上技术　艏向发送设备(THDs)
第2部分:地磁原理

1　范围

GB/T 24955的本部分规定了符合经修正的《1974年国际海上人命安全公约》(SOLAS公约)第Ⅴ章要求的,采用地磁原理发送艏向信息的设备的结构、性能和试验。

艏向发送设备(THD)是提供船舶真艏向信息的电子设备。

除符合IEC 60945和IMO A.694(17)决议规定的一般要求和使用的传感器部件的相关标准外,THD设备应符合下列最低要求。

如果适用于传感器部件的IMO性能标准没有规定运营的地理区域,则THD的工作范围为:

a)　最小回转速度20°/s;

b)　至少70°N~70°S。

符合SOLAS公约第Ⅴ章要求用于发送艏向信息的THD应符合本部分的规定。

此外,THD应符合《国际高速船安全规则》(HSC规则)第13章要求配备的适用于提供艏向信息的装置的动态要求。

注1:艏向信息检测与发送可采用多种技术。将艏向检测与发送分别标准化是不合理的。因此,本系列标准的各部分分别对应不同技术,本部分仅适用于地磁技术,其他技术对应本标准的其他部分。

注2:在本部分中凡引用IMO MSC.116(73)决议的内容均用斜体印刷。

带传感器的标准磁罗经可作为本部分地磁原理的传感部件。而且,根据IMO MSC.116(73)决议要求,THD应符合HSC规则的动态要求。然而,当THD不仅用于高速船时,回转速度的限值可用6°/s代替20°/s。

2　规范性引用文件

下列文件中的条款通过GB/T 24955的本部分的引用而成为本部分的条款。凡是注日期的引用文件,其随后所有的修改单(不包括勘误的内容)或修订版均不适用于本部分,然而,鼓励根据本部分达成协议的各方研究是否可使用这些文件的最新版本。凡是不注日期的引用文件,其最新版本适用于本部分。

GB/T 24949　船舶和海上技术　船用电磁罗经(GB/T 24949—2010,ISO 11606:2000,IDT)

ISO 449　船舶和海上技术　A级磁罗经、罗经柜和方位读数仪

IEC 60945　海上导航和无线电通信设备及系统　一般要求　测试方法和要求的测试结果

IEC 61162(所有部分)　海上导航和无线电通信设备及系统　数字接口

IMO A.694(17)决议　作为全球海上遇险与安全系统(GMDSS)组成部分的船用无线电设备和电子助航设施的一般要求

HSC　国际高速船安全规则

3　术语与定义

下列术语和定义适用于GB/T 24955的本部分。

3.1

地磁原理　geomagnetic principle

THD所依据的、建立在地磁学基础上用于其方向特性的原理。

3.2

艏向　heading

指任何要输入给 THD 的船舶的艏向。

注：由船舶纵向线垂直投影到水平面上的投影线的方向定义的。当其以真北、磁北和罗北为方位基准测量时，则分别定义为真艏向、磁艏向和罗艏向。通常用三位数字来表示，单位为度(°)。从北开始，顺时针环绕罗经刻度盘。

3.3

真艏向　true heading

通过真子午线的垂直平面与船舶艏艉基准线的垂直平面之间的水平夹角。它是由真北(000°)开始，按顺时针测量，共 360°。

3.4

磁罗经　magnetic compass

设计用来寻找经度上的磁极北极方向且永久保持这一方向的设备。

3.5

磁性传感器　magnetic sensor

在有或无磁罗经的情况下，探测与艏向信息有关的地磁场并输出给信息处理器的磁性传感部件。

3.6

信息处理器　processor

通过调整磁偏转为发送部件获取船舶磁艏向信息的设备。

3.7

发送部件　transmitting part

从传感器部件接收艏向信息并转换为要求的精确信号的装置。

3.8

传感器部件　sensing part

与发送部件相连，具有探测功能，用来测定艏向信息的设备。

3.9

随动误差　follow-up error

指由于从需要探测的数值存在到系统输出可用的相应信号或数据流之间的延迟而产生的误差。例如，这种误差是转向船舶的真正艏向与系统输出的可用信号之间的误差。

注：*当系统处于静态条件时，随动误差消失。*

3.10

发送和分辨率误差　transmission and resolution error

由于发送原始信息至接收装置所采用的方法而导致的误差。

注：*这种方法可能只具有有限的能力对信息任何可能数值进行编码，例如：带有(1/6)°的步进输出。该误差是由于使用在 THD 内部的方法和在对信息编码输出时产生。*

3.11

静态误差　static error

指在系统工作期间由于任何因素而产生的并且数值保持不变的误差。该误差应在静态条件下测量。

3.12

动态误差　dynamic error

指由作用在系统上的动态因素而导致的误差。例如：振动、横倾、纵倾或线性加速度。

注：*该误差可以具有一个幅度以及一个通常与环境影响和系统本身参数有关的频率。*

4 性能要求

4.1 功能

THD利用地磁原理探测地磁场的水平分量，产生并为其他设备输出船舶真艏向信息。

在使用磁罗经为传感器时，罗经的性能要求应符合ISO 449的规定，其他类型传感器部件应符合GB/T 24949有关电磁罗经的性能要求。

4.2 信息

4.2.1 *除传感器的显示外，所有艏向显示和输出应显示真艏向。*

4.2.2 *用于电子校正的手工设定数值应以适当的方式显示。*

4.3 艏艉标志

应在罗经柜的底部和(或)传感器系统的罩上标有艏艉标志，以便将它们安装在船舶的艏艉线上。这些设备应安装在船舶艏艉线上。在磁罗经类THD中，艏艉标志应位于通过罗经刻度盘中心和主方向舵标志的垂直平面上，误差在±0.5°范围内。

4.4 艏向信息

THD应向其他导航设备提供真艏向信息。

至少应有一个输出接口符合IEC 61162-1和IEC 61162-2接口标准的要求。

4.5 电气布线

连接直流电源和各部件的布线，不应引起艏向信息产生可感知的误差。

4.6 非磁性外罩

磁性传感器装置的外罩应是非磁性的。

4.7 报警信号

对THD失效或电源故障，应发出警报显示。

在需要报警的情况下应能发出警报。

5 精确度

5.1 一般要求

在IMO A.424(XI)决议或A.821(19)决议规定的海况条件下，THD在其输出端口应满足下列精确度要求。

5.2 发送数据精确度

包含有分辨率误差的发送误差应小于±0.2°。

5.3 静态误差(稳定点误差)

静态误差应小于±1.0°(95%)。

5.4 动态误差

动态误差振幅应小于±1.5°(95%)。如果动态误差振幅超过±0.5°，则动态误差频率应小于0.033 Hz，相当不小于30 s的周期。

5.5 随动误差

不同回转速度下，随动误差应为：

——回转速度小于10°/s时，应小于±0.5°；

——回转速度在10°/s～20°/s时，应小于±1.5°。

5.6 方向系统的稳定时间

在磁罗经类传感器中，方位系统应始终稳定于初始方向。在温度20 ℃±3 ℃的条件下，当罗经刻度盘从地磁子午线初始偏转90°后，最终回复到地磁子午线(误差1°范围内)的时间应不超过$\sqrt{57\,600/H}$ s，式中H为试验地点磁通量的水平分量，单位为微特斯拉(μT)。

5.7 根据磁差校正磁艏向

为获得真艏向,应根据磁差校正磁艏向,误差范围应在0.5°以内。补偿磁差的方法可以是自动的或先手动后自动。

用于电子补偿的值应以适当方式显示,并且应将其值保存,以便启动时自动恢复该值。

5.8 自差和倾斜误差的校正

应对系数 A、B、C、D 进行校正,应使各系数的残值小于±1°。

5.8.1 通过方位进行检查

罗经柜内应有校正因船舶磁场水平分量引起的偏差的硬铁。该设备应能将系数 A 校正到±3°范围内;系数 B 和 C 校正到至少(720/H)°;系数 D 校正到±7°范围内;船舶磁场垂直分量在±75 μT 范围内。H 参照5.6的定义。

5.8.2 通过磁场进行检查

电磁罗经类型的THD,各系数的残余自差应通过公式(1)～公式(3)计算:

$$B=\frac{180^{\circ}}{\pi}\times\frac{n_{\mathrm{N}}-n_{\mathrm{S}}}{2n'} \quad\cdots\cdots(1)$$

$$C=\frac{180^{\circ}}{\pi}\times\frac{n_{\mathrm{W}}-n_{\mathrm{E}}}{2n'} \quad\cdots\cdots(2)$$

$$D=\frac{180^{\circ}}{\pi}\times\frac{(n_{\mathrm{N}}+n_{\mathrm{S}})-(n_{\mathrm{W}}+n_{\mathrm{E}})}{4n'} \quad\cdots\cdots(3)$$

式中:

n_{N},n_{E},n_{S},n_{W}——船舶艏向分别处于N、E、S和W时船舶的北磁场;

n'——n_{N},n_{E},n_{S},n_{W}的平均值。

系数 A 对于电磁罗经类型的THD可忽略不计。

校正设备应采取保护措施,以防误操作。

5.9 通过船上垂直软铁校正自差的方法

应提供通过船上垂直软铁校正自差的方法。

5.10 对校正装置的保护

应对校正装置或参数采取保护,防止误操作。

5.11 更新速率

THD应至少每50 ms更新一次艏向。

6 型式试验

6.1 一般要求

6.1.1 型式试验应在设备投入正常使用前进行。型式试验仅对新型设备进行。

6.1.2 THD及其连接的传感器部件应进行精确度试验,如果传感器部件包含在发送部件中,则设备应全部试验。

6.1.3 除本部分另有说明外,所有试验应符合IEC 60945的要求。

6.1.4 静态磁场试验应在经权威机构认证的试验室进行。

6.1.5 通过型式试验且符合要求的设备,应由检测机构出具其所用语言和英语的证明。

6.1.6 需求时,应出具证书副本,副本上应清楚地标注"副本"。

6.1.7 国家之间对型式试验证书的认可以相互间协议的内容为准。

6.1.8 *THD及其连接的传感器部件应进行精确度试验。如果传感器部件包含发送部件,则设备应与所有部件一起进行试验。*

6.2 发送误差试验

在旋转试验台上,调整THD的艏向标志到输出值显示000.0,然后缓慢将试验台旋转10°。发送输出的读数应符合5.2的要求。

6.3 艏艉线标志试验

6.3.1 磁罗经类的THD可在旋转试验台上，在铅垂线和罗经柜内罗经的辅助下进行检验。

6.3.2 电磁罗经类的THD，应通过目视检查或者电子测量进行核实。

6.3.3 结果应符合4.3的要求。

6.4 艏向信息试验

本试验可采用与6.5静态测试的相同方法进行，在试验中检查输出艏向的读数。结果应符合4.4的要求。

6.5 静态误差试验

6.5.1 磁罗经类THD

6.5.1.1 静态误差适用于无磁通感应器的罗经。将THD上磁通感应器安装好，使其对于罗经读数的影响在任何方向都不超过1.0°。

6.5.1.2 试验应在罗经试验台上进行。将罗经刻度盘的旋转中心对准试验台的旋转轴，当通过旋转轴的垂直瞄准面与地磁经线对齐时，静态误差可以通过望远镜或者其他适当的方法在罗经刻度盘上读出。

6.5.1.3 静态误差应在±1.0°范围内(95%)。

6.5.1.4 如果试验是在罗盆内进行，应注意结果值中包含将由罗经和(或)磁通感应器的磁材料带来的自差。该试验至少应在4个等距离艏向上进行。

6.5.2 电磁罗经类THD

将传感器架的纵轴安装到通过试验台中心线上，并且使其通过零刻线对准北。静态误差可以通过比较输出艏向与旋转角度来获得。该试验至少应在4个等距离艏向上进行。试验结果应符合5.3的要求。

6.6 随动误差试验

将磁性传感器安装在试验台上，以20°/s的速率转动试验台。输出的艏向信息读数应符合5.5的要求。

6.7 稳定时间测试

将罗经刻度盘安装好后，偏转90°，保持至少10 s后释放。其最终恢复到地磁经线的偏差在1°范围内的时间(以秒为单位)应符合5.6的要求。该试验应在反方向重复一次，取两次的平均值。

6.8 通过磁差校正磁艏向试验

磁艏向显示出来后，当通过手动或自动方式向系统输入磁变量值，所有显示的真艏向应在5.7要求的精确度范围内。在具有定位子系统的系统中，当把系统定位到一个无磁场干扰的位置后，转动系统，使其由中心引出的艏向标志对准远方一个已知真方位的物标，实时显示的真艏向应在5.7要求的精确度范围内。

6.9 校正自差试验

6.9.1 将传感器部件安装在试验台上，对准北或南，在外部足够远的距离产生一个在传感器部件附近适当的平行磁场，并使其产生$(720/H)°$的自差。然后，通过磁体修正自差，最终的自差量应不超过5.8.1的规定值。在东和(或)西重复该试验。

6.9.2 可校正的D的自差量可如下校核：将罗经和罗经柜置于试验台上，航向取1/4象限值，在有校正和无校正状态测试。对于电磁罗经类传感器部件，按5.8.1规定的带校正的D最大值在1/4象限上按有校正和无校正分别进行测量。结果应符合5.8.1的要求。

6.10 用垂直软铁调整自差方法的试验

当THD装备佛氏棒时，应对佛氏棒进行目视检查。

6.11 动态精确度

将传感器部件安装在试验台上，按下述要求施以简谐运动，同时记录艏向：

——横倾轴:峰值幅度为20°±2°、周期10 s±1 s;

——纵倾轴:峰值幅度为10°±2°、周期6 s±1 s;

——偏航轴:峰值幅度为5°±1°、周期15 s±1 s。

在持续5 min的试验后,艏向平均值应在初始艏向的±1.5°以内。结果应符合5.4的要求。

6.12 更新速率试验

检查艏向输出速率,并确认其最小值为50 ms。

6.13 故障试验

THD应按下述试验过程进行声光报警试验。结果应符合4.7的要求:

——故障试验:用制造商的自检功能进行;

——电源故障试验:关闭主电源。

确认在符合报警的条件下均能发出警报。

7 标识

7.1 THD的每个部件都应有下列标识:

——制造商标识;

——设备型号;

——序列号;

——生产年份(当序列号中包含了年份信息,可不需要本项)。

7.2 目视检查THD各部件的上述标识,确认其存在。

附 录 A
（资料性附录）
本部分条文与 IMO MSC.116(73)决议条文对照

本部分中的条文	IMO MSC.116(73)决议的条文
1 范围	1.1,1.2,1.3,2.1,2.2
3.2 艏向	3.1
3.3 真艏向	3.4
3.7 发送部件	3.3
3.8 传感器部件	3.2
3.9 随动误差	3.8
3.10 发送和分辨率误差	3.5
3.11 静态误差	3.6
3.12 动态误差	3.7
4.1 功能	4.1.1[a],4.1.2[a]
4.2 信息	4.2.1,4.2.2
4.4 艏向信息	4.4
4.7 报警信号	6
5.1 一般要求	4.3.2
5.2 发送数据精确度	4.3.2.1
5.3 静态误差(稳定点误差)	4.3.2.2
5.4 动态误差	4.3.2.3
5.5 随动误差	4.3.2.4
5.10 对校正装置的保护	4.1.3
6.1 一般要求	4.3.1
[a] 与原文有微小差别。	

参 考 文 献

[1] GB/T 24955.1—2010 船舶和海上技术 艏向发送设备(THDs) 第1部分:陀螺罗经(ISO 22090-1:2002,IDT).

[2] 1974年国际海上人命安全公约(SOLAS公约)修正案.

[3] IMO MSC.116(73)决议 船用THDs性能标准.

ICS 47.020.70
U 65

GB

中华人民共和国国家标准

GB/T 24955.3—2010/ISO 22090-3:2004

船舶和海上技术　艏向发送设备(THDs) 第3部分:GNSS原理

Ships and marine technology—Transmitting heading devices(THDs)—
Part 3:GNSS principles

(ISO 22090-3:2004,IDT)

2010-08-09发布　　　　2010-12-01实施

中华人民共和国国家质量监督检验检疫总局
中国国家标准化管理委员会　发布

前　言

GB/T 24955《船舶和海上技术　艏向发送设备(THDs)》由三部分组成:

——第1部分:陀螺罗经;

——第2部分:地磁原理;

——第3部分:GNSS原理。

本部分是GB/T 24955《船舶和海上技术　艏向发送设备(THDs)》的第3部分。

本部分等同采用ISO 22090-3:2004《船舶和海上技术　艏向发送设备(THDs)　第3部分:GNSS原理》(英文版)。

本部分等同翻译ISO 22090-3:2004。

本部分相对于ISO 22090-3做了下列编辑性修改:

——前言和引言部分未纳入;

——"本国际标准"一词,在本部分中改为"本部分";

——引用标准根据国家标准进行了对应的调整;

——标识小数的","改为".";

——纳入了国际标准化组织2005年对ISO 22090-3:2004的勘误内容;

——表述方式按照GB/T 1.1—2000的规定做了编辑性修改。

本部分的附录A、附录B为资料性附录。

本部分由中国船舶工业集团公司提出。

本部分由全国海洋船标准化技术委员会航海仪器分技术委员会(SAC/TC 12/SC 5)归口。

本部分起草单位:中国船舶工业综合技术经济研究院。

本部分主要起草人:康元、李传明。

船舶和海上技术 艏向发送设备(THDs) 第3部分:GNSS原理

1 范围

GB/T 24955的本部分规定了符合经修正的《1974年国际海上人命安全公约》(SOLAS公约)第V章要求的,采用全球导航卫星系统(GNSS)原理作为发送艏向信息的设备的结构、性能和试验。

艏向发送设备(THD)是提供船舶真艏向信息的电子设备。

除符合IEC 60945和IMO A.694(17)决议规定的一般要求和使用的传感器部件的相关标准外,THD设备应符合下列最低要求。

如果适用于传感器部件的IMO性能标准没有规定运营的地理区域,则THD的工作范围为:

a) 最大回转速度20°/s;和

b) 至少70°N~70°S。

符合SOLAS公约第V章要求用于传输艏向信息的THD应符合本部分的规定。

此外,THD应符合《国际高速船安全规则》(HSC规则)第13章要求配备的适用于提供艏向信息的装置的动态要求。

注1:艏向信息检测与发送可采用多种技术。将艏向检测与发送分别标准化是不合理的。因此,本系列标准的各部分分别对应不同技术,本部分仅适用于GNSS技术,其他技术对应本标准的其他部分。

注2:在本部分中凡引用IMO MSC.116(73)决议的内容均用斜体印刷。

2 规范性引用文件

下列文件中的条款通过GB/T 24955的本部分的引用而成为本部分的条款。凡是注日期的引用文件,其随后所有的修改单(不包括勘误的内容)或修订版均不适用于本部分,然而,鼓励根据本部分达成协议的各方研究是否可使用这些文件的最新版本。凡是不注日期的引用文件,其最新版本适用于本部分。

CB/T 3973—2005 船舶与海上技术 磁罗经在船上的定位(ISO 694:2000,IDT)

IEC 60945 海上导航和无线电通信设备及系统 一般要求 测试方法和要求的测试结果

IEC 61162(所有部分) 海上导航和无线电通信设备及系统 数字接口

IMO A.424(XI)决议 陀螺罗经性能标准

IMO A.694(17)决议 作为全球海上遇险与安全系统(GMDSS)组成部分的船用无线电设备和电子助航设施的一般要求

IMO A.813(19)决议 所有船用电气和电子设备电磁兼容性(EMC)的一般要求

IMO A.821(19)决议 高速船陀螺罗经性能标准

IMO MSC.116(73)决议 船用THDs性能标准

HSC 国际高速船安全规则

3 术语和定义

下列术语和定义适用于GB/T 24955的本部分。

3.1

艏向 heading

指任何要输入给THD的船舶的艏向。

注:由船舶纵向线垂直投影到水平面上的投影线的方向定义的。当其以真北、磁北和罗北为方位基准测量时,则分

别定义为真艏向、磁艏向和罗艏向。通常用三位数字来表示，单位为度(°)。从北开始，顺时针环绕罗经刻度盘。

3.2

传感器部件　sensing part

与发送部件相连，具有探测功能，用来测定艏向信息或方向源(如 GNSS)的设备。

3.3

发送部件　transmitting part

从传感器部件接收艏向信息并转换为要求的信号精确度的装置。

3.4

真艏向　true heading

通过真子午线的垂直平面与船舶艏艉基准线的垂直平面之间的水平夹角。它是由真北(000°)开始，按顺时针测量，共 360°。

3.5

静态误差　static error

指系统工作期间由于任何因素而产生的且数值保持不变的误差。该误差应在静态条件下测量。

注：静态误差是一组航向误差的统计平均值，如均方根值(RMS)。

3.6

动态误差　dynamic error

指由作用在系统上的动态因素而导致的误差。例如：振动、横倾、纵倾或线性加速度。

注：该误差可以具有一个幅度以及一个通常与环境影响和系统本身参数有关的频率。

3.7

随动误差　follow-up error

指由于从需要探测的数值存在到系统输出可用的相应信号或数据流之间的延迟而产生的误差。例如，转向船舶的真艏向与系统输出的可用信号之间的误差。

注：当系统处于静态条件时，随动误差消失。

3.8

稳定时间　settling time

THD 从启动到可以按照 6.3 的精确度要求输出艏向信息所需要的时间。

3.9

稳定点误差　settle point error

稳定点艏向与真艏向之间的差值。

3.10

摇摆台　scorsby table

台面能独立地围绕三座标系轴自由摇摆的试验设备，用来模拟船舶的运动。

3.11

GNSS 原理　Global Navigation Satellite System principle, GNSS principles

THD 所依据的原理。它通过测量 GNSS 信号中 RF 载波的相位来确定船舶的艏向。

4　性能要求

4.1　功能

4.1.1　THD 是接收艏向传感器信号，并产生适当的输出信号给其他设备的电子设备。

4.1.2　*THD 可以含有任何传感器。*

4.1.3　*所有关于设备或参数校正的装置均应有保护措施以防误操作。*

4.1.4 *用于电子校正的手工设定值应以适当的方式显示。*

4.2 持续工作

在 6.8 规定的振动、湿度和温度变化条件下，THD 应能连续工作。

4.3 信息显示

除传感器的显示外，所有艏向显示和输出应显示真艏向。

4.4 艏向输出校正

THD 应具有将感知方向与船舶艏艉线对准的能力。

4.5 GNSS 信号短暂中断的补偿

对于 GNSS 不超过 60 s 的信号短暂中断，应可以通过补偿保持艏向的精确度，在中断 60 s 及其后的运行中的精确度均符合 5.3、5.4 的要求。

4.6 稳定时间

在静态条件下，且具有完整可用卫星年历时，稳定时间应小于 10 min。

4.7 艏向信息

THD 应至少每 50 ms 更新一次艏向信息。

至少应有一个输出接口符合 IEC 61162 接口标准的要求。

4.8 报警信号

在下列情况下应发出报警信号：

——THD 发生故障；

——电源出现问题；

——超过 60 s 的 GNSS 信号中断。

在符合任何一个报警条件下，均应能发出警报。

5 精确度

5.1 一般要求

在 IMO A.424(XI)决议或 A.821(19)决议规定的海况条件下，THD 在其输出端口应满足下述各条精确度要求。

5.2 传输数据精确度

包含有分辨率误差的发送误差应在±0.2°之内。

5.3 静态误差(稳定点误差)

按 3.5 定义的静态误差(稳定点误差)，在任何艏向上不应超过 1.0°(95%)。

5.4 动态误差

按 3.6 定义的动态误差，在 6.5 a)、6.5 b)和 4.5 的条件下，应在 1.5°(95%)范围内。

5.5 随动误差

不同回转速度下，3.7 所定义的随动误差应为：

——回转速度小于 10°/s 时，应在±0.5°之内；

——回转速度在 10°/s ～20°/s 时，应在±1.5°之内。

6 型式试验

6.1 一般要求

*THD 及其连接的传感器部件应进行精确度试验。如果传感器部件包含在发送部件中，则设备应与所有部件一起进行试验。*制造商应用文件明确地说明传输误差的构成。

6.2 试验条件

6.2.1 环境试验条件

有关环境温度和湿度的所有试验，应在常规条件下进行，常规条件按 IEC 60945 的定义。同时，水平精确度因子(HDOP)不大于 4 或位置精确度因子(PDOP)不大于 6，且视野内最少有 5 颗卫星。

6.2.2 静态试验台

6.2.2.1 将传感器部件按制造商的要求安装在试验台上且稳定，从天顶到水平面以上 +5°仰角的空间，对卫星的视野要清晰。水平误差 000°±1°，试验台的航向应已知，且精确度优于 0.1°。

6.2.2.2 试验中使用的电缆最大长度应符合制造商的要求。

6.2.2.3 所有静态试验均应使用实际的 GNSS 信号。

6.2.3 动态试验台

6.2.3.1 将 THD 按制造商的要求固定在摇摆台上，从天顶到水平面以上 +5°仰角的空间，对卫星的视野要清晰。

6.2.3.2 动态试验应使用实际的 GNSS 信号。

6.3 稳定时间试验

6.3.1 在 1 min 内获得的输出艏向的均方根值(RMS)应在 1.5°(95%)以内。每个 RMS 都至少要由 1 200 次测量值计算获得。

6.3.2 将 THD 安装在静态试验台上，并对准一个已知方向。

6.3.3 记录 3.8 定义的稳定时间，结果应符合 4.6 的要求。

6.4 静态误差试验

6.4.1 将 THD 按 6.2.2 的要求安装在静态试验台上且稳定，将试验台对准任意已知的方位。应在超过 1 h 以上的时间测量艏向。

6.4.2 1 000 次测量值的分布误差应在已知方位 1°(95%)范围内。

6.4.3 其后，按每次 45°±5°来改变试验台的方位，重复试验。

6.5 动态试验

动态试验应选择下述一种方法进行，时间不少于 5 min。

a) 摇摆试验

1) 将 THD 按 6.2.3 的要求固定在动态试验台，使横倾轴水平且对准南北方向，偏差在±1°范围内。

2) THD 应与试验台的横倾轴对齐，偏差在±1°以内。试验台的 3 个轴按下述要求施以 5 min 的简谐运动：

——横倾轴：峰值幅度为 20°±2°，周期 10 s±1 s；

——纵倾轴：峰值幅度为 10°±2°，周期 6 s±1 s；

——偏航轴：峰值幅度为 5°±1°，周期 15 s±1 s。

3) 试验过程中记录 THD 的输出，输出与试验台的参考方向的差值应在±1.5°(95%)范围内。安装时，与万向环中心的距离应为制造厂规定的最大值。

b) 车载试验

1) THD 应安装在动态平台上(汽车或船舶)，平台装有参考艏向传感器，其精确度至少应达到 0.2°。平台运动应满足以下条件：

——以 25 kn～30 kn 的速度前进超过 1 n mile；

——在速度 10 kn～20 kn 时进行一次 90°右转；

——在速度 10 kn～20 kn 时进行一次 90°左转；

——10 s 内从 0 加速到 30 kn；

——10 s 内从 30 kn 减速到 0。

2） 试验中同时记录THD和参考传感器的输出，两者数据之间的差应在±1.5°(95%)以内。

6.6 随动误差试验

6.6.1 将THD安装在静态试验台上，以不超过10°/s的速度转动，每间隔5°读取一次THD的输出和试验台的角度。

最大随动误差应符合5.5的要求。

6.6.2 将THD安装在静态试验台上，并以不超过20°/s的速度转动，每隔5°读取一次THD的输出和试验台的角度。

最大随动误差应符合5.5的要求。

6.7 备份试验

在6.5或6.6的动态试验中，应按以下过程对THD输出进行试验：

——GNSS开启10 min，再开启备用传感器，然后完全屏蔽传感器部件60 s；

——仅开启备用传感器(在GNSS覆盖范围)1 min。

试验开始时与结束时的输出值之差应符合4.5的要求。

6.8 环境试验

如本部分中没有其他规定，则所有的试验应按IEC 60945的规定进行。

制造商应按IEC 60945的规定确定THD系统中需保护的部分或可以外露的部分。

6.8.1 静态条件下的备份试验

在符合6.4要求的静态环境下，开启THD，将传感器部件完全屏蔽60 s，屏蔽结束时立即记录艏向输出。

6.8.2 发送部件在干热温度试验中的功能试验

将发送部件放置在试验箱内，并通过信号线与传感器部件连接，传感器部件静止放置。

在该试验中，根据IEC 60945的规定，按6.8.1的要求对发送部件的输出进行试验。

6.8.3 发送部件振动试验中的功能试验

将发送部件置于振动台上，并通过信号线与传感器部件连接，传感器部件静止放置。

在该试验中，根据IEC 60945的规定，按6.8.1的要求对发送部件的输出进行试验。

6.9 电磁兼容性试验

设备的电磁干扰和抗扰性，除符合IMO A.694(17)决议要求外，还应符合IMO A.813(19)决议的要求。

6.10 艏向信息试验

THD应至少每50 ms更新一次艏向。

6.11 故障试验

THD应按下述试验过程进行声光报警试验。结果应符合4.8的要求：

——故障试验：用制造商的自检功能进行；

——电源故障试验：关闭主电源；

——在6.8的试验中，屏蔽时间超过60 s。

确认在符合报警的条件下均能发出警报。

7 标识

设备的每个部件都应标明它距标准磁罗经的安装安全距离。安全距离应按CB/T 3973和IEC 60945的规定测量。

THD的每个部件都应有下列标识：

——制造商标识；

——型式试验的设备型号；

——序列号；

——生产年份(当序列号中包含了年份信息,可不需要本项)。

目视检查 THD 各部件的上述标识,确认其存在。

附 录 A
（资料性附录）
本部分条文与 IMO MSC.116(73)决议条文对照

本部分的条文	IMO MSC.116(73)决议的条文
1 范围	1.1,1.2,1.3,2.1,2.2
3.1 艏向	3.1
3.2 传感器部件	3.2
3.3 发送部件	3.3
3.4 真艏向	3.4
3.5 静态误差	3.6
3.6 动态误差	3.7
3.7 随动误差	3.8
4.1 功能	4.1.1,4.1.2,4.1.3,4.2.2
4.3 信息显示	4.2.1
4.7 艏向信息	4.4[a]
4.8 报警信号	6
5.1 一般要求	4.3.2
5.2 传输数据精确度	4.3.2.1
5.3 静态误差(稳定点误差)	4.3.2.2[a]
5.4 动态误差	4.3.2.3[a]
5.5 随动误差	4.3.2.4
6.1 一般要求	4.3.1
6.9 电磁兼容性试验	5

[a] 与原文有微小差别。

附 录 B
（资料性附录）
本部分条文与 GB/T 18214.1—2000 条文对照

本部分的条文	GB/T 18214.1—2000 的条文
6.2.1 环境试验条件	5.5.1[a]
6.2.2 静态试验台	5.5.2[a]
6.4 静态误差试验	5.6.4.1.1[a]
6.7 备份试验	5.6.5.4[a]
[a] 与原文有微小差别。	

参 考 文 献

[1] 1974年国际海上人命安全公约(SOLAS公约)修正案.

[2] IMO MSC.116(73)决议　船用THDs性能标准.

[3] GB/T 18214.1—2000　全球导航卫星系统(GNSS)　第1部分:全球定位系统(GPS)接收设备性能标准、测试方法和要求的测试结果(idt IEC 61108-1:1996).